应用型本科规划教材

自 动 控 制 原 理

主　编　刘勤贤

副主编　王培良　郭永洪

　　　　沈晓群　罗小平

浙江大学出版社

内 容 提 要

本书着重介绍经典控制理论的基本概念、基本原理和基本方法,内容主要包括自动控制系统的基本概念、线性控制系统的数学模型、时域分析法、根轨迹分析法、频域分析法、控制系统的校正、采样控制系统(含 Z 变换)、非线性控制系统、状态空间分析。为了方便使用,还介绍了拉普拉斯变换以及 MATLAB 软件在系统分析和设计中的具体应用。

本书适合应用型本科电力系统及自动化、自动化、机械工程及自动化、测控技术等相关专业人才培养使用,也可供有关工程技术人员参考。

图书在版编目(CIP)数据

自动控制原理 / 刘勤贤主编. —杭州:浙江大学出版社,
2009.7(2020.6 重印)
应用型本科自动化专业规划教材
ISBN 978-7-308-06621-1

Ⅰ.自… Ⅱ.刘… Ⅲ.自动控制原理-高等学校-教材
Ⅳ.TP13

中国版本图书馆 CIP 数据核字(2009)第 024345 号

自动控制原理

刘勤贤 主编

丛书策划	樊晓燕 王 波
责任编辑	王 波
文字编辑	王元新
封面设计	刘依群
出版发行	浙江大学出版社
	(杭州市天目山路 148 号 邮政编码 310007)
	(网址:http://www.zjupress.com)
排 版	杭州中大图文设计有限公司
印 刷	杭州杭新印务有限公司
开 本	787mm×1092mm 1/16
印 张	17.5
字 数	426 千
版印次	2009 年 7 月第 1 版 2020 年 6 月第 6 次印刷
书 号	ISBN 978-7-308-06621-1
定 价	42.00 元

应用型本科院校自动化专业规划教材

编　委　会

总　序

　　近年来我国高等教育事业得到了空前的发展,高等院校的招生规模有了很大的扩展,在全国范围内涌现了一大批以独立学院为代表的应用型本科院校,这对我国高等教育的全方位、持续、健康发展具有重大的意义。

　　应用型本科院校以着重培养应用型人才为目标,开设的大多是一些针对性较强、应用特色明确的本科专业,但目前所采用的教材大多是直接选用普通高校的那些适用于研究型人才培养的教材。这些教材往往过分强调系统性和完整性,偏重基础理论知识,而对应用知识的传授却不足,难以充分体现应用型本科人才的培养特点,无法直接有效地满足应用型本科院校的实际教学需要。

　　浙江大学出版社认识到,高校教育层次化与多样化的发展趋势对出版社提出了更高的要求,即无论在选题策划,还是在出版模式上都要进一步细化,以满足不同层次的高校的教学需求。应用型本科院校是介于研究型本科与高职之间的一个新兴办学群体,它有别于普通的本科教育,但又不能偏离本科生教学的基本要求,因此,教材编写必须围绕本科生所要掌握的基本知识与概念展开。但是,培养应用型与技术型人才又是应用型本科院校的教学宗旨,这就要求教材改革必须有利于进一步强化应用能力的培养。

　　在人类科技进步的历史进程中,自动化科学和技术的产生改变了人们的生产方式和工作方式,控制和反馈思想则一直影响着人们的思维方式。蒸汽机和电机的应用,延伸了人的体力劳动,推动了自动化技术的发展,催生了工业革命,使人类社会通过工业化从农业社会发展到工业社会。而现代信息技术的应用,则延伸了人的脑力劳动,引发了以数字化、自动化为主要特征的新的工业革命,使人类社会通过信息化从工业社会发展到信息社会。信息时代的自动化技术有了更加宽广的应用领域和难得的发展机遇。为了满足当今社会对自动化专业应用型人才的需要,国内百余所应用型本科院校都设置了自动化及相关专业。

　　针对这一情况,浙江大学出版社组织了十几所应用型本科院校自动化类专业的教师共同开展了"应用型本科自动化专业教材建设"项目的研究,共同研究目前教材的不适应之处,并探讨如何编写能真正做到"因材施教"、适合应用型本科层次自动化类专业人才培养的系列教材。在此基础上,组建了编委会,确定共同编写"应用型本科院校自动化专业规划教材"系列。

　　本套规划教材具有以下特色:

　　在编写的指导思想上,以"应用型本科"学生为主要授课对象,以培养应用型人才为基本目的,以"实用、适用、够用"为基本原则。"实用"是对本课程涉及的基本原理、基本性质、基本方法要讲全、讲透,概念准确清晰。"适用"是适用于授课对象,即应用型本科层次的学生。"够用"就是以就业为导向,以应用型人才为培养目的,讲透关键知识点,达到理论够用,不追求理论深度和内容的广度。突出实用性、基础性、先进性,强调基本知识,结合实际应用,理论与实践相结合。

　　在教材的编写上重在基本概念、基本方法的表述。编写内容在保证教材结构体系完整的前提下,注重基本概念,追求过程简明、清晰和准确,重在原理,压缩繁琐的理论推导。做到重点突出、叙述简洁、易教易学。还注意掌握教材的体系和篇幅能符合各学院的计划要求。

　　在作者的遴选上强调作者应具有丰富的应用型本科教学经验,有较高的学术水平并具有教材编写经验。为了既实现"因材施教"的目的,又保证教材的编写质量,我们组织了两支队伍,一支是了解应用型本科层次的教学特点、就业方向的一线教师队伍,由他们通过研讨决定教材的整体框架、内容选取与案例设计,并完成编写;另一支是由本专业的资深教授组成的专家队伍,负责教材的审稿和把关,以确保教材质量。

　　相信这套精心策划、认真组织、精心编写和出版的系列教材会得到广大院校的认可,对于应用型本科院校自动化专业的教学改革和教材建设起到积极的推动作用。

系列教材编委会主任

宋执环

2008 年 11 月 12 日

前　言

本教材是专为本科应用型人才培养而编写的。在编写过程中,我们总结了多年来的教学经验,参考了有关书籍和文献,并结合自己在实际教学工作中的体会,努力在应用能力培养方面下工夫。编写中力求突出以下特点:

1.从系统到理论,再到系统的思路。理论与实践紧密结合,先感性(即系统),后理性(即抽象),最后再回到实际(系统)。从物理概念入手,理论以够用为度。

2.以介绍基本理论、基本概念和基本方法为主,努力做到深入浅出、循序渐进,力求用实例把抽象的理论与工程实际结合起来,努力把抽象的概念说清楚、讲透彻。

3.把计算机的工具作用贯穿全书,将 MATLAB 软件在系统研究、设计中的作用和相应工具箱的使用方法与课程内容恰当结合,使学生学会用 Matlab 软件来学习控制系统分析和设计方法。

第 1 章结合工程应用实例,介绍自动控制和自动控制系统、自动控制系统的一般组成、系统性能的评价等自动控制的基本概念;第 2 章介绍数学工具——拉普拉斯变换;第 3 章在介绍实际控制系统的基础上提出如何建立数学模型;第 4、5、6 章介绍自动控制系统的时域、根轨迹、频域分析法,对连续时间控制系统的三大性能指标,即稳定性、准确性、快速性进行分析;第 7 章介绍应用频域法进行系统设计;第 8 章简单介绍非线性系统的分析方法;第 9 章分别以一个恒值控制系统和一个随动系统为例,把前述各章介绍的系统分析及设计方法作了一遍演练,以加深读者对原理的理解;针对微机应用越来越广泛的实际,教材第 10 章介绍采样控制系统的分析及设计方法;第 11 章对过程控制系统中涉及的状态空间理论进行了简单介绍。全书将 MATLAB 在控制系统分析和设计中的具体应用根据内容安排在相应的章节中,教师可根据实际需要对教材内容进行取舍。

参加本书编写的人员有王培良(第 5、8 章)、郭永洪(第 1、11 章)、沈晓群(第 3 章)、罗小平(第 7 章)、樊慧丽(第 4 章)、杜鹏英(第 10 章)、崔家林(第 6 章)、李楠(第 2 章),刘勤贤编写第 9 章并统稿。

　　浙江大学宋执环教授对编写大纲提出了宝贵的建议,王慧教授仔细审阅了教材初稿,这里向为教材的编写和出版给予帮助的同志表示衷心感谢。

　　由于编者水平有限,书中定有不足和错误之处,恳请广大读者提出宝贵意见。

编　者

2009 年 6 月

目　录

第1章 绪 论

1.1 引 言

所谓自动控制,就是指在没有人直接参与的情况下,利用控制装置,对生产过程、工艺参数等进行自动的调节与控制,使之按照预定的方案达到预定的要求。自动控制系统性能的优劣,将直接影响到产品的产量、质量、成本、劳动条件,以及预期目标的完成。例如人造卫星按指定的轨道运行,并始终保持正确的姿态,使它的太阳能电池一直朝向太阳,无线电天线一直指向地球⋯⋯电网的电压和频率自动地维持不变;金属切削机床的速度在电网电压或负载发生变化时,能自动保持稳定。以上这些,都是自动控制的结果。

自动控制是一门理论性很强的技术,一般泛称为"自动控制技术"。把实现自动控制所需的各个部件按一定的规律组合起来,去控制被控对象,这个组合体叫做"控制系统"。分析与综合自动控制系统的理论称为"控制理论"。

自动控制系统的种类较多,被控制的物理量各种各样,如温度、压力、流量、电压、转速、位移和力等。组成控制系统的这些元部件虽然有较大的差异,但是系统的基本结构却相类似,且一般都是通过机械系统、电路系统、电气系统、机电系统、微机控制系统来代替人工控制。为了了解自动控制系统的结构,首先让我们分析一下图 1-1 所示的液面控制系统。人若参与该系统的控制,应起哪些作用?

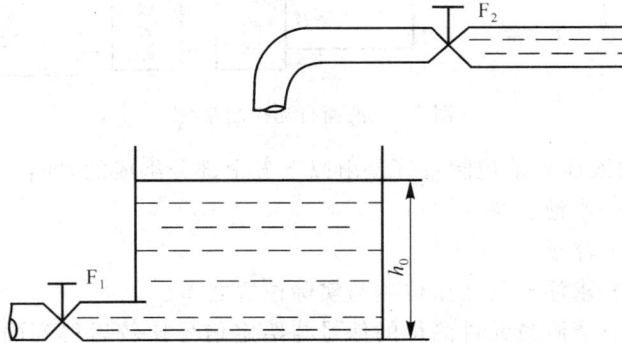

图 1-1 水池液面控制系统

图 1-1 中 F_1 为放水阀,F_2 为进水阀,控制要求液面的希望高度为 h_0。当人参与控制

时,就要不断地将实际液面的高度与希望液面的高度作比较,根据比较的结果,决定进水阀 F_2 开度大小,以达到维持液面高度不变的目的。图 1-2 所示为人参与该系统控制的框图。

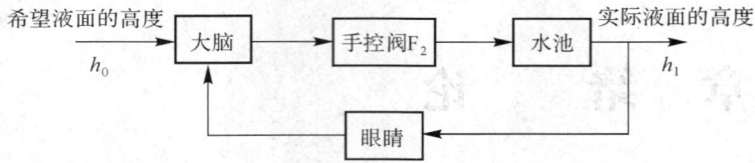

图 1-2　液面人工控制系统框图

由图 1-2 可见,人在参与控制时起了以下三方面的作用:

(1)测量实际液面的高度 h_1 ——用眼睛。

(2)将测得实际液面的高度 h_1 与希望液面的高度 h_0 作比较——用脑。

(3)根据比较的结果,即按照偏差的正负去决定控制的动作——用手。

显然,如果用自动控制去代替上述的人工控制,那么在自动控制系统中必须具有上述三种职能机构,即测量机构、比较机构和执行机构。不言而喻,用人工控制既不能保证系统所需的控制精度,也不能减轻人的劳动强度。如果将图 1-1 改为图 1-3 所示的自动控制系统,那么就能实现不论放水阀 F_1 输出的流量如何变化,系统总能自动地维持其液面高度在允许的偏(误)差范围之内。假设水池液面的高度因 F_1 阀开度的增大而稍有降低时,则系统立即产生一个与降落液面高度成比例的误差电压 U ,该电压经放大器放大后供电给进水阀的拖动电动机,使阀 F_2 的开度也相应地增大,从而使水池的液面恢复到所希望的高度。

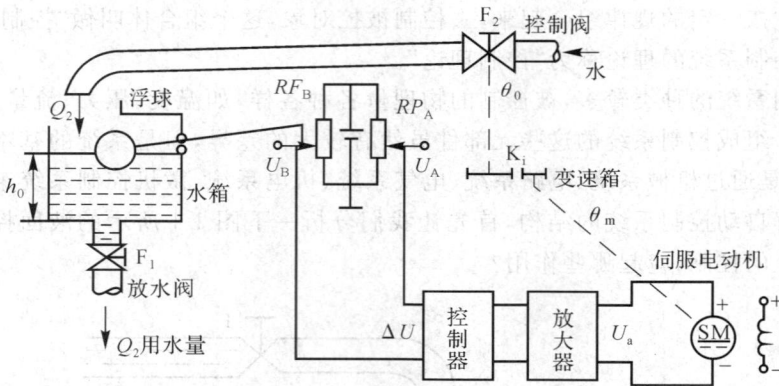

图 1-3　液面自动控制系统

如图 1-3 所示的液面自动控制系统是由以下五个部分组成的,即:

(1)被控对象——水池。

(2)测量元件——浮子。

(3)比较机构——求浮子的希望位置与实际位置之差。

(4)放大机构——当测量元件测得的信号与给定信号比较后得到的误差信号不足以使执行元件动作时,一般都需要放大元件,以提高系统的控制精度。

(5)执行元件——它的职能是直接驱动被控对象,以改变被控制量。

以上五个部分也是一般自动控制系统的基本单元。此外,为了改善控制系统的动、静态性能,通常还在系统中加上某种形式的校正装置。

1.2 随动系统与过程控制系统

1.2.1 位置随动系统

图 1-4 所示是一个位置随动系统,它的原理框图如图 1-5 所示。该系统是用一对电位器作为位置的检测元件,它们分别把系统的输入与输出的位置信号转换成与之成比例的电信号,并进行比较。当发送电位器和接收电位器的转角相等时,则 $U_r = U_c$,$U_e = U_d = 0$,电动机处于静止状态。若使发送电位器的动臂按逆时针方向增加一个角度 $\Delta\theta_r$,此时由于 U_r 大于 U_c 而产生一个相应极性的误差电压 U_e,经放大器放大后供电给直流电动机,使之带动负载和接收电位器的动臂一起旋转,一直到 $\theta_r = \theta_c$ 为止。

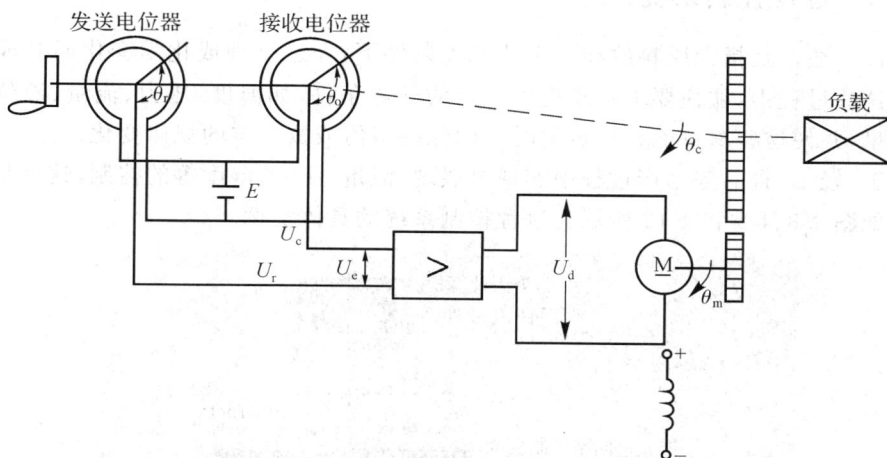

图 1-4 直流随动系统原理图

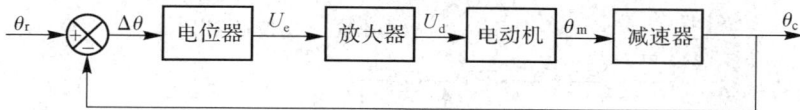

图 1-5 图 1-4 所示系统的框图

图 1-6 所示是某雷达天线位置跟随系统原理框图。

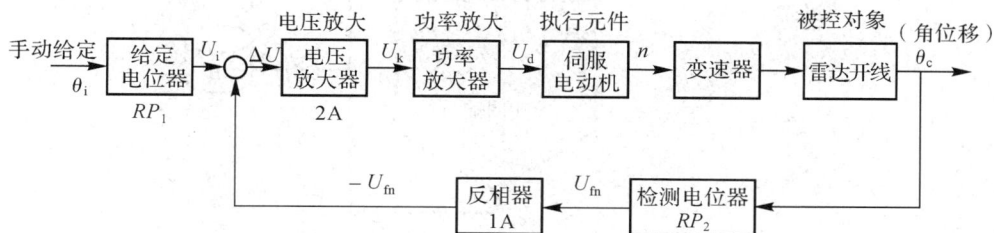

图 1-6 雷达天线位置跟随系统框图

其自动调节过程如图 1-7 所示。

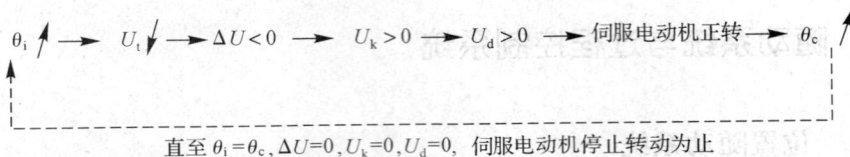

$$\theta_i \uparrow \longrightarrow U_t \downarrow \longrightarrow \Delta U < 0 \longrightarrow U_k > 0 \longrightarrow U_d > 0 \longrightarrow 伺服电动机正转 \longrightarrow \theta_c \uparrow$$

直至 $\theta_i = \theta_c, \Delta U = 0, U_k = 0, U_d = 0$，伺服电动机停止转动为止

图 1-7　雷达天线位置跟随系统自动调节过程

　　由上述两系统的框图可见，控制系统中信号的传递都有一个闭合的回路，即被控制量直接或经过反馈环节后反作用到系统的输入端，并和输入信号作减法运算，利用所得的误差信号对系统进行控制。被控制量与给定输入信号间的这种联系被称为负反馈，其相应的系统叫做负反馈控制系统。

1.2.2　过程控制系统

　　生产过程通常是指把原料放在一定的外界条件下，经过物理或化学变化而制成产品的过程。在这些过程中，往往要求自动提供一定的外界条件，如温度、压力、流量、液位、黏度、浓度等参量，并使这些参量能在一定的时间内保持恒值或按一定的规律变化。

　　在化工、轻工、食品等生产过程中实现对温度、流量、压力、湿度等的控制，这就是过程控制系统。如图 1-8、1-9 和 1-10 所示为过程控制系统的具体实例。

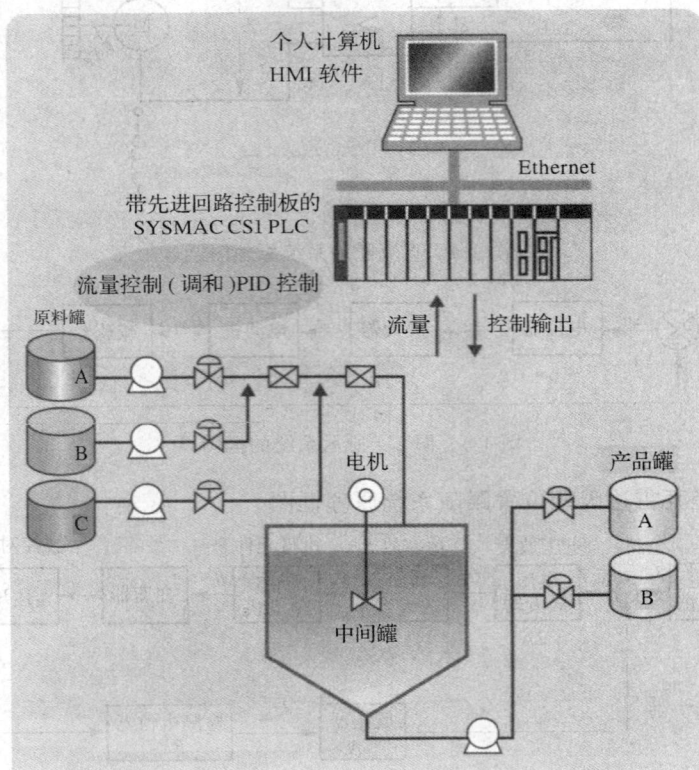

图 1-8　食品加工的流量控制——生产调和油

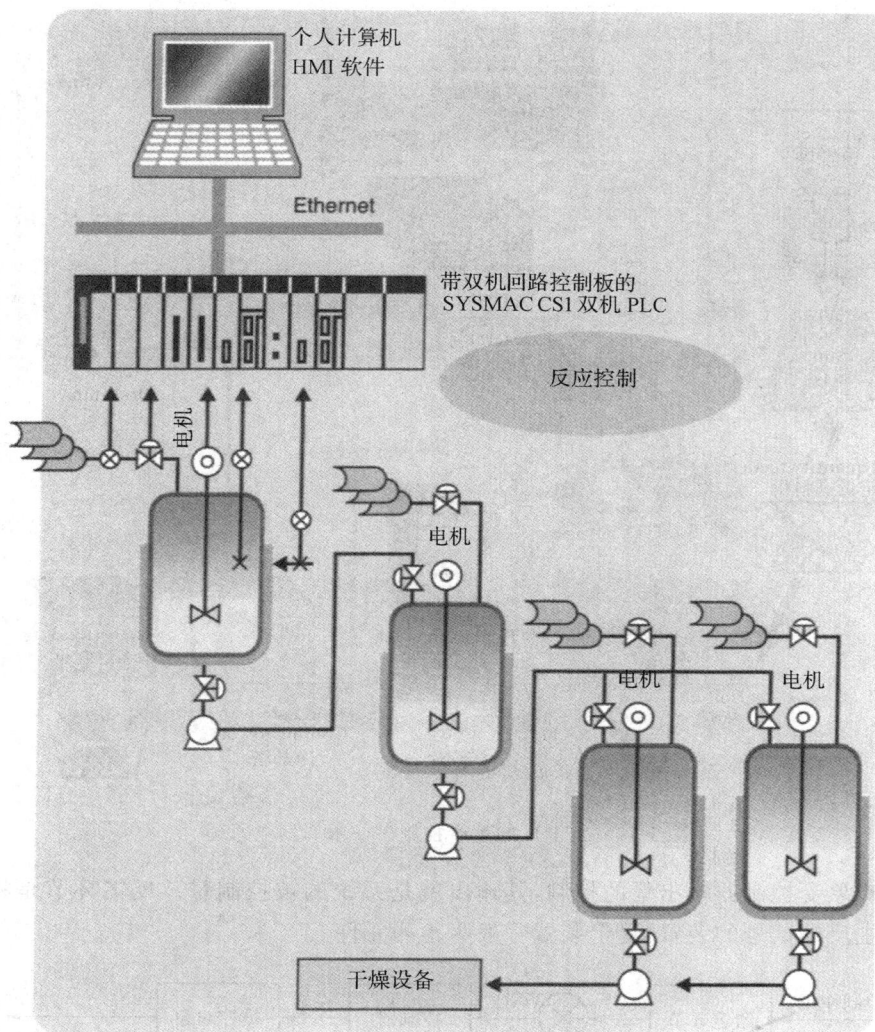

图 1-9　化工厂中的温度、压力、流量的控制

1.3　开环控制与闭环控制

自动控制系统的结构和用途虽各不相同,但参照上节所举的例题,可以画出它一般形式的框图,如图 1-11 所示。

图 1-11 中, $r(t)$ 为系统的参考输入(简称输入量或给定量)。 $c(t)$ 为系统的被控制量(又称输出量)。 $b(t)$ 为系统的主反馈量,它是与被控制量成正比或为某种函数的信号,其物理量纲必须与参考输入相同。因为只有相同量纲的信号,才能在比较点处进行相减运算。 $e(t)$ 为系统的误差,它等于参考输入与主反馈量之差,即 $e(t) = r(t) - c(t)$ 。给定环节为产生参考输入信号的元件,如电位器、旋转变压器等。

控制器的输入是系统的误差信号,经其变换运算后,产生期望的控制信号去控制被控对

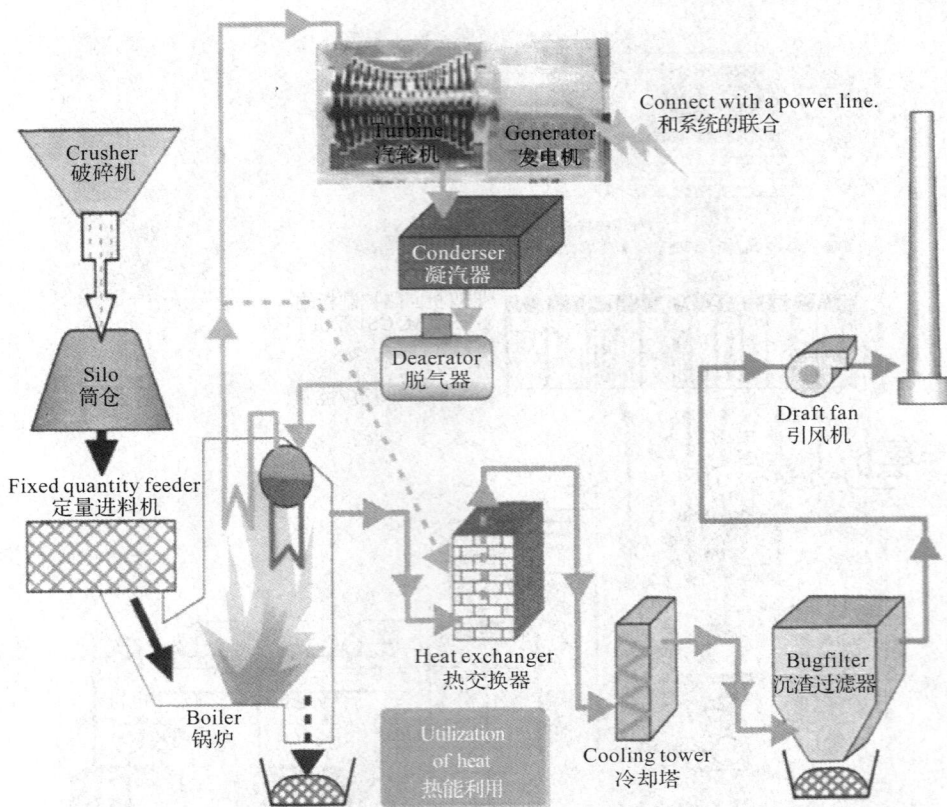

图 1-10 发电厂的生产控制——木屑发电原理

象。被控对象受控制器输出量的控制,其输出就是系统的被控制量。反馈环节是将被控制量转换为主反馈信号的装置,这个装置一般为检测元件。

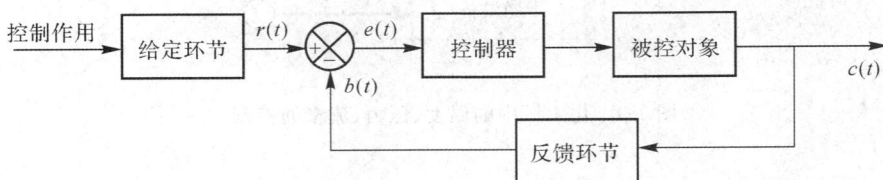

图 1-11 自动控制系统框图

1.3.1 开环控制

如果系统的输出没有与其参考输入相比较,即系统的输出与输入间不存在反馈的通道,那么这种控制方式叫做开环控制。图 1-12 所示为开环控制系统的框图。由图可见,这种控制系统的特点是结构简单、所用的元器件少、成本低,系统一般也比较稳定。然而,由于这种控制系统既没有对它的被控制量进行检测,又没有将被控制量反馈到系统的输入端和参考输入相比较,所以当系统受到干扰作用后,被控制量一旦偏离了原有的平衡状态,系统就没有消除或减小误差的功能,这是开环系统的一个"致命"缺点。正是因为这个缺点,大大限制了这种系统的应用范围。

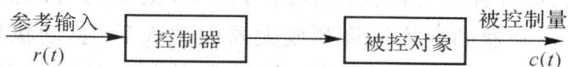

图 1-12 开环控制系统

图 1-13(a)所示为一个开环直流调速系统,图 1-13(b)所示为图(a)的框图。图 1-13 中 U_g 为给定的参考输入,它经触发器和晶闸管整流装置转变为相应的直流电压 U_d,并供电给直流电动机,使之产生一个 U_g 所期望的转速 n。但是,当电动机的负载、交流电网的电压及电动机的励磁稍有变化时,电动机的转速就会随之发生变化,不能再维持 U_g 所期望的转速。

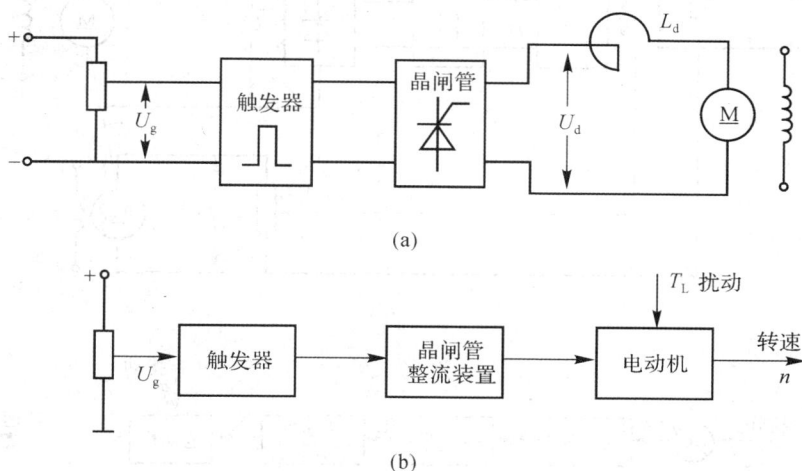

(a)

(b)

图 1-13 开环直流调速系统

图 1-14 所示为数控机床中广泛应用的定位系统框图。这也是一个开环控制系统,工作台的位移是该系统的被控制量,它跟随控制信号(控制脉冲)而变化。显然,这个系统没有抗扰动的功能。

图 1-14 开环定位控制系统框图

如果系统的给定输入与被控制量之间的关系固定,且其内部参数或外来扰动的变化都较小,又或者这些扰动因素可以事先确定并能给予补偿,则采用开环控制系统也能取得较为满意的控制效果。

1.3.2 闭环控制

如果把系统的被控制量反馈到它的输入端,并与参考输入相比较,那么这种控制方式叫做闭环控制。由于这种控制系统中存在被控制量经反馈环节至比较点的反馈通道,故闭环控制又称反馈控制。上一节中所讨论的图 1-3 和图 1-4 所示的系统,都是闭环控制系统。这些系统的特点是:连续不断地对被控制量进行检测,把所测得的值与参考输入作减法运算,求得的误差信号经控制器的变换运算和放大器的放大后,驱动执行元件,以使被控制量能完全按照参考输入的要求变化。这种系统如果受到来自系统内部和外部干扰信号的作用,那么通过闭环控制的作用,能自动地消除或削弱干扰信号对被控制量的影响。由于闭环控制系统具有良好的抗扰动功能,因此它在控制工程中得到了广泛的应用。

如果把图 1-13 所示的开环调速系统改接为图 1-15 所示的闭环系统,则它就具有自动抗扰动的功能。

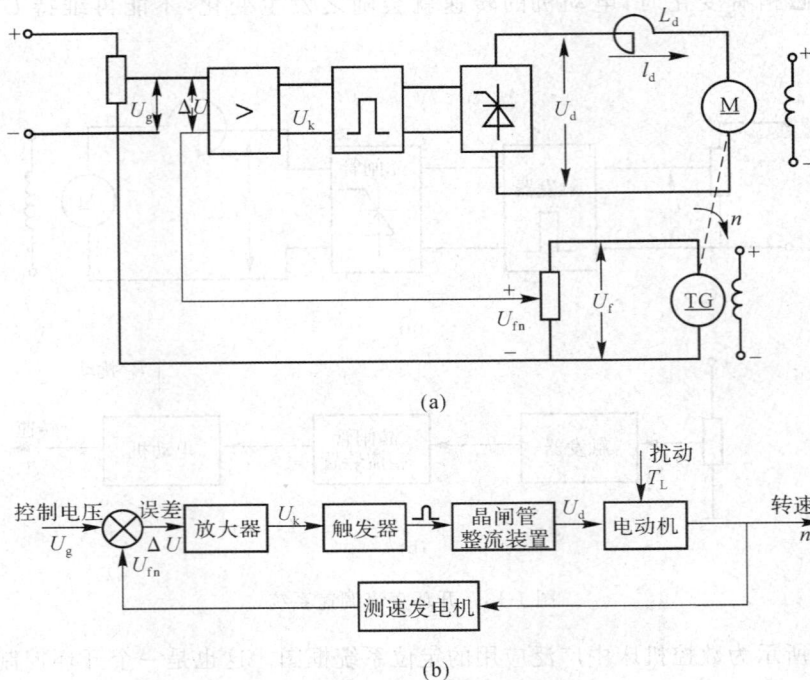

(a)

(b)

图 1-15 闭环直流调速系统

例如,当电动机的负载转矩 T_L 增大时,流经电动机电枢中的电流便相应地增大,电枢电阻上的压降也变大,从而导致电动机转速的降低。而转速的降低使测速发电机的输出电压 U_{fn} 减小,误差电压 ΔU 相应地增大,经放大器放大后,使触发脉冲前移,晶闸管整流装置的输出电压 U_d 增大,从而补偿了由于负载转矩 T_L 的增大或电网电压 $U_\sim$ 的减小而造成的电动机转速的下降,使电动机的转速近似地保持不变。上述的调节过程也可用如下的顺序图来表示,即

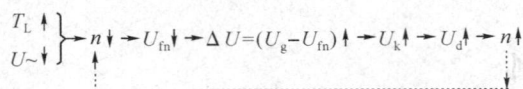

$$\left.\begin{matrix} T_L \uparrow \\ U_\sim \downarrow \end{matrix}\right\} n \downarrow \to U_{fn} \downarrow \to \Delta U = (U_g - U_{fn}) \uparrow \to U_k \uparrow \to U_d \uparrow \to n \uparrow$$

1.4 自动控制系统的基本组成与分类

1.4.1 自动控制系统的基本组成

自动控制系统一般由五部分组成,包括被控对象、测量元件、比较机构、放大机构和执行元件。其中,放大机构的作用是当测量元件测得的信号与给定信号比较后得到的误差信号不足以使执行元件动作时,一般都需要加放大元件,以提高系统的控制精度。执行元件的职能是直接驱动被控对象,以改变控制量。但通常为了改善控制系统的动、静态性能,还在系统中加上某种形式的校正装置。

为了使控制系统的表示简单明了,在控制工程中一般采用方框表示系统中的各个组成部件,在每个方框中填入它所表示部件的名称或其功能函数的表达式,不必画出它们的具体结构。根据信号在系统中的传递方向,用有向线段依次把它们连接起来,就求得整个系统的框图。控制系统的框图由以下三个基本单元组成:

(1)引出点。如图 1-16(a)所示,它表示信号的引出,箭头表示信号的传递方向。

(2)比较点。如图 1-16(b)所示,表示两个或两个以上的信号在该处进行减或加的运算,"一"号表示信号相减,"+"号表示信号相加。

(3)部件的方框。如图 1-16(c)所示,输入信号置于方框的左端,方框的右端为其输出量,方框中填入部件的名称。

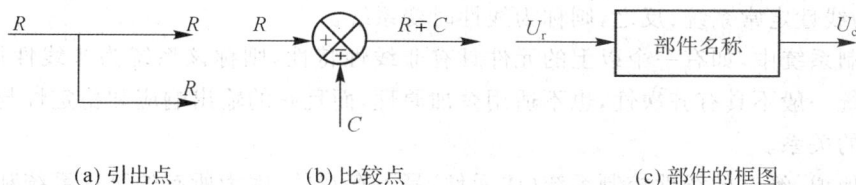

(a) 引出点　　　　(b) 比较点　　　　(c) 部件的框图

图 1-16　系统框图的基本组成单元

据此,可把图 1-3 所示液面控制系统的原理图改用图 1-17 所示的框图来表示。显然,后者的表示不仅比前者简单,而且信号在系统中的传递也更加清晰。因此,在以后讨论时,控制系统一般以框图的形式来表示。

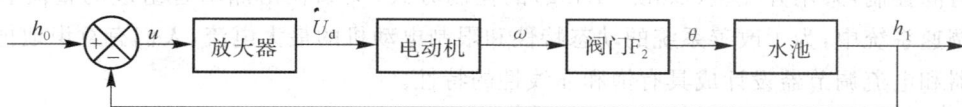

图 1-17　图 1-3 所示系统框图

由上述系统的框图可知,控制系统中信号的传递都有一个闭合的回路,即被控制量直接或经过反馈环节反作用到系统的输入端,并和输入信号作减法运算,利用所得的误差信号对系统进行控制。被控制量与给定输入信号间的这种联系,称为负反馈;其相应的系统叫做负反馈控制系统。

综上所述,要想了解一个实际的自动控制系统的组成,除画出组成系统的框图外,还必须明确下面的一些问题：

(1)哪个是控制对象？被控量是什么？影响被控量的主扰动量是什么？

(2)哪个是执行元件？

(3)测量被控量的元件有哪些？有哪些反馈环节？

(4)输入量是由哪个元件给定的？反馈量与给定量是如何进行比较的？

(5)其他还有哪些元件(或单元)？它们在系统中处于什么地位？起什么作用？

1.4.2　自动控制系统的分类

自动控制系统可以从多个不同的角度进行分类。例如,按照分析和设计的方法,通常可分为线性和非线性、时变和非时变系统;按照系统参考输入信号的变化规律,可分为恒值控制系统和随动控制系统;按照系统内部传输信号的性质,又可分为连续控制系统和离散控制系统。此外,还有的按照组成系统元件的种类来划分,如机电控制系统、液压控制系统、气动控制系统和生物控制系统等。若按照被控制量的名称来分类,有温度控制系统、转速控制系统和张力控制系统等。这里只介绍以下三种常用的分类方法,使在分析和设计这些系统之前,对它们的特征有一个初步的认识。

1. 线性控制系统和非线性控制系统

若组成控制系统的元件都具有线性特性,则称这种系统为线性控制系统。这种系统输入与输出间的关系,一般用微分方程、传递函数来描述,也可以用状态空间表达式来表示。线性系统的主要特点是具有齐次性和适用叠加原理。如果线性系统中的参数不随时间而变化,则称为线性定常系统;反之,则称为线性时变系统。

在控制系统中,如有一个以上的元件具有非线性特性,则称该系统为非线性控制系统。非线性系统一般不具有齐次性,也不适用叠加原理,而且它的输出响应和稳定性与其初始状态有很大的关系。

严格地说,绝对的线性控制系统(或元件)是不存在的,因为所有的物理系统和元件在不同的程度上都具有非线性特性。为了简化对系统的分析和设计,在一定的条件下,可以对某些非线性特性作线性化处理。这样,非线性系统就近似为线性系统,从而可以用分析线性系统的理论和方法对它进行研究。

工程上有时为了改善控制系统的性能,常常人为地引入某种非线性元件。如为了实现最短时间控制,采用开关型(Bang—Bang)的控制方式;又如在由晶闸管组成的整流装置的直流调速系统中,为了改善系统的动态特性和限制电动机的最大电流,人们有意识地把速度调节器和电流调节器设计成具有饱和非线性的特性。

2. 恒值控制系统和随动控制系统

恒值控制系统的参考输入为常量,要求它的被控制量在任何扰动的作用下能尽快地恢复(或接近)到原有的稳态值。如图1-3所示的液面控制系统和图1-13所示的直流调速系统均属于恒值控制系统。由于这类系统能自动地消除或削弱各种扰动对被控制量的影响,故又名为自镇定系统。

随动控制系统的参考输入是一个变化的量,一般是随机的,要求系统的被控制量能快速、准确地跟随参考输入信号的变化而变化。如图1-4所示就是一个位置随动系统。

3. 连续控制系统和离散控制系统

控制系统中各部分的信号若都是时间 t 的连续函数,则称这类系统为连续控制系统。前面所举的液面控制系统和随动系统都属于这类控制系统。

在控制系统的各部分信号中只要有一个是时间 t 的离散信号,则称这种系统为离散控制系统。显然,脉冲和数码都属于离散信号。如图 1-18 所示的计算机控制系统就是一种常见的离散控制系统。

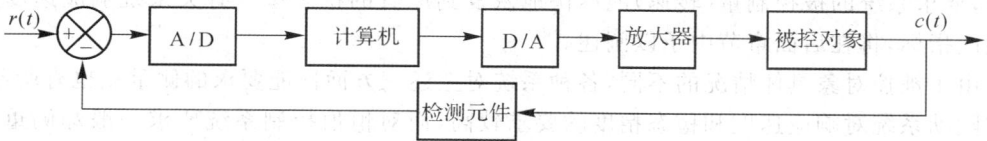

图 1-18　计算机控制系统框图

1.5　对自动控制系统的基本要求

如上所述,恒值控制系统的任务是使系统的被控制量不受扰动的影响,输出力求等于参考输入信号所要求的期望输出值;随动控制系统的任务是要求其被控制量能准确、迅速地复现输入信号的变化规律。实际上,这些要求并不能百分之百地办到,而只能近似地实现。这是因为系统中总存在着一些不同性质的储能元件,例如机械的惯性、电路中的电容与电感等。因此即使在系统中加了校正装置,系统的误差量也不会立即被完全消除。从另一方面考虑,由于系统具有的能源功率有限,系统的放大能力必然也受到限制,因而它运动的加速度有限,相应的速度和位移就不可能在瞬间发生突变,而必须经历一段时间,即系统的运动必然有一个渐变的过程——动态响应过程。此外,由于检测元件本身制造上的误差和机械传动间隙等因素,都会影响系统的控制精度。因此,对于控制系统的设计,只是要求在可能的范围内尽量满足其技术上的要求。

控制系统的性能一般从以下三方面来评价。

1.5.1　稳定性

稳定性是对控制系统最基本的要求。所谓系统稳定,粗略地说就是当系统受到扰动作用后,系统的被控制量虽然偏离了原来的平衡状态,但当扰动一撤离,经过一定的时间后,系统仍能回到原有的平衡状态,则称系统是稳定的。一个稳定的系统,当其内部参数稍有变化或初始条件改变时,仍能正常地进行工作。考虑到系统在工作过程中的环境和参数的变化,因而实际系统不仅要求能稳定,而且还要求留有一定的稳定裕量。

1.5.2　稳态精度

系统稳态精度通常用它的稳态误差来表示。如果在参考输入信号作用下,当系统达到稳态后,其稳态输出与参考输入所要求的期望输出之差就叫做给定稳态误差。显然,这种误差越小,表示系统的输出跟随参考输入的精度越高。系统在扰动信号作用下,其输出必然偏离原平衡状态。由于系统自动调节的作用,其输出量会逐渐向原平衡状态方向恢复。当达到稳态后,系统的输出量若不能恢复到原平衡状态时的稳态值,两者间的差值就叫做扰动稳态误差。这种误差越小,表示系统抗扰动的能力越强,其稳态精度也越高。

1.5.3　响应速度

控制系统不仅要稳定,而且还要求系统的响应具有一定的快速性,这对于某些系统来说,是一个十分重要的性能指标。例如在第二节中所述的直流调速系统,当它在突加负载作用下,要求系统的被控制量(转速)能尽快地恢复到原有的稳态值。有关系统响应速度定量的性能指标,将在后面章节中予以阐述。

由于被控对象具体情况的不同,各种系统对上述三方面性能要求的侧重点也有所不同。例如随动系统对响应速度和稳态精度的要求较高,而对恒值控制系统要求一般却侧重于稳定性和抗扰动能力。在同一个系统中,上述三方面的性能要求通常是相互制约的。例如为了提高系统动态响应的快速性和稳态精度,就需要增大系统的放大能力,而放大能力的增强,必然促使系统动态性能变差,甚至会使系统变得不稳定。反之,若强调系统动态过程稳定性的要求,系统的放大倍数就应较小,从而导致系统稳态精度的降低和动态响应的缓慢。由此可见,系统动态响应的快速性、高精度与动态稳定性之间是相互矛盾的。如何分析与解决它们之间的矛盾,正是本课程所要研究的,其中包括以下两大课题:

(1)对于一个具体的控制系统,如何从理论上对它的动态性能和稳态进行定性的分析和定量的计算。

(2)根据对系统性能的要求,如何合理地设计校正装置,使系统的性能能全面地满足技术上的要求。

1.6　MATLAB 软件简介

MATLAB 是 Matrix Laboratory 的缩写。它是一种基于矩阵数学与工程计算的系统,用于分析和设计控制系统的软件。用 MATLAB 可以求取控制系统的瞬态响应、绘制控制系统的根轨迹、绘制伯德图和乃奎斯特图等,因此它是一种非常实用的系统软件。

1.6.1　MATLAB 的安装与启动

1. MATLAB 的安装

在安装过程中,假如不对版本进行选择操作,就默认选择 6.5 版。

2. MATLAB 的启动

本节介绍 MATLAB 安装到硬盘上以后,如何创建 MATLAB 的工作环境。

(1)方法一

MATLAB 的工作环境由 matlab.exe 创建,该程序驻留在文件夹 matlab\\bin\\中。它的图标是 MATLAB。只要双击该图标,就会自动创建如图 1-19 所示的 MATLAB 6.5 版的指令窗(Command Window)。

(2)方法二

假如经常使用 MATLAB,则可以在 Windows 桌面上创建一个 MATLAB 快捷方式图标。

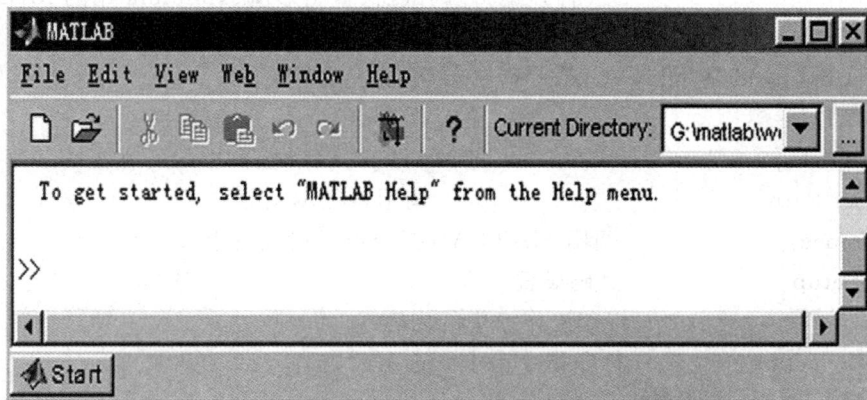

图 1-19　在英文 Windows 平台上的 MATLAB 6.5 指令窗

具体办法有两个：

①单击"开始"菜单，从"程序"中选择 MATLAB 图标，用鼠标点亮，然后直接把此图标拖到 Windows 桌面即可。

②用鼠标右键单击"资源管理器"中的 MATLAB 图标，出现下拉菜单，从中选择创建快捷方式栏后，在"资源管理器"窗口中会出现一个相应的快捷图标，然后把此图标拖到 Windows 桌面上。

此后，直接点击 Windows 桌面上的 MATLAB 图标，就可建立图 1-19 所示的 MATLAB 工作环境。

1.6.2　MATLAB 指令窗

1.工具条

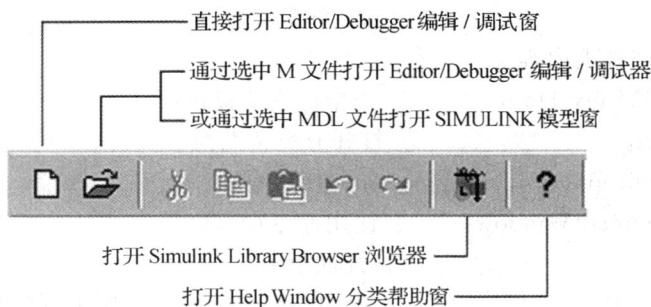

直接打开 Editor/Debugger 编辑／调试窗
通过选中 M 文件打开 Editor/Debugger 编辑／调试器
或通过选中 MDL 文件打开 SIMULINK 模型窗

打开 Simulink Library Browser 浏览器
打开 Help Window 分类帮助窗

图 1-20　在英文 Windows 平台上的 MATLAB 6.5 指令窗

2.菜单选项

MATLAB 工作窗是标准的 Windows 界面，因此它的使用方法也是标准的，即可以通过工作菜单中的各种选项来实现对工作窗中内容的操作。选项共有 5 组，它们分别是 File（文件）、Edit（编辑）、View（视图）、Window（窗口）和 Help（帮助）。

（1）基本文件操作"File"选项的内容

New　　　　　　　　　　　　　打开编辑/调试器、新图形窗、Simulink 用的 MDL 文件

Open(Ctrl＋O)　　　　　　　　通过已有 M 文件打开编辑/调试器

Close Command Window(Ctrl＋W)　关闭命令窗口

Import Date　　　　　　　　　输入数据

Save Workspace As　　　　　　将 MATLAB 工作空间中的所有变量存为 MAT 文件

Set Path　　　　　　　　　调用路径浏览器

Preferences　　　　　调用 MATLAB 指令窗环境设置卡

Page Setup　　　　　页码设置

Print　　　　　　　打印工作窗中的内容

Print Selection　　　打印指令窗中所选定的内容

Exit MATLAB　　　　退出 MATLAB

（2）编辑操作"Edit"选项的内容

Cut　　　　　　　　剪切

Copy　　　　　　　复制

Paste　　　　　　　粘贴

Clear Session　　　　清除指令窗里的显示内容，但不清除工作内存中的变量

Select All　　　　　　选择全部内容

Delete Find　　　　　删除查找内容

Clear Command Window　　清除命令窗

Clear Command History　　清除命令历史

Clear Workspace　　　　清除工作空间

（3）MATLAB 环境下工作窗管理"Windows"选项

MATLAB Command Window　　MATLAB 命令窗口

Simulink Libray Browser　　　Simulink 信息库浏览器

Close All　　　　　　　关闭全部内容

（4）帮助"Help"选项内容

Full Product Family Help　　为全部模块提供帮助

MATLAB Help　　　　打开分类帮助窗

Using the Desktop　　如何使用桌面

Using the Commad Window　使用命令窗

Demos　　　　　　打开演示窗

About MATLAB　　　　MATLAB 注册图标、版本、制造商和用户信息

1.6.3　MATLAB 中的数值表示、变量命名、运算符号和表达式

1. 基本运算符

MATLAB 表达式的基本运算符如表 1-1 所示。

表 1-1 **MATLAB 表达式的基本运算符**

	数学表达式	MATLAB 运算符	MATLAB 表达式
加	$a+b$	+	$a+b$
减	$a-b$	−	$a-b$
乘	$a\times b$	*	$a*b$
除	$a\div b$	/或\	a/b 或 $a\backslash b$
幂	a^b	^	a^b

注:在除法运算中,MATLAB 用左斜杠或右斜杠分别表示"左除"或"右除"运算。对标量而言,这两者的作用没有区别;但对矩阵来说,"左除"和"右除"将会产生不同的结果。

2. 表达式

(1)表达式由变量名、运算符和函数名组成。

(2)表达式将按常规相同的优先级自左至右执行运算。

(3)优先级的规定为:指数运算级别最高,乘除运算次之,加减运算级别最低。

(4)括号可以改变运算的次序。

1.6.4 应用 MATLAB 进行数值运算

【例 1-1】 求 $[18+4\times(7-3)]\div 5^2$ 的运算结果。

(1)双击 MATLAB 图标,进入 MATLAB 命令窗口,如图 1-21 所示。

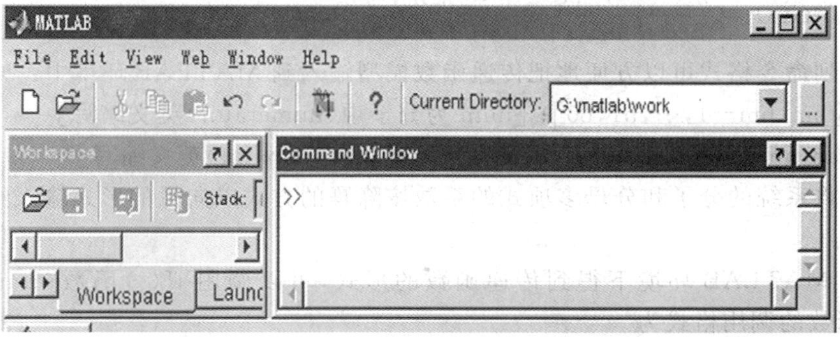

图 1-21 MATLAB 命令窗口

(2)用键盘在 MATLAB 指令窗中输入以下内容:

>>[18+4*(7−3)]/5^2

(3)在上述表达式输入完成后,按"Enter"键,该指令就被执行。

(4)在指令执行后,Commond Window 窗口中显示如下结果:

ans=1.3600

其中,"ans"是 answer 的缩写。

1.6.5 应用 MATLAB 绘制二维图线

【例 1-2】 绘制两个周期内的正弦曲线。

现以 t 为 x 轴,$\sin(t)$ 为 y 轴,取样间隔为 0.1,取样长度为 $4\pi(4*\mathrm{pi})$,于是可在 MAT-LAB 的命令窗口中输入:$>>t=0:0.1:4*\mathrm{pi};y=\sin(t);\mathrm{plot}(t,y)$

命令输入完成后,按"Enter"键执行,结果如图 1-22 所示。

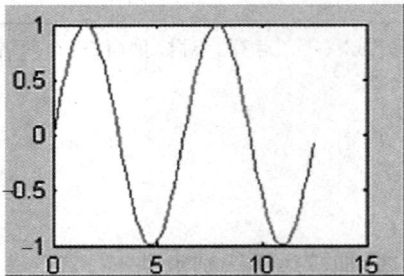

图 1-22 plot( )函数绘制的正弦曲线

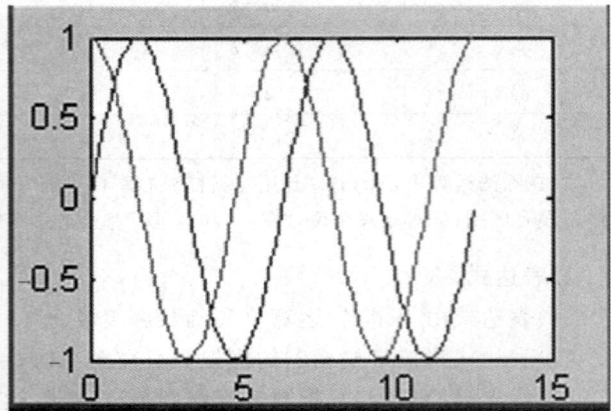

图 1-23 在同一窗口绘制的两条曲线

1.6.6 应用 MATLAB 处理传递函数的变换

1. 传递函数在 MATLAB 中的表达形式

线性系统的传递函数一般可以表示成复数变量 s 的有理函数形式

$$G(s)=\frac{b_m s^m + b_{m-1}s^{m-1}+\cdots+b_1 s+b_0}{a_n s^n + a_{n-1}s^{n-1}+\cdots+a_1 s+a_0}$$

采用下列命令格式可以方便地把传递函数模型输入到 MATLAB 环境中:

num=[bm,bm−1,$\cdots$,b1,b0];[num 为分子项(numerator)英文缩写]

den=[an,an−1,$\cdots$,a1,a0];[den 为分母项(denominator)英文缩写]

也就是将系统的分子和分母多项式的系数按降幂的方式以向量的形式输入给两个变量 num 和 den。

若要在 MATLAB 环境下得到传递函数的形式,可以调用 tf( )函数(transfer function)。该函数的调用格式为

$$G=\mathrm{tf}(\mathrm{num},\mathrm{den})$$

其中,(num,den)分别为系统的分子和分母多项式系数向量。返回的变量 G 为传递函数形式。

2. 将以多项式表示的传递函数转换成零极点形式

以多项式形式表示的传递函数还可以在 MATLAB 中转换为零极点形式。调用函数的格式为

$$>>G_1=\mathrm{zpk}(G)$$

【例 1-3】 把例 1-2 中的传递函数转换成零极点形式的传递函数 G_1。

MATLAB 程序如下:

$$>>G_1=\mathrm{zpk}(G)$$

执行程序后,得到如下结果:

Zero/Ploe/gain：

$$\frac{(s+4.424)(s^2+0.5759s+0.4521)}{(s^2+s+0.382)(s^2+s+2.618)}$$

在系统的零极点模型中若出现复数值，则在显示时将以二阶形式来表示相应的共轭复数对。事实上，可以由下面的 MATLAB 命令得出系统的极点：

$$>> G_1 \cdot p\{1\}$$

执行命令后得出如下结果：

ans＝－0.5000＋1.5388i

　　　　－0.5000－1.5388i

　　　　－0.5000＋0.3633i

　　　　－0.5000－0.3633i

系统的零点可由下面的 MATLAB 命令得到

$$>> Z = \text{tzero}(G_1)$$

执行命令后的结果如下：

Z＝－4.4241

　　－0.2880＋0.6076i

　　－0.2880－0.6076i

与 G_1 对应的零点、极点在复平面上的位置如图 1-24 所示。

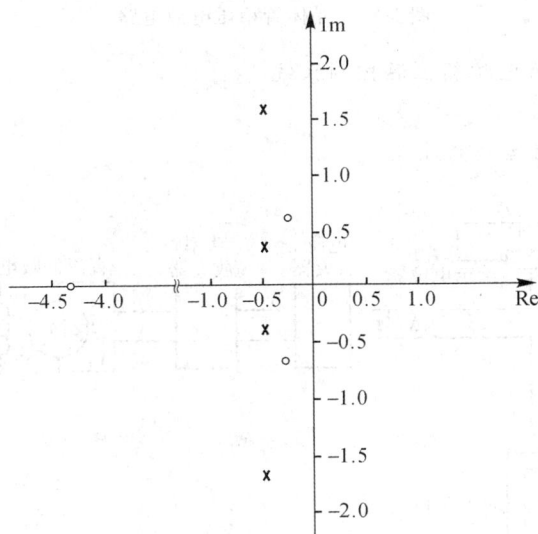

图 1-24 零、极点分布图

×-极点；○-零点；Re-实轴（Real Axis）；Im-虚轴（Imaginary Axis）

本章小结

将控制元器件、控制装置和被控对象有机组合起来，实现对被控制量进行控制，以达到一定的控制要求的系统就是自动控制系统。控制量与被控制量之间是否有反馈联系决定了系统是开环控制系统还是闭环控制系统。稳定性、准确性和快速性这三大性能指标是衡量系统控制性能优劣的标准。MATLAB作为分析、设计自动控制系统的一个重要工具,本章也作了初步介绍。

习　题　1

1-1　试列举几个日常生活中的开环控制和闭环控制系统,并说明它们的工作原理。

1-2　一晶体管稳压电源如图 1-25 所示。试将其改画成框图,并指出哪个量是给定量、被控制量、反馈量和扰动量。

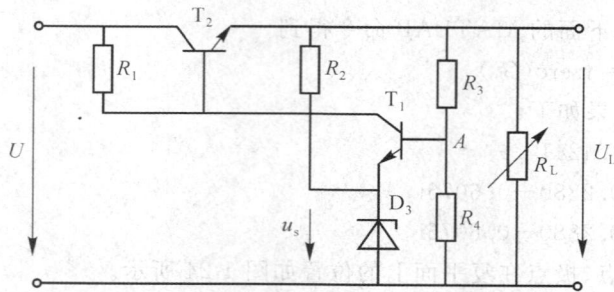

图 1-25　晶体管稳压电源电路

1-3　图 1-26 所示为电炉箱恒温控制系统。

(1)画出系统的框图;

(2)说明该系统恒温控制的原理。

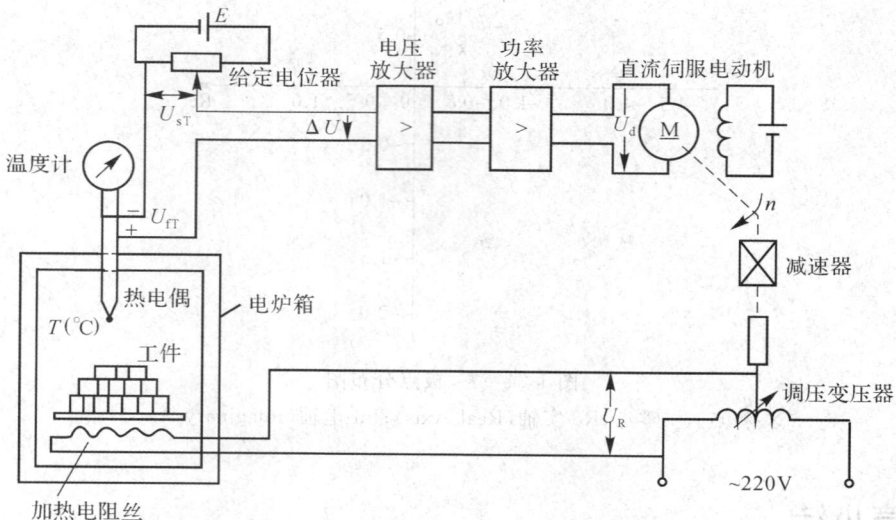

图 1-26　电炉箱恒温自动控制系统

1-4　如图 1-27 所示为仓库大门控制系统。试说明大门自动开启和关闭的工作原理。

如果大门不能全开或全关,则应如何调整?

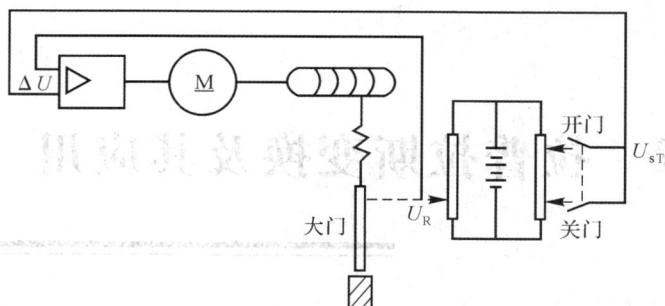

图 1-27　仓库大门控制系统

　　1-5　如图 1-28 所示为一直流调速系统。图中 TG 为测速发电机,M 为工作电动机,SM 为伺服电动机,伺服电动机将驱动电位器 RP_2 的动臂作上下移动。试画出该系统的框图,并说明它的自动调节过程。

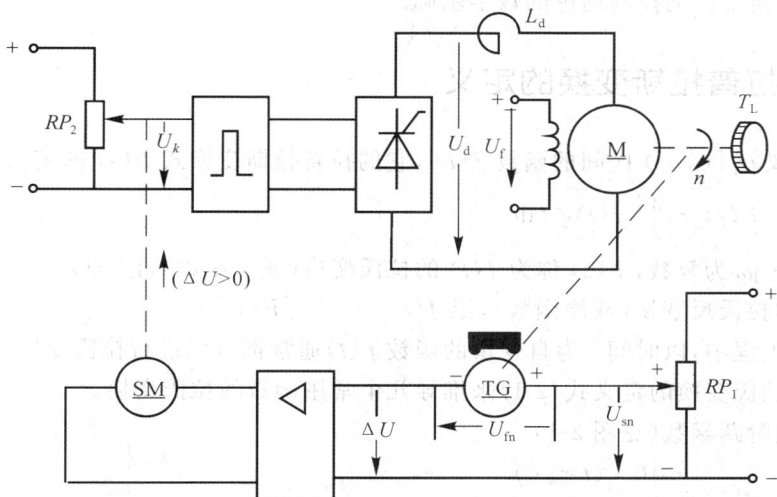

图 1-18　直流调速系统

第2章 拉普拉斯变换及其应用

要定量地分析和研究一个自动控制系统,首先要建立该系统的数学模型。这个数学模型往往是一个微分方程或传递函数。通过拉普拉斯变换(简称拉氏变换),可将微分方程转化为代数方程,使微分方程的求解大大简化;而传递函数又是建立在拉氏变换的基础上的。因此,拉氏变换是自动控制理论的数学基础。

2.1 拉普拉斯变换的定义

一个定义在 $[0,\infty)$ 区间的函数 $f(t)$,它的拉普拉斯变换式 $F(s)$ 的定义为

$$F(s) = \int_0^\infty f(t)\mathrm{e}^{-st}\,\mathrm{d}t \tag{2-1}$$

式中: $s = \sigma + \mathrm{j}\omega$ 为复数; $F(s)$ 称为 $f(t)$ 的拉氏变换(或象函数),记 $F(s) = \mathscr{L}[f(t)]$; $f(t)$ 称为 $F(s)$ 的拉氏反变换(或原函数),记 $f(t) = \mathscr{L}^{-1}[F(s)]$。

在实际工程中,以时间 t 为自变量的函数 $f(t)$ 通常都可以进行拉氏变换。

下面按拉氏变换的定义式(2-1)来推导几个常用函数的拉氏变换。

(1)单位阶跃函数(见图 2-1)

$$u(t) = \begin{cases} 0 & (t < 0) \\ 1 & (t \geqslant 0) \end{cases}$$

$$\mathscr{L}[u(t)] = \int_0^\infty 1(t)\mathrm{e}^{-st}\,\mathrm{d}t = \int_0^\infty \mathrm{e}^{-st}\,\mathrm{d}t$$

$$= -\frac{\mathrm{e}^{-st}}{s}\bigg|_0^\infty = \frac{1}{s} \tag{2-2}$$

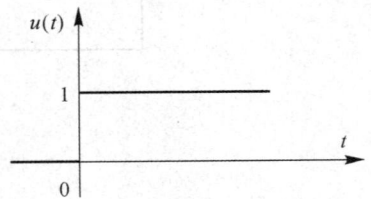

图 2-1 单位阶跃函数

(2)指数函数

$$\mathscr{L}[\mathrm{e}^{-at}] = \int_0^\infty \mathrm{e}^{-at}\mathrm{e}^{-st}\,\mathrm{d}t = \int_0^\infty \mathrm{e}^{-(a+s)t}\,\mathrm{d}t = -\frac{\mathrm{e}^{-(a+s)t}}{a+s}\bigg|_0^\infty = \frac{1}{a+s} \tag{2-3}$$

(3) t^n (n 是正整数)

$$\mathscr{L}[t^n] = \int_0^\infty t^n\mathrm{e}^{-st}\,\mathrm{d}t$$

用分部积分法,得

$$\int_0^\infty t^n\mathrm{e}^{-st}\,\mathrm{d}t = -\frac{t^n}{s}\mathrm{e}^{-st}\bigg|_0^\infty + \frac{n}{s}\int_0^\infty t^{n-1}\mathrm{e}^{-st}\,\mathrm{d}t = \frac{n}{s}\int_0^\infty t^{n-1}\mathrm{e}^{-st}\,\mathrm{d}t$$

所以
$$\mathscr{L}[t^n] = \frac{n}{s}\mathscr{L}[t^{n-1}]$$

当 $n = 1$ 时
$$\mathscr{L}[t] = \frac{1}{s^2}$$

当 $n = 2$ 时
$$\mathscr{L}[t^2] = \frac{2}{s^3}$$

由数学归纳法,得

$$\mathscr{L}[t^n] = \frac{n!}{s^{n+1}} \tag{2-4}$$

(4)单位脉冲函数(见图 2-2)

$$\delta(t) = \begin{cases} 0 & (t < 0 \text{ 和 } t > \Delta) \\ \lim_{\Delta \to 0} \dfrac{1}{\Delta} & (0 \leqslant t \leqslant \Delta) \end{cases}$$

$$\mathscr{L}[\delta(t)] = \int_{0_-}^{\infty} \delta(t)\mathrm{e}^{-st}\,\mathrm{d}t = \int_{0_-}^{0_+} \delta(t)\mathrm{e}^{-st}\,\mathrm{d}t = 1 \tag{2-5}$$

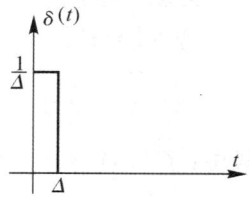

这里将工程应用中经常遇到的一些函数 $f(t)$ 及其拉氏变换 $F(s)$ 的关系编成表格于附录 A 中,以备读者查用。

图 2-2　单位脉冲函数

2.2　拉普拉斯变换的基本性质

虽然由拉氏变换的定义式(2-1)可以求得一些常用函数的拉氏变换,但在实际应用中常常不去作这一积分运算,而是利用拉氏变换的一些基本性质和常用函数拉氏变换对照表,方便地得出它们的变换式。本节只介绍拉氏变换的性质,不作理论上的证明。

1. 线性性质

若 $\mathscr{L}[f_1(t)] = F_1(s)$, $\mathscr{L}[f_2(t)] = F_2(s)$,$a$ 和 b 是常数,则
$$\mathscr{L}[af_1(t) \pm bf_2(t)] = a\mathscr{L}[f_1(t)] \pm b\mathscr{L}[f_2(t)] = aF_1(s) \pm bF_2(s)$$

【例 2-1】　求 $f(t) = -2t + 3\mathrm{e}^{-t}$ 的拉氏变换 $F(s)$ 。

解　因为 $\mathscr{L}[t] = \dfrac{1}{s^2}$,$\mathscr{L}[\mathrm{e}^{-t}] = \dfrac{1}{s+1}$

所以　　　　$F(s) = -\dfrac{2}{s^2} + \dfrac{3}{s+1}$

2. 微分性质

若 $\mathscr{L}[f(t)] = F(s)$,则
$$\mathscr{L}\left[\frac{\mathrm{d}f(t)}{\mathrm{d}t}\right] = sF(s) - f(0)$$

其中,$f(0)$ 是 $f(t)$ 在 $t = 0$ 时的初始值。

【例 2-2】　利用微分性质求 $f(t) = \cos\omega t$ 的拉氏变换 $F(s)$ 。

解　因为 $\dfrac{\mathrm{d}}{\mathrm{d}t}(\sin\omega t) = \omega\cos\omega t$

所以　　　　$\mathscr{L}[\cos\omega t] = \mathscr{L}\left[\dfrac{1}{\omega}\dfrac{\mathrm{d}}{\mathrm{d}t}(\sin\omega t)\right] = \dfrac{1}{\omega}(s \cdot \mathscr{L}[\sin\omega t] - \sin\omega t\,|_{t=0})$

$$= \frac{1}{\omega}(s \cdot \frac{\omega}{s^2 + \omega^2}) = \frac{s}{s^2 + \omega^2}$$

由此推论,若 $\mathscr{L}[f(t)] = F(s)$,则

$$\mathscr{L}[\frac{\mathrm{d}^n f(t)}{\mathrm{d}t^n}] = s^n F(s) - s^{n-1} f(0) - s^{n-2} \dot{f}(0) - \cdots - f^{(n-1)}(0)$$

式中:$f(0)$,$\dot{f}(0)$,$\cdots$,$f^{(n-1)}(0)$ 为 $f(t)$ 及其各阶导数在 $t = 0$ 时的值。

若当初始值 $f(0) = \dot{f}(0) = \cdots = f^{(n-1)}(0) = 0$,则有

$$\mathscr{L}[\frac{\mathrm{d}f(t)}{\mathrm{d}t}] = sF(s) , \mathscr{L}[\frac{\mathrm{d}^2 f(t)}{\mathrm{d}t^2}] = s^2 F(s) , \cdots, \mathscr{L}[\frac{\mathrm{d}^n f(t)}{\mathrm{d}t^n}] = s^n F(s)$$

利用这个性质可以将微分方程转化为代数方程,对分析线性系统起到非常重要的作用。

3. 积分性质

若 $\mathscr{L}[f(t)] = F(s)$,则

$$\mathscr{L}[\int_0^t f(t)\mathrm{d}t] = \frac{1}{s}F(s) + \frac{f^{-1}(0)}{s}$$

式中:$f^{-1}(0) = \int_{-\infty}^0 f(\tau)\mathrm{d}\tau$ 是 $f(t)$ 的积分式在 $t = 0$ 时的取值。

【例 2-3】 求 $f(t) = t$ 的拉氏变换。

解 因为 $f(t) = t = \int_0^t 1(t)\mathrm{d}t$

所以 $\mathscr{L}[f(t)] = \mathscr{L}[\int_0^t 1(t)\mathrm{d}t] = \frac{1}{s}\mathscr{L}[1(t)] = \frac{1}{s^2}$

4. 位移性质

若 $\mathscr{L}[f(t)] = F(s)$,则

$$\mathscr{L}[\mathrm{e}^{at} f(t)] = F(s - a)$$

【例 2-4】 求 $f(t) = \mathrm{e}^{-at} t^n$ 的拉氏变换 $F(s)$ 。

解 因为 $\mathscr{L}[t^n] = \frac{n!}{s^{n+1}}$

所以 $F(s) = \mathscr{L}[\mathrm{e}^{-at} t^n] = \frac{n!}{(s + a)^{n+1}}$

5. 延迟性质

若 $\mathscr{L}[f(t)] = F(s)$,则

$$\mathscr{L}[f(t - \tau_0)] = \mathrm{e}^{-\tau_0 s} F(s)$$

式中:τ_0 为任意实数。$f(t - \tau_0)$ 的函数图形如图 2-3 所示。

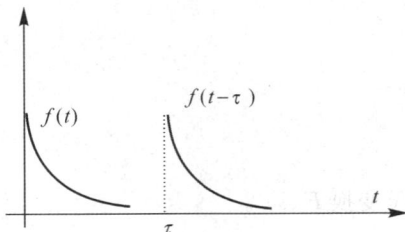

图 2-3

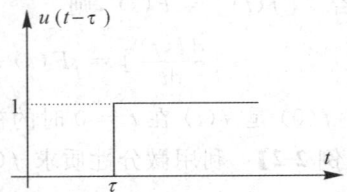

图 2-4

【例 2-5】 求 $u(t - \tau) = \begin{cases} 0, & t < \tau \\ 1, & t > \tau \end{cases}$ 的拉氏变换,图形如图 2-4 所示。

解　因为 $\mathscr{L}[u(t)] = \dfrac{1}{s}$

所以　　　$\mathscr{L}[u(t-\tau)] = \dfrac{1}{s}\mathrm{e}^{-\tau s}$

6. 初值定理

若 $\mathscr{L}[f(t)] = F(s)$，且 $\lim\limits_{s\to\infty} sF(s)$ 存在，则

$$f(0_+) = \lim_{t\to 0_+} f(t) = \lim_{s\to\infty} sF(s)$$

【例 2-6】　若 $\mathscr{L}[f(t)] = \dfrac{1}{s+a}$，求 $f(0_+)$。

解　　　$f(0_+) = \lim\limits_{s\to\infty} sF(s) = \lim\limits_{s\to\infty} \dfrac{s}{s+a} = 1$

7. 终值定理

若 $\mathscr{L}[f(t)] = F(s)$，且 $\lim\limits_{t\to\infty} f(t)$ 存在，则

$$f(\infty) = \lim_{t\to\infty} f(t) = \lim_{s\to 0} sF(s)$$

终值定理的应用条件为：

(1)当 $t\to\infty$ 时，$f(t)$ 有意义(有极限)。例如 $\lim\limits_{t\to\infty}\cos\omega t$ 无极限，那么就不能应用终值定理。

(2)若已知 $F(s)$ 时，当 $sF(s)$ 的分母多项式的根处在虚轴左半 s 平面(原点除外)时，定理可用。例如 $sF(s) = s\dfrac{\omega}{s^2+\omega^2}$，分母多项式的根在虚轴上，定理不可用；$sF(s) = s\dfrac{1}{s^2}$，分母多项式的根在原点，可以用该定理。

如表 2-1 所示列出了拉氏变换的主要性质，可供查用。

表 2-1　拉氏变换性质

	拉氏变换性质	$f(t)$	$F(s) = \mathscr{L}[f(t)]$
1	拉氏变换定义	$f(t)$	$F(s) = \displaystyle\int_0^\infty f(t)\mathrm{e}^{-st}\,\mathrm{d}t$
2	线性	$af_1(t) \pm bf_2(t)$	$aF_1(s) \pm bF_2(s)$
3	对 t 微分	$\dfrac{\mathrm{d}^n f(t)}{\mathrm{d}t^n}$	$s^n F(s) - s^{n-1} f(0) - s^{n-2}\dot{f}(0) - \cdots - f^{(n-1)}(0)$
4	对 t 积分	$\displaystyle\int f(t)\,\mathrm{d}t$	$\dfrac{1}{s}F(s) + \dfrac{f^{-1}(0)}{s}$
5	s 域平移	$\mathrm{e}^{-at} f(t)$	$F(s+a)$
6	时域平移	$f(t-\tau)$	$\mathrm{e}^{-\tau s} F(s)$
7	相似	$f(at)$	$\dfrac{1}{a}F\left(\dfrac{s}{a}\right)$
8	初值	$\lim\limits_{t\to 0_+} f(t)$	$\lim\limits_{s\to\infty} sF(s)$
9	终值	$\lim\limits_{t\to\infty} f(t)$	$\lim\limits_{s\to 0} sF(s)$
10	卷积	$\displaystyle\int_0^t f_1(\tau) f_2(t-\tau)\,\mathrm{d}\tau$	$F_1(s) F_2(s)$

续表

	拉氏变换性质	$f(t)$	$F(s) = \mathscr{L}[f(t)]$
11	对 s 微分	$tf(t)$	$-\dfrac{\mathrm{d}}{\mathrm{d}s}F(s)$
12	对 s 积分	$\dfrac{1}{t}f(t)$	$\displaystyle\int_s^\infty F(s)\mathrm{d}s$

2.3 拉普拉斯反变换

由象函数 $F(s)$ 求取原函数 $f(t)$ 的运算称为拉氏反变换,它和拉氏变换是一一对应的。这里介绍利用部分分式展开,然后用查表的方法进行拉氏反变换,求取原函数。

控制系统中的象函数是 s 的有理分式,可写成下列形式:

$$F(s) = \frac{B(s)}{A(s)} = \frac{b_m s^m + b_{m-1}s^{m-1} + \cdots + b_i s^i \cdots + b_1 s + b_0}{a_n s^n + a_{n-1}s^{n-1} + \cdots + a_i s^i \cdots + a_1 s + a_0} \tag{2-6}$$

式中:系数 a_i 和 b_i 都是实常数,n 和 m 是正整数,通常 $m < n$。这里利用部分分式分解法求解,先将 $\dfrac{B(s)}{A(s)}$ 化为一些简单分式之和,再查表得到。

为了将 $F(s)$ 写为部分分式之和的形式,首先把 $F(s)$ 的分母因式分解,即

$$A(s) = a_n(s - p_1)(s - p_2)\cdots(s - p_n) \tag{2-7}$$

式中:p_1,p_2,$\cdots$,p_n 为 $A(s) = 0$ 的根,称为 $F(s)$ 的极点。

根据极点的不同特点,部分分式分解法有以下两种情况:

(1) $A(s) = 0$ 且无重根

若 $A(s) = 0$ 且无重根,则 $F(s)$ 可展开成 n 个简单的部分分式之和,即

$$F(s) = \frac{k_1}{s - p_1} + \frac{k_2}{s - p_2} + \cdots + \frac{k_i}{s - p_i} + \cdots + \frac{k_n}{s - p_n} = \sum_{i=1}^{n} \frac{k_i}{s - p_i} \tag{2-8}$$

式中:k_i 为待定系数,可按下式计算:

$$k_i = \lim_{s \to p_i}(s - p_i)F(s) \tag{2-9}$$

按式(2-9)将各待定系数全部求出后,再查表求出原函数。

【例 2-8】 求 $F(s) = \dfrac{4s + 5}{s^2 + 5s + 6}$ 的原函数 $f(t)$。

解 将 $F(s)$ 写成部分分式展开形式,即

$$F(s) = \frac{4s + 5}{(s + 2)(s + 3)} = \frac{k_1}{s + 2} + \frac{k_2}{s + 3}$$

按式(2-9)计算,得

$$k_1 = \lim_{s \to -2}(s + 2)F(s) = \lim_{s \to -2}\frac{4s + 5}{s + 3} = -3$$

$$k_2 = \lim_{s \to -3}(s + 3)F(s) = \lim_{s \to -3}\frac{4s + 5}{s + 2} = 7$$

查表可求得原函数为

$$f(t) = -3\mathrm{e}^{-2t} + 7\mathrm{e}^{-3t}$$

【例 2-9】　求 $F(s) = \dfrac{s}{s^2 + 2s + 2}$ 的原函数 $f(t)$。

解　将 $F(s)$ 写成部分分式展开形式,即

$$F(s) = \frac{s}{(s+1+j)(s+1-j)} = \frac{k_1}{s+1+j} + \frac{k_2}{s+1-j}$$

其中

$$k_1 = \lim_{s \to -1-j} (s+1+j)F(s) = \lim_{s \to -1-j} \frac{s}{s+1-j} = \frac{1-j}{2}$$

$$k_2 = \lim_{s \to -1+j} (s+1-j)F(s) = \lim_{s \to -1+j} \frac{s}{s+1+j} = \frac{1+j}{2}$$

所以原函数为

$$f(t) = \frac{1-j}{2}e^{(-1+j)t} + \frac{1+j}{2}e^{(-1-j)t} = e^{-t}(\cos t + \sin t)$$

(2) $A(s) = 0$ 且有重根

设 $A(s) = 0$ 有 r 个重根 p_1,则 $F(s)$ 可写为

$$F(s) = \frac{B(s)}{(s-p_1)^r(s-p_{r+1})\cdots(s-p_n)}$$

$$= \frac{k_1}{(s-p_1)^r} + \frac{k_2}{(s-p_1)^{r-1}} + \cdots + \frac{k_r}{s-p_1} + \frac{k_{r+1}}{s-p_{r+1}} + \cdots + \frac{k_n}{s-p_n}$$

$$(2\text{-}10)$$

式中:p_1 为 $F(s)$ 的重极点;$p_{r+1}, \cdots, p_n$ 为 $F(s)$ 的 $(n-r)$ 个非重极点;$k_1, k_2, \cdots, k_r,$ $k_{r+1}, \cdots, k_n$ 为待定系数,其中,$k_{r+1}, \cdots, k_n$ 按式(2-9)计算,但 $k_1, \cdots, k_r$ 应按下式计算:

$$k_1 = \lim_{s \to p_1}(s-p_1)^r F(s)$$

$$k_2 = \lim_{s \to p_1} \frac{\mathrm{d}}{\mathrm{d}s}[(s-p_1)^r F(s)]$$

$$\vdots$$

$$k_j = \frac{1}{j!} \lim_{s \to p_1} \frac{\mathrm{d}^j}{\mathrm{d}s^j}[(s-p_1)^r F(s)]$$

$$\vdots$$

$$k_r = \frac{1}{(r-1)!} \lim_{s \to p_1} \frac{\mathrm{d}^{r-1}}{\mathrm{d}s^{r-1}}[(s-p_1)^r F(s)] \qquad (2\text{-}11)$$

【例 2-10】　求 $F(s) = \dfrac{s-2}{s(s+1)^3}$ 的原函数 $f(t)$。

解　将 $F(s)$ 写成部分分式展开形式,即

$$F(s) = \frac{k_1}{(s+1)^3} + \frac{k_2}{(s+1)^2} + \frac{k_3}{s+1} + \frac{k_4}{s}$$

其中　　$$k_1 = \lim_{s \to -1}(s+1)^3 F(s) = 3$$

$$k_2 = \lim_{s \to -1} \frac{\mathrm{d}}{\mathrm{d}s}[(s+1)^3 F(s)] = 2$$

$$k_3 = \lim_{s \to -1} \frac{1}{2!} \frac{\mathrm{d}^2}{\mathrm{d}s^2}[(s+1)^3 F(s)] = 2$$

$$k_4 = \lim_{s \to 0} sF(s) = -2$$

所以　　　　$f(t) = (\dfrac{3}{2}t^2 + 2t + 2)e^{-t} - 2$

2.4　拉普拉斯变换应用实例

利用拉氏变换求解线性常系数微分方程是一种工程上行之有效的简便方法,因为可将微分方程转化为代数方程,简化计算。

用拉氏变换法求解线性微分方程的一般步骤如下:

(1)考虑初始条件,对微分方程进行拉氏变换,得到以 s 为变量的代数方程。

(2)求出系统输出量的 s 域表达式。

(3)将输出量的表达式展开成部分分式。

(4)对部分分式进行拉氏反变换(可查表),即可得微分方程的解。

【例 2-11】　电路如图 2-5 所示,已知 $R = 2\Omega$, $C = 1F$, $u_o(0) = 0.1\,\text{V}$, $u_i(t) = 2 \cdot 1(t)$,求 $u_o(t)$ 。

解　电路的微分方程为

$$RC\frac{du_o(t)}{dt} + u_o(t) = u_i(t)$$

对微分方程进行拉氏变换,得

$$RCsU_o(s) - RCu_o(0) + U_o(s) = U_i(s)$$

代入参数得　$2sU_o(s) - 0.2 + U_o(s) = U_i(s)$

又　　　　　$U_i(s) = \dfrac{2}{s}$

所以,输出响应函数的拉氏变换式为

$$U_o(s) = \frac{2}{s(2s+1)} + \frac{0.2}{2s+1}$$

将上式展开成部分分式之和,得

$$U_o(s) = \frac{2}{s} - \frac{2}{s+0.5} + \frac{0.1}{s+0.5} = \frac{2}{s} - \frac{1.9}{s+0.5}$$

由拉氏反变换求得系统响应为

$$u_o(t) = 2 \cdot 1(t) - 1.9e^{-0.5t}$$

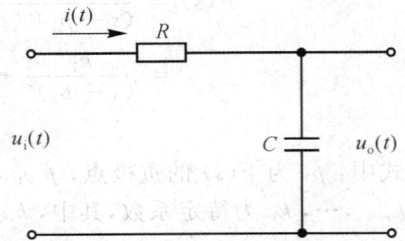

图 2-5　*RC* 串联电路图

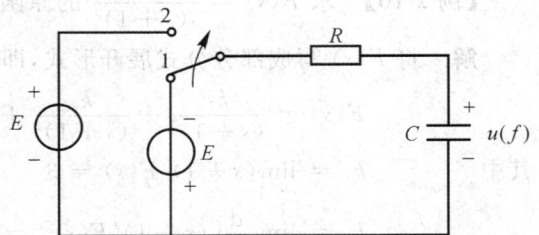

【例 2-12】　图 2-6 所示电路,当 $t < 0$ 时,开关位于"1"端,电路已经稳定;当 $t = 0$ 时,开关从"1"端打到"2"端,试用拉氏变换法求解换路后的电压 $u_C(t)$ 。

解　由题意求得电容电压初始值为

$$u_C(0_-) = -E = u_C(0_+)$$

列写出换路后电路微分方程为

$$T\frac{du_o(t)}{dt} + u_o(t) = E \cdot 1(t)$$

$$(T = RC)$$

图 2-6　例 2-12 图

方程两边拉氏变换并考虑初始条件：

$$T\left[s \cdot U_C(s) - u_C(0_+)\right] + U_C(s) = E \cdot \frac{1}{s}$$

即　　　　　　$$U_C(s) \cdot \left[Ts + 1\right] = \frac{E}{s} - T \cdot E$$

$$U_C(s) = \frac{E}{s(Ts + 1)} - \frac{T \cdot E}{Ts + 1}$$

查表得　　$$u_C(t) = E(1 - 2\mathrm{e}^{-\frac{t}{RC}}) \quad (t \geqslant 0)$$

本章小结

1.拉氏变换定义式：$F(s) = \displaystyle\int_0^\infty f(t)\mathrm{e}^{-s}\,\mathrm{d}t$

2.常用函数的拉氏变换有：$\mathscr{L}[\delta(t)] = 1$，$\mathscr{L}[1(t)] = \dfrac{1}{s}$，$\mathscr{L}[t] = \dfrac{1}{s^2}$，$\mathscr{L}\left[\dfrac{t^2}{2}\right] = \dfrac{1}{s^3}$，

$\mathscr{L}[\mathrm{e}^{-at}] = \dfrac{1}{s+a}$，$\mathscr{L}[\sin\omega t] = \dfrac{\omega}{s^2 + \omega^2}$，$\mathscr{L}[\cos\omega t] = \dfrac{s}{s^2 + \omega^2}$

3.常用的拉氏变换性质有：线性性质、微分性质、终值定理等。

4.用拉氏变换法求解微分方程时，先对微分方程进行拉氏变换，求出输出响应的拉氏变换式，再进行拉氏反变换。

习　题　2

2-1　求下列函数的拉氏变换：

(1) te^{-at}　　　　　　　　　　(2) $\dfrac{1}{a}(at - 1 + \mathrm{e}^{-at})$

2-2　求下列函数的拉氏反变换：

(1) $\dfrac{s + 3}{s(s + 1)(s + 2)}$　　　　(2) $\dfrac{s + 1}{s^2 + 4s + 5}$

2-3　求 $f(t) = b(1 - \mathrm{e}^{-at})$（$a > 0$）的拉普拉斯变换，再根据初值定理和终值定理求出 $f(0_+)$ 与 $f(\infty)$。

2-4　已知系统的微分方程为

$$\frac{\mathrm{d}^2 y(t)}{\mathrm{d}t^2} + 5\frac{\mathrm{d}y(t)}{\mathrm{d}t} + 6y(t) = 2 \cdot 1(t)$$

设 $y(0) = 0$，$\dot{y}(0) = 2$，求微分方程的解 $y(t)$。

2-5　设系统输出量 $y(t)$ 的拉氏变换 $Y(s)$ 为

$$Y(s) = \frac{s^2 + 4s + 5}{(s + 1)(s + 2)}$$

试求输出量 $y(t)$ 的时间响应曲线。

2-6　如题 2-6 图所示电路，电路原处于稳态。当 $t=0$ 时，将开关 S 闭合，求换路后的 $u_L(t)$。已知 $u_{S1}=2e^{-2t}V$，$u_{S2}=5 \cdot 1(t)V$，$R_1=R_2=5\Omega$，$L=1H$。

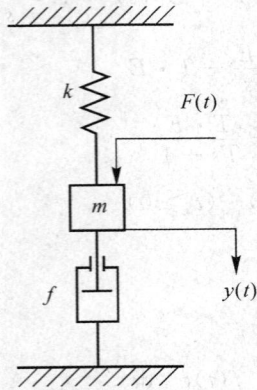

题 2-6 图

第 3 章　控制系统的数学模型

　　自动控制系统是由给定元件、校正元件、放大器、执行机构、检测装置、被控对象等组成的。在控制系统的分析和设计中,了解这些元部件的工作原理及运动过程非常重要,但要更深入地研究系统的特性,首先要做的工作是建立系统的数学模型。

　　控制系统的数学模型是描述系统输入、输出变量以及内部各变量之间动态关系的数学表达式。在自动控制理论中,数学模型有多种形式。时域中常用的数学模型有微分方程、差分方程和状态方程;复数域中有传递函数、结构图;频域中有频率特性等。本章只研究微分方程、传递函数和结构图等数学模型的建立和应用。

　　一个物理系统,可以采用不同的数学描述方法。在经典控制理论中着重研究系统的输入与输出之间的关系,因此采用输入—输出描述(或称外部描述)。在现代控制理论中,往往不但研究系统的输入和输出之间的关系,而且还研究系统内部各个状态变量,因此采用状态变量描述(或内部描述)。

　　建立控制系统数学模型的方法有分析法和实验法两种。分析法(又称机理建模方法)是对系统各部分的运动机理进行分析,根据它们所依据的物理规律或化学规律分别列写相应的运动方程。例如电学中有基尔霍夫定律,力学中有牛顿定律,热力学中有热力学定律等。实验法是人为地给系统施加某种测试信号,记录其输出响应,并用适当的数学模型去逼近,这种方法称为系统辨识。近几年来,系统辨识已发展成一门独立的学科分支。本章重点研究用分析法建立系统数学模型的方法。

　　同一个控制系统,可以用不同的数学模型来描述,建立数学模型的复杂程度也可能不同。例如,严格地讲实际物理系统都是非线性系统,只是非线性的程度有所不同而已,但是许多系统在一定条件下可以近似地视为线性系统。在建模过程中,根据系统的实际结构参数以及精度的要求,常可忽略一些次要因素,使建立的数学模型在准确反映系统动态本质的同时,又能使分析计算尽量简化。

3.1　控制系统的微分方程

　　在经典控制理论中采用控制系统的输入—输出描述(或称外部描述),其目的在于通过该数学模型确定被控制量与给定量或扰动量之间的关系,为分析和设计系统创造条件。给定量或扰动量称为系统的输入量,被控制量则称为系统的输出量。

　　描述控制系统的动态过程和动态特性最常用的方法是建立微分方程。建立控制系统微

分方程的一般步骤如下:

(1)根据实际工作情况,确定系统的输入量和输出量。

(2)将系统划分为若干环节,从输入端开始,按信号传递的顺序,依据各变量所遵循的物理规律或化学规律,分别列写相应的微分方程。

(3)消去中间变量,得到描述系统输入量和输出量之间关系的微分方程。

(4)将微分方程变换成标准形式,即与输入量有关的项写在方程的右端,与输出量有关的项写在方程的左端,方程两端变量的导数项按降幂排列。

下面通过几个不同的实际系统来说明用分析法建立控制系统微分方程的过程。

3.1.1 机械系统

比较常见的、简单的机械系统有机械位移系统和机械旋转系统,应用的定律主要有牛顿运动定律等。

【例 3-1】 图 3-1 所示是一个弹簧—质量—阻尼器机械位移系统。试列写质量 m 在外力 $F(t)$ 的作用下,位移 $y(t)$ 的运动方程。

解 外力 $F(t)$ 和位移 $y(t)$ 可视作系统的输入量和输出量。f 为阻尼系数,k 为弹簧系数,一般情况下都可视为常数。质量 m 在初始状态下的位移、速度、加速度分别为 $y(t)$,$\mathrm{d}y(t)/\mathrm{d}t$,$\mathrm{d}^2 y(t)/\mathrm{d}t$,则

阻尼器的阻尼力为

$$F_1(t) = f\frac{\mathrm{d}y(t)}{\mathrm{d}t}$$

弹簧的弹力为

$$F_2(t) = ky(t)$$

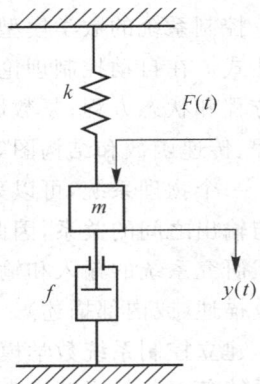

图 3-1 弹簧—质量—阻尼器
机械位移系统

它们的方向与质量 m 的运动方向相反。

在平移系统中,牛顿运动定律可表示为

$$ma = \sum F$$

在此系统中可表示为

$$m\frac{\mathrm{d}^2 y(t)}{\mathrm{d}t^2} = F(t) - F_1(t) - F_2(t)$$

整理得该系统的微分方程为

$$\frac{\mathrm{d}^2 y(t)}{\mathrm{d}t^2} + \frac{f}{m}\frac{\mathrm{d}y(t)}{\mathrm{d}t} + \frac{k}{m}y(t) = \frac{1}{m}F(t) \tag{3-1}$$

【例 3-2】 图 3-2 所示为一机械旋转系统,其中圆柱体的转动惯量为 J ,在转矩 T 的作用下产生角位移 θ,求该系统的微分方程。

解 假定圆柱体的质量分布均匀,质心位于旋转轴线上,且惯性主轴和旋转主轴线相重合,那么将牛顿运动定律应用在此旋转系统中,可得转矩平衡方程式为

$$J\frac{\mathrm{d}^2 \theta(t)}{\mathrm{d}t^2} = T - T_1(t) - T_2(t)$$

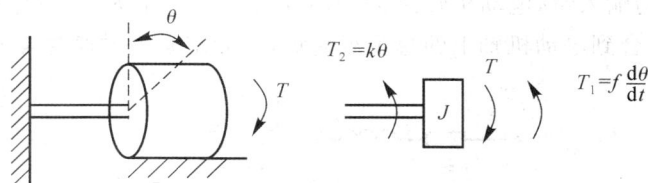

图 3-2　机械旋转系统

而

$$T_1(t) = f\omega = f\frac{\mathrm{d}\theta(t)}{\mathrm{d}t}$$

$$T_2(t) = k\theta(t)$$

式中：f 为黏性摩擦系数，在一定条件下可视为常数；ω 为角速度，是角位移对时间 t 的导数；k 为弹性扭转变形系数，在一定条件下可视为常数；$T_1(t)$ 为摩擦转矩；$T_2(t)$ 为扭转弹性转矩。

由此可得描述系统输入与输出关系的微分方程为

$$\frac{J}{k}\frac{\mathrm{d}^2\theta(t)}{\mathrm{d}t^2} + \frac{f}{k}\frac{\mathrm{d}\theta(t)}{\mathrm{d}t} + \theta(t) = \frac{T}{k} \tag{3-2}$$

3.1.2　电路系统

电路系统大部分由电阻 R、电感 L、电容 C 等电气元件组合而成，建立微分方程时，可利用基尔霍夫电压定律和电流定律，再结合电路的一些基本理论，来列写系统的微分方程。

【例 3-3】　图 3-3 所示是 R、L、C 元件组成的无源串联网络，其中 $u(t)$ 为输入电压，试列写以 $u(t)$ 为输入量、$u_C(t)$ 为输出量的微分方程。

解　设回路电流为 $i(t)$，由基尔霍夫电压定律可写出回路电压方程为

$$L\frac{\mathrm{d}i(t)}{\mathrm{d}t} + u_C(t) + Ri(t) = u(t)$$

而电容两端的电压为

$$u_C(t) = \frac{1}{C}\int i(t)\,\mathrm{d}t$$

将上面两式联立，消去中间变量 $i(t)$，便得到描述网络输入与输出之间关系的微分方程，即

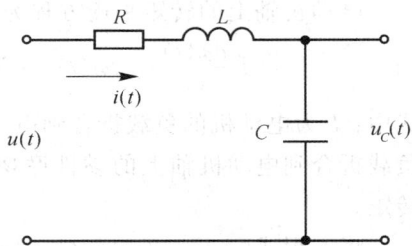

图 3-3　RLC 无源串联网络

$$LC\frac{\mathrm{d}^2 u_C(t)}{\mathrm{d}t^2} + RC\frac{\mathrm{d}u_C(t)}{\mathrm{d}t} + u_C(t) = u(t) \tag{3-3}$$

3.1.3　机电系统

机电系统中比较常见的是电动机的转速控制问题。在前面，我们已分别对机械旋转系统和电路系统的建模作了阐述，电动机的转速控制系统的建模可将两者结合起来加以运用。下面以电枢控制式直流电动机转速控制系统为例加以说明。

【例 3-4】　试列写图 3-4 所示的电枢控制式直流电动机转速控制系统的微分方程，要求

取电枢电压 $u_a(t)$ 为输入量,电动机转速 $\omega(t)$ 为输出量。图中 R_a、L_a 分别是电枢电路的电阻和电感,M_c 是折合到电动机轴上的总负载转矩,并假定激磁磁通为常值。

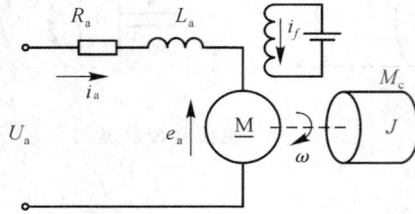

图 3-4　电枢控制式直流电动机转速控制系统

解　电枢控制式直流电动机的工作实质是将输入的电能转换为机械能,也就是由输入的电枢电压 $u_a(t)$ 在电枢回路中产生电枢电流 $i_a(t)$,再由电流 $i_a(t)$ 与激磁磁通相互作用产生电磁转矩 $M_m(t)$,从而拖动负载运动。直流电动机的运动方程由电枢回路电压平衡方程、电磁转矩方程、电动机转矩平衡方程三部分组成。

由图 3-4 所示可列出电枢回路的电压平衡方程,即

$$L_a \frac{\mathrm{d}i_a(t)}{\mathrm{d}t} + R_a i_a(t) + e_a(t) = u_a(t) \tag{3-4}$$

式中:$e_a(t)$ 是当电枢旋转时产生的反电动势,其大小与激磁磁通及转速成正比,方向与电枢电压 $u_a(t)$ 相反,即 $e_a(t) = C_e \omega(t)$,C_e 是反电动势系数,单位为 V/(rad/s)。

电磁转矩方程为

$$M_m(t) = C_m i_a(t) \tag{3-5}$$

式中:$M_m(t)$ 为由电枢电流产生的电磁转矩,单位为 N·m;C_m 为电动机转矩系数,单位为 N·m/A。

电动机轴上的转矩平衡方程为

$$J \frac{\mathrm{d}\omega(t)}{\mathrm{d}t} + f\omega(t) = M_m(t) - M_c(t) \tag{3-6}$$

式中:J 为电动机的负载折合到电动机轴上的转动惯量,单位为 N·m·s²;f 为电动机和负载折合到电动机轴上的黏性摩擦系数,单位为 N·m·s。式(3-6)中,已忽略扭转弹性转矩。

将方程式(3-4)、(3-5)和(3-6)联立,消去中间变量 $i_a(t)$、$e_a(t)$ 和 $M_m(t)$,便可得到以 $\omega(t)$ 为输出量,$u_a(t)$ 为输入量的直流电动机微分方程,即

$$L_a J \frac{\mathrm{d}^2\omega(t)}{\mathrm{d}t^2} + (L_a f + R_a J) \frac{\mathrm{d}\omega(t)}{\mathrm{d}t} + (R_a f + C_m C_e)\omega(t)$$

$$= C_m u_a(t) - L_a \frac{\mathrm{d}M_c(t)}{\mathrm{d}t} - R_a M_c(t) \tag{3-7}$$

在工程应用中,由于电枢电路电感 L_a 较小,通常可以忽略不计。因此式(3-7)可简化为

$$T_m \frac{\mathrm{d}\omega(t)}{\mathrm{d}t} + \omega(t) = K_1 u_a(t) - K_2 M_c(t) \tag{3-8}$$

式中:$T_m = R_a J/(R_a f + C_m C_e)$ 是电动机机电时间常数;$K_1 = C_m/(R_a f + C_m C_e)$,$K_2 = R_a/(R_a f + C_m C_e)$ 是电动机传递系数。

更进一步,如果电枢电阻 R_a 和电动机的转动惯量 J 都很小可忽略不计时,式(3-8)还可简化为

$$C_e\omega(t) = u_\mathrm{a}(t)$$

这时,电动机的转速 $\omega(t)$ 与电枢电压 $u_\mathrm{a}(t)$ 成正比。于是,电动机可作为测速发电机使用。

从上述各控制系统的微分方程可以发现,不同类型的系统可具有形式相同的数学模型。我们把数学模型相同的各种物理系统称为相似系统。在相似系统的数学模型中,作用相同的变量称为相似变量。在上面举出的三个例子中,弹簧—质量—阻尼器机械位移系统、机械旋转系统、RLC 无源串联网络的数学模型均是二阶微分方程,即为相似系统。例 3-1 和例 3-2 中,对应的相似变量有力 F 和转矩 T 、质量 m 和转动惯量 J 、弹簧系数 k 和扭转系数 k 、线位移 y 和角位移 θ 、速度 v 和角速度 ω 等。

相似系统揭示了不同物理现象之间的相似关系。利用相似系统这一概念,可以把一种物理系统研究的结论推广到其相似系统中去,便于我们用一个简单的、比较容易实现的模型去模拟研究与其相似的复杂系统,例如用电路系统模拟其他较难实现的系统。相似系统的概念也为控制系统的计算机数字仿真提供了基础。

3.2　传递函数

控制系统的微分方程是在时域中描述系统动态性能的数学模型,在给定外作用和初始条件下,求解微分方程可以得到系统的输出响应。这种方法比较直观,特别是借助于电子计算机可以迅速而准确地求得结果。但是如果系统的结构改变或某个参数变化时,就要重新列写并求解微分方程,比较繁琐,不便于对系统进行分析和设计。

在用拉氏变换法求解线性系统微分方程的过程中,可以得到控制系统在复数域的数学模型,即传递函数。传递函数不仅可以表征系统的动态性能,而且还可以用来研究系统的结构或参数变化对系统性能的影响。经典控制理论中广泛应用的频率法和根轨迹法,就是以传递函数为基础建立起来的。传递函数是经典控制理论中最基本和最重要的概念。

3.2.1　传递函数的定义

线性定常控制系统的传递函数定义为,零初始条件下,系统输出量的拉氏变换与输入量的拉氏变换之比。

设线性定常系统由下述 n 阶线性常微分方程表示:

$$a_0\frac{\mathrm{d}^n c(t)}{\mathrm{d}t^n} + a_1\frac{\mathrm{d}^{n-1}c(t)}{\mathrm{d}t^{n-1}} + \cdots + a_{n-1}\frac{\mathrm{d}c(t)}{\mathrm{d}t} + a_n c(t)$$

$$= b_0\frac{\mathrm{d}^m r(t)}{\mathrm{d}t^m} + b_1\frac{\mathrm{d}^{m-1}r(t)}{\mathrm{d}t^{m-1}} + \cdots + b_{m-1}\frac{\mathrm{d}r(t)}{\mathrm{d}t} + b_m r(t) \tag{3-9}$$

式中:$c(t)$ 是系统输出量;$r(t)$ 是系统输入量;$a_i(i=1,2,\cdots,n)$ 和 $b_i(i=1,2,\cdots,m)$ 是与系统结构和参数有关的常系数。设 $r(t)$ 和 $c(t)$ 及其各阶系数在 $t=0$ 时的值均为零,即为零初始条件。对式(3-9)中各项分别求拉氏变换,并令 $R(s)=L[r(t)]$, $C(s)=L[c(t)]$,可得 s 的代数方程为

$$(a_0 s^n + a_1 s^{n-1} + \cdots + a_{n-1}s + a_n)C(s)$$

$$= (b_0 s^m + b_1 s^{m-1} + \cdots + b_{m-1} s + b_m) R(s)$$

则由定义可得系统的传递函数为

$$G(S) = \frac{C(s)}{R(s)} = \frac{b_0 s^m + b_1 s^{m-1} + \cdots + b_{m-1} s + b_m}{a_0 s^n + a_1 s^{m-1} + \cdots + a_{n-1} s + a_n} = \frac{N(s)}{D(s)} \qquad (3\text{-}10)$$

式中：$N(s)$ 和 $D(s)$ 分别为传递函数的分子多项式和分母多项式。

从传递函数表达式(3-10)可以看出，有了描述系统动态过程的微分方程后，只要将微分方程中输入量和输出量的各阶导数用相应的复变量 s 代替，就可以很容易地求出系统的传递函数。传递函数的分母多项式 $D(s) = 0$ 称为特征方程式。分母多项式中 s 的最高阶次就是系统的阶次。

传递函数是系统数学模型的又一种形式，它说明了系统由输入信号转换成输出信号的传递关系，如图 3-5 所示。

从式(3-10)还可以看出，传递函数 $G(s)$ 为复变量 s 的有理分式，因此总是可以把分子多项式和分母多项式分解成一阶的因式相连乘，即可以把式(3-10)表示为以下形式

$R(s)$ 输入 → $\boxed{G(s)}$ → $C(s)$ 输出

图 3-5 传递函数的示意图

$$G(s) = \frac{N(s)}{D(s)} = \frac{b_0 (s - z_1)(s - z_2) \cdots (s - z_m)}{a_0 (s - p_1)(s - p_2) \cdots (s - p_n)} = K^* \frac{\displaystyle\prod_{i=1}^{m} (s - z_i)}{\displaystyle\prod_{j=1}^{n} (s - p_j)}$$

式中：$z_i (i = 1, 2, \cdots, m)$ 为分子多项式的根，称为传递函数的零点；$p_j (j = 1, 2, \cdots, n)$ 为分母多项式的根，称为传递函数的极点，也称为特征根。传递函数的零点和极点可以是实数，也可以是复数，若是复数，必然成对出现；系数 K^* 称为传递系数或根轨迹增益。这种用零点和极点表示传递函数的方法在根轨迹法中使用较多。

在复数平面上表示传递函数零点和极点的图形，称为传递函数的零极点分布图。传递函数的零极点分布图可以更形象地反映系统的全面特性(详见第 5 章)。

传递函数的分子多项式和分母多项式经因式分解后也可表示成以下形式

$$G(s) = \frac{K(\tau_1 s + 1)(\tau_2^2 s^2 + 2\zeta\tau_2 s + 1) \cdots (\tau_i s + 1)}{s^\nu (T_1 s + 1)(T_2^2 s^2 + 2\zeta T_2 s + 1) \cdots (T_j s + 1)}$$

式中：一次因子对应于实数零极点，二次因子对应于共轭复数零极点，τ_i 和 T_j 称为时间常

数；$K = \dfrac{b_m}{a_n} = K^* \dfrac{\displaystyle\prod_{i=1}^{m} (-z_i)}{\displaystyle\prod_{j=1}^{n} (-p_j)}$，称为传递系数或增益。传递函数的这种表示形式在频率法中

使用较多。

系统传递函数的零点、极点和传递系数决定了系统的静态性能和动态性能，所以对控制系统的分析研究，也可转成对系统传递函数的零点、极点和传递系数的研究；另一方面，也可以把对系统性能的要求转换成对传递函数零点、极点和传递系数的要求，从而为控制系统的设计带来方便。

3.2.2 传递函数的性质

传递函数主要有以下性质：

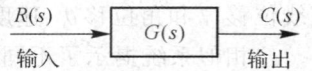

　　1.传递函数是由线性定常系统的微分方程进行拉氏变换后得到的,因此它只适用于线性定常系统。

　　2.传递函数是复变量 s 的有理真分式函数,分子多项式的次数 m 低于或等于分母多项式的次数 n ,即 $m \leqslant n$,且所有系数均为实数。

　　3.系统的传递函数完全由系统的结构和参数决定,而与输入信号的形式无关,也不反映系统内部的任何信息。不同的物理系统可具有完全相同的传递函数。

　　4.传递函数是在零初始条件下得到的,即在未加入输入信号前系统是处于相对的静止状态或平衡状态。当初始条件不为零时,则必须考虑非零初始条件对输出变化的影响。

　　5.传递函数与微分方程具有相通性,可经简单置换得到,即通过复数 s 与微分方程的算符 $\dfrac{\mathrm{d}}{\mathrm{d}t}$ 互相置换而得到。

　　6.传递函数 $G(s)$ 的拉氏反变换是系统的脉冲响应 $g(t)$ 。脉冲响应 $g(t)$ 是系统在单位脉冲 $\delta(t)$ 输入时的输出响应。

3.2.3　传递函数的求法

1.根据系统(或元件)的微分方程求传递函数

　　若已知系统(或元件)的微分方程及输入、输出变量,可分别对输入和输出变量求拉氏变换,再求出输入变量拉氏变换和输出变量拉氏变换的比值,其即为系统(或元件)的传递函数。

　　例如,图 3-3 所示的 RLC 无源串联网络,输入变量为 $u(t)$,输出变量为 $u_C(t)$,例 3-3 已建立的微分方程为

$$LC \frac{\mathrm{d}^2 u_C(t)}{\mathrm{d}t^2} + RC \frac{\mathrm{d}u_C(t)}{\mathrm{d}t} + u_C(t) = u(t)$$

在零初始条件下对上式两端取拉氏变换,可得

$$LCs^2 U_C(s) + RCsU_C(s) + U_C(s) = U(s)$$

$$(LCs^2 + RC + 1)U_C(s) = U(s)$$

进一步可得 RLC 电路的传递函数为

$$G(s) = \frac{U_C(s)}{U(s)} = \frac{1}{LCs^2 + RCs + 1} \tag{3-11}$$

2.用复阻抗的概念求电路的传递函数

　　由电路中的无源元件或有源元件构成的环节,称为电气环节。建立电气环节的数学模型,既可从时域分析入手(列写微分方程),也可从频域分析入手(直接推导传递函数)。后一分析方法的特点是,不列写电路中的微分方程而借助于所谓复阻抗的概念。

　　由电路理论可知,电阻 R 的复阻抗仍为 R ,电容 C 的复阻抗为 $\dfrac{1}{Cs}$,电感 L 的复阻抗为 Ls 。普通阻抗的串、并联计算方法完全可以用于复阻抗网络等效复阻抗的计算。用复阻抗的概念直接在频域中推导环节的传递函数是非常方便的。

　　例如,利用复阻抗的概念和分压公式可直接写出图 3-3 所示的 RLC 无源串联网络的传递函数,即为

$$G(s) = \frac{U_C(s)}{U(s)} = \frac{\dfrac{1}{Cs}}{R + Ls + \dfrac{1}{Cs}} = \frac{1}{LCs^2 + RCs + 1} \qquad (3\text{-}12)$$

式(3-12)与式(3-11)完全相同。

3.2.4　典型环节的传递函数

　　一个自动控制系统是由许多元件组合而成的。虽然各种元件的具体结构和作用原理多种多样,但若抛开其具体结构和物理特点,研究其运动规律和数学模型的共性,就可以划分成为数不多的几种典型环节。这些典型环节是比例环节、积分环节、微分环节、惯性环节、振荡环节和滞后环节等。应该指出,由于典型环节是按照数学模型的共性划分的,它和具体元件不一定是一一对应的。不管元件是机械式的、电气式的、电子式的或其他形式的,只要它们的数学模型一样,就认为它们是同一种典型环节。这样划分,给控制系统的分析和研究带来了很大的方便,对理解和掌握各种元件对控制系统动态性能的影响也很有帮助。

　　1. 比例环节

　　比例环节又称放大环节,其输出量和输入量之间的关系为一种固定的比例关系。它的输出量能够无失真、无滞后地按一定的比例复现输入量。比例环节的表达式为

$$c(t) = Kr(t)$$

比例环节的传递函数为

$$G(s) = \frac{C(s)}{R(s)} = K$$

式中：K 为比例系数或放大系数,有时也称为环节的增益。

　　在控制系统中,输入量和输出量有着不同的量纲,因此比例系数是可以有量纲的。

　　在实际系统中,分压器、非线性和时间常数可以忽略不计的电子放大器,无间隙、无变形齿轮传动中转速比,旋转变压器以及测速发电机的电压和转速的关系,都可以认为是比例环节。但是,也应当指出,完全理想的比例环节在实际中是不存在的。在适当的条件下,这样处理既不影响问题的性质,又能使分析过程简化。但一定要注意理想化的条件和适用范围,以免导致错误的结论。

　　2. 积分环节

　　积分环节的输出量和输入量的积分成正比,其动态方程为

$$c(t) = \frac{1}{T}\int_0^t r(t)\mathrm{d}t$$

式中：T 为积分时间常数。

　　积分环节的传递函数为

$$G(s) = \frac{C(s)}{R(s)} = \frac{1}{Ts} \qquad (3\text{-}13)$$

　　由式(3-13)可以求出其单位阶跃响应为

$$c(t) = \frac{1}{T}t \qquad (3\text{-}14)$$

　　式(3-14)表明,只要有一个恒定的输入量作用于积分环节,其输出量就与时间成正比地无限增长,如图 3-6 所示。积分环节具有记忆功能,在控制系统设计中,常用积分环节来改

善系统的稳态性能。

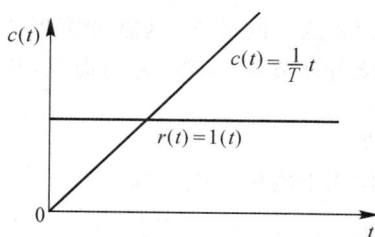

图 3-6　积分环节的单位阶跃响应

如图 3-7 所示是用运算放大器组成的积分器,图中运放可视为理想运放,即输入阻抗为无穷大、开环增益为无穷大。

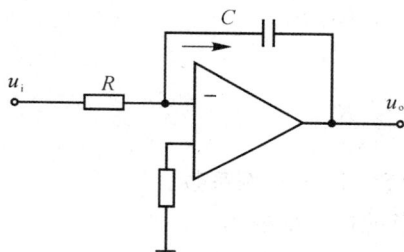

图 3-7　运算放大器组成的积分器

利用复阻抗的概念很容易求取此电路的传递函数。因为

$$\frac{U_i(s)}{R} = -\frac{U_o(s)}{\dfrac{1}{Cs}}$$

所以,传递函数为

$$G(s) = \frac{U_o(s)}{U_i(s)} = -\frac{\dfrac{1}{Cs}}{R} = -\frac{1}{RC}\frac{1}{s} \tag{3-15}$$

此例中没有考虑放大器的饱和特性和惯性。实际上,放大器都有饱和特性,其输出电压不能无限制地增加。故式(3-15)只适用于输出量小于饱和极限值的范围。

3. 微分环节

微分环节又可分为理想微分环节和实际微分环节。

理想微分环节的输出量与输入量对时间的导数成正比,即

$$c(t) = \tau \frac{\mathrm{d}}{\mathrm{d}t} r(t)$$

式中:τ 为微分时间常数。

积分环节的传递函数为

$$G(s) = \frac{C(s)}{R(s)} = \tau s$$

若输入为单位阶跃信号,即 $r(t) = 1(t)$,则输出的单位阶跃响应为

$$c(t) = \tau \frac{\mathrm{d}}{\mathrm{d}t} r(t) = \tau \delta(t)$$

单位阶跃输出响应为一个面积为 τ 的脉冲,其脉冲宽度为零,幅值为无穷大,但实际中是无法实现的。实际可实现的微分环节都具有一定的惯性,其传递函数如下

$$G(s) = \frac{C(s)}{R(s)} = \frac{\tau s}{Ts + 1}$$

实际微分环节在单位阶跃输入作用下的输出响应为

$$c(t) = L^{-1}[G(s)R(s)] = L^{-1}\left[\frac{\tau s}{Ts + 1} \frac{1}{s}\right] = \frac{\tau}{T} e^{-\frac{t}{T}}$$

由于微分环节能预示输出信号的变化趋势,所以常用来改善系统的动态特性。

4. 惯性环节

惯性环节又称非周期环节,其输出量和输入量之间的关系可用微分方程描述为

$$T \frac{\mathrm{d}}{\mathrm{d}t} c(t) + c(t) = Kr(t)$$

对应的传递函数为

$$G(s) = \frac{C(s)}{R(s)} = \frac{K}{Ts + 1}$$

式中: T 为惯性环节的时间常数; K 为比例系数。

若 $r(t) = 1(t)$,则输出量的拉氏变换为

$$C(s) = G(s)R(S) = \frac{K}{Ts + 1} \frac{1}{s} = K\left(\frac{1}{s} - \frac{1}{s + \frac{1}{T}}\right)$$

经拉氏反变换后可求得单位阶跃响应为

$$c(t) = L^{-1}[C(s)] = K(1 - e^{-\frac{t}{T}}) \tag{3-16}$$

式(3-16)表明,惯性环节的单位阶跃响应是非周期的指数函数(详见第 4 章)。

在实际中惯性环节是比较常见的,例如直流电动机的励磁回路,当以励磁电压为输入量,而以励磁电流为输出量时,就相当于一个惯性环节。

用运算放大器也可以构成惯性调节器,如图 3-8 所示。

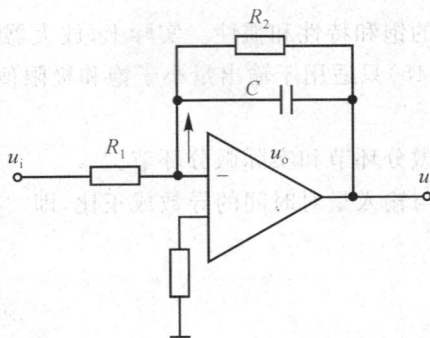

图 3-8 运算放大器构成的惯性调节器

利用复阻抗的概念,可得

$$Z_1 = R_1, \quad Z_2 = R_2 \parallel \frac{1}{Cs} = \frac{R_2}{1 + R_2 Cs}$$

因为

$$\frac{U_i(s)}{Z_1} = -\frac{U_o(s)}{Z_2}$$

所以传递函数为

$$G(s) = \frac{U_o(s)}{U_i(s)} = -\frac{Z_2}{Z_1} = -\frac{\dfrac{R_2}{R_1}}{1 + R_2 Cs}$$

5. 振荡环节

振荡环节的微分方程为

$$T^2 \frac{\mathrm{d}}{\mathrm{d}t} c(t) + 2T\zeta \frac{\mathrm{d}}{\mathrm{d}t} c(t) + c(t) = r(t)$$

其传递函数为

$$G(s) = \frac{C(s)}{R(s)} = \frac{1}{T^2 s^2 + 2\zeta T s + 1}$$

式中：T 为时间常数；ζ 为阻尼系数(或阻尼比)，$0 \leqslant \zeta < 1$。

其传递函数也可表示为

$$G(s) = \frac{C(s)}{R(s)} = \frac{\omega_n^2}{s^2 + 2\zeta\omega_n s + \omega_n^2} \tag{3-17}$$

式中：$\omega_n = \dfrac{1}{T}$，称为无阻尼自然振荡频率。

若 $r(t) = 1(t)$，则输出量的拉氏变换为

$$C(s) = G(s)R(s) = \frac{\omega_n^2}{s(s^2 + 2\zeta\omega_n s + \omega_n^2)}$$

经拉氏反变换后可求得单位阶跃响应为

$$c(t) = 1 - \frac{\mathrm{e}^{-\zeta\omega_n t}}{\sqrt{1 - \zeta^2}} \sin\left(\omega_d t + \arctan \frac{\sqrt{1 - \zeta^2}}{\zeta}\right)$$

式中：$\omega_d = \omega_n \sqrt{1 - \zeta^2}$，称为阻尼振荡频率。

可见，振荡环节的单位阶跃响应是有阻尼的正弦振荡曲线。振荡程度与阻尼比 ζ 有关，ζ 越大，振荡衰减越快；ζ 越小，则振荡越强(详见第 4 章)。

在本章举出的前三个例子中，弹簧—质量—阻尼器机械位移系统、机械旋转系统、RLC 无源串联网络的微分方程都为二阶的微分方程，由式(3-1)、式(3-2)和式(3-3)很容易得到传递函数，分别为

$$G(s) = \frac{1}{ms^2 + fs + k}$$

$$G(s) = \frac{1}{Js^2 + fs + k}$$

$$G(s) = \frac{1}{LCs^2 + RCs + 1}$$

只要将以上各式变换为标准形式(3-17)，并满足 $0 \leqslant \zeta < 1$ 的条件，都属于振荡环节。

6. 滞后环节

滞后环节又称延迟环节。理想纯滞后环节的特点是：当输入信号变化时，其输出信号比

输入信号滞后一定的时间，然后完全复现输入信号。其输入量与输出量的关系可表示为

$$c(t) = r(t - \tau)$$

式中：τ 为滞后环节的特征参数，称为滞后时间或延迟时间。由拉氏变换的延迟定理可得滞后环节的传递函数为

$$G(s) = e^{-\tau s}$$

滞后环节的单位阶跃响应如图 3-9 所示。

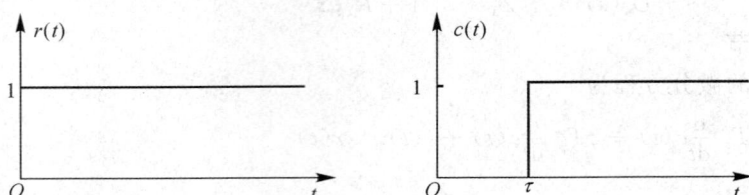

图 3-9　滞后环节的单位阶跃响应

在生产实际中，特别是一些液压、气动或机械传动系统中，都可能遇到纯时间滞后现象。在计算机控制系统中，由于运算需要时间，所以也会出现时间滞后。图 3-10 所示为皮带传输机，在 $t = 0$ 时，输入物料流量在 A 端有 ΔQ_x 的变化，要等到物料达到 B 点时，输出物料的流量才有相同的 ΔQ_y 变化，设运输的距离为 l，运输的速度为 v，则 ΔQ_y 变化滞后 ΔQ_x 的变化的滞后时间为 $\tau = \dfrac{l}{v}$，所以输入和输出之间的关系为

$$\Delta Q_y(t) = \Delta Q_x(t - \tau)$$

输入和输出之间的传递函数为

$$G(s) = \frac{Q_y(s)}{Q_x(s)} = e^{-\tau s}$$

控制系统中如果包含滞后环节，将对控制系统的稳定性产生不利的影响，滞后越大，影响越大。其定量分析将在后面章节中介绍。

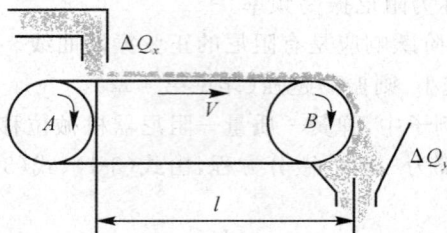

图 3-10　皮带传输机

把复杂的物理系统划分为若干典型环节，利用传递函数、结构图（或信号流图）等来进行研究系统的动态特性，已成为研究系统的一种重要的研究方法。

3.2.5　负载效应

上面介绍的各种典型环节及其传递函数都是在不连接负载的情况下求出它们的输入与

输出之间的传递函数的。例如以图 3-11 所示的分压器为例,它被作为一个具有传递函数 $\dfrac{R_2}{R_1+R_2}$ 的比例环节是有条件的。环节外接的负载阻抗应充分地大,以致可以忽略负载的存在。如果外接的负载阻抗不是很大,则此分压器代表的传递函数就不是简单的 $\dfrac{R_2}{R_1+R_2}$ 比例关系。在分压器上外接负载电阻 R ,如图 3-12(a)所示。

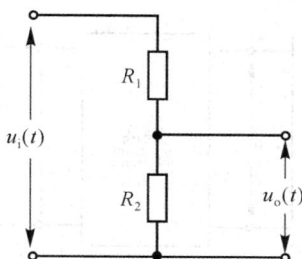

图 3-11　分压器

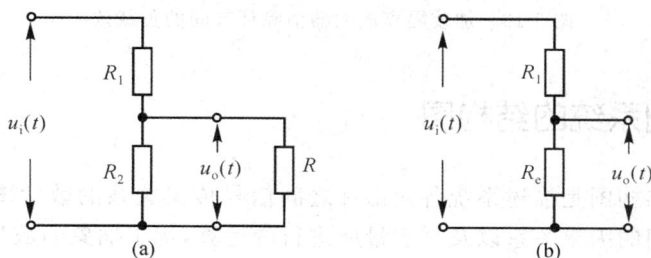

图 3-12　负载效应对环节的影响

将负载电阻 R 与电阻 R_2 合并,得到等效电阻 R_e ,组成一个等效比例环节,如图 3-12(b)所示。

$$R_e = \cfrac{1}{\dfrac{1}{R_2}+\dfrac{1}{R}} = \dfrac{RR_2}{R+R_2}$$

此时,输入电压与输出电压之间的传递函数为

$$G(s) = \frac{U_o(s)}{U_i(s)} = \frac{R_e}{R_1+R_e} = \frac{R_2}{R_1+R_2+\dfrac{R_1R_2}{R}} \tag{3-18}$$

当负载电阻 R 很大, $R \gg R_1R_2$ 时,则式(3-18)变为

$$G(s) \approx \frac{R_2}{R_1+R_2}$$

这说明,对图 3-11 所示的分压器构成的比例环节,只有当外接负载电阻 R 充分大时,才能不考虑负载的影响。环节的负载对传递函数的影响,称为负载效应。

负载效应不仅存在于各种电气环节,在其他类型(如机械、液力、气动型等)的环节上也可能存在。因此,在为一些实际系统建模时,一定要注意是否存在负载效应。必要时,要采取措施消除负载效应。但是在具体问题中,负载效应并不总是能消除的,有时也不必要消

除。这时,可将存在负载效应环节的传递函数进行适当的修正,例如把所接负载归入该环节以内等。

在由电网络构成的两个串联环节之间,如果存在负载效应,则在它们之间加装一个隔离放大器就可以消除它。隔离放大器的输入阻抗应充分地大,以致允许忽略它对前级环节的影响;同时其输出阻抗又应充分地小,以致也允许忽略后级环节对隔离放大器的负载效应。加装隔离放大器的有关电路及对应的传递函数结构图,如图 3-13 所示。

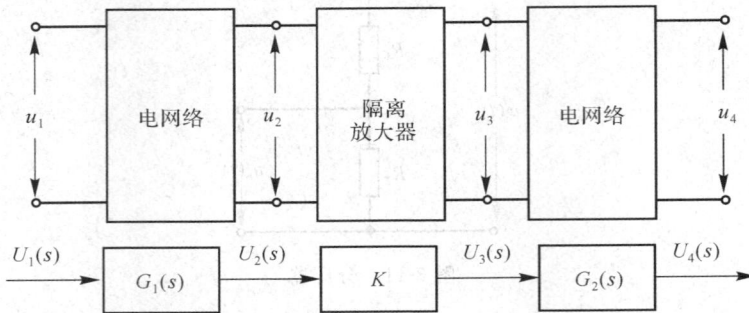

图 3-13 加装隔离放大器消除环节间的负载效应

3.3 控制系统的结构图

控制系统的结构图是描述系统各元部件之间信号传递关系的数学图形,能清楚地表示系统中各变量之间的因果关系以及对变量所进行的运算,优于抽象的数学表达式,是分析系统的有力工具。

3.3.1 结构图的基本概念

结构图又称为方块图或方框图,它把系统或环节用一个方框表示,如图 3-14 所示。方框的一端是输入信号,另一端是经过系统或环节后的输出信号,图 3-14 中用箭头表示信号传递的方向。方框中通常标出的是传递函数,它表示系统或环节输入和输出信号的拉普拉斯变换式之间的关系。

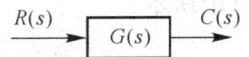

图 3-14 方框图

一个控制系统总是由若干元件组合而成的。从信息传递的角度看,可以把一个系统划分为若干环节,分别列写各环节的传递函数(应考虑负载效应),并将它们用方框表示;然后按信号传递的关系依次将各方框连接,便可得到整个系统的结构图。利用结构图可以了解系统中信息的传递过程和各环节的内在联系,系统结构图也是系统的数学模型,是复数域的数学模型。利用结构图的变换和简化,还可以得到只考虑输入和输出信号之间关系的等效结构图。

不同的物理系统,只要数学模型相同,就可以用同一个结构图来表示。但是,也可能由于分析系统的角度不同,对于同一个系统,可以画出不同的结构图。

3.3.2　结构图的等效变换和简化

由控制系统的结构图通过等效变换或简化可以方便地求取闭环系统的传递函数或系统输出量的响应。对于复杂的系统结构图，其方框之间的连接可能是错综复杂的，但方框之间的基本连接方式只有串联、并联和反馈连接三种。因此，结构图简化的一般方法是移动引出点或比较点，进行方框运算将串联、并联和反馈连接的方框合并。在简化过程中，应遵循变换前后变量关系保持等效的原则，具体而言，就是变换前后前向通路中传递函数的乘积必须保持不变，回路中传递函数的乘积必须保持不变。

1. 串联连接的等效变换

在系统结构图中，几个方框首尾相连，前一个方框的输出变量是后一个方框的输入变量，如图 3-15(a)所示，这种连接方式称为串联连接。

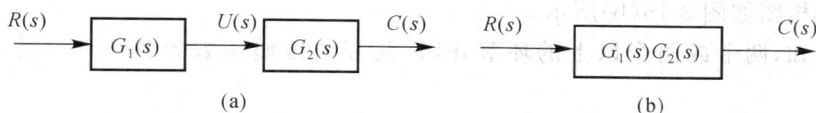

图 3-15　串联连接及其等效变换

由图 3-15(a)可知

$$U(s) = G_1(s)R(s)$$
$$C(s) = G_2(s)U(s)$$

消去中间变量后可得

$$C(s) = G_1(s)G_2(s)R(s)$$

则等效传递函数为

$$G(s) = \frac{C(s)}{R(s)} = G_1(s)G_2(s) \tag{3-19}$$

等效的结构图如图 3-15(b)所示。

式(3-19)表明，若干环节的串联可以用一个等效环节去取代，等效环节的传递函数为各个串联环节的传递函数之积，即

$$G(s) = \prod_{i=1}^{n} G_i(s) \tag{3-20}$$

应当指出，只有当无负载效应，即前一个环节的输出量不受后面环节的影响时，式(3-20)才有效，否则应考虑负载效应。

2. 并联连接的等效变换

两个或多个方框的输入变量相同，总的输出量等于各方框输出量的代数和，这种连接方式称为并联连接，如图 3-16(a)所示。

由图 3-16(a)可知

$$C_1(s) = G_1(s)R(s)$$
$$C_2(s) = G_2(s)R(s)$$
$$C(s) = C_1(s) \pm C_2(s)$$

消去中间变量 $C_1(s)$ 和 $C_2(s)$，可得

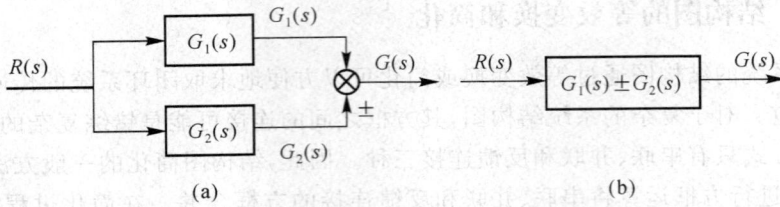

图 3-16　并联连接及其等效变换

$$C(s) = [G_1(s) \pm G_2(s)]R(s) = G(s)R(s)$$

由此可见,等效传递函数为

$$G(s) = \frac{C(s)}{R(s)} = G_1(s) \pm G_2(s)$$

其等效的结构图如图 3-16(b)所示。

由此可知,两个或两个以上的环节并联,其等效传递函数为各个环节传递函数的代数和。

3. 反馈连接的等效变换

若将环节的输出信号反馈到输入端,与输入信号进行比较(见图 3-17(a)),就构成了反馈连接。图 3-17(a)中比较点处,"+"号为正反馈,表示输入信号与反馈信号相加;"-"号为负反馈,表示输入信号与反馈信号相减。

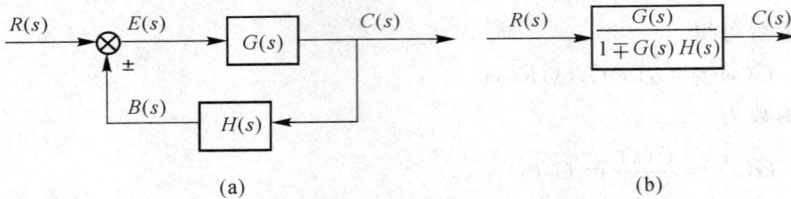

图 3-17　反馈连接及其等效变换

由图 3-17(a)可知

$$C(s) = G(s)E(s)$$
$$B(s) = H(s)C(s)$$
$$E(s) = R(s) \pm B(s)$$

消去中间变量 $E(s)$ 和 $B(s)$,可得

$$C(s) = G(s)[R(s) \pm H(s)C(s)]$$

于是有

$$C(s) = \frac{G(s)}{1 \mp G(s)H(s)}R(s) = \Phi(s)R(s) \tag{3-21}$$

式中

$$\Phi(s) = \frac{C(s)}{R(s)} = \frac{G(s)}{1 \mp G(s)H(s)} \tag{3-22}$$

称为闭环传递函数,是方框反馈连接的等效传递函数,其中负号对应正反馈连接,正号对应负反馈连接,式(3-21)可用图 3-17(b)所示的方框表示。

4. 比较点和引出点的移动

在系统结构图简化过程中,有时为了便于方框的串联、并联或反馈连接运算,需要移动比较点或引出点的位置,这时应注意在移动前后必须保持信号的等效性,而且比较点和引出点之间一般不宜交换位置。

表 3-1 所示汇集了结构图简化(等效变换)的基本规则,可供查用(表中传递函数 $G(s)$ 均简写为 G)。

表 3-1　结构图简化(等效变换)规则

	变换前	变换后
串联	$R(s) \to \boxed{G_1} \to \boxed{G_2} \to C(s)$	$R(s) \to \boxed{G_1 G_2} \to C(s)$
并联	$R(s)$ 分支至 $\boxed{G_1}$ 与 $\boxed{G_2}$, 经比较点 $\pm$ 合成 $C(s)$	$R(s) \to \boxed{G_1 \pm G_2} \to C(s)$
反馈	$R(s) \xrightarrow{\pm} \boxed{G} \to C(s)$,反馈经 $\boxed{H}$	$R(s) \to \boxed{\dfrac{G}{1 \mp GH}} \to C(s)$
比较点前移	$R_1(s) \to \boxed{G} \to$ 比较点 $\pm$ $\to C(s)$, $R_2(s)$ 接入比较点	$R_1(s) \to$ 比较点 $\to \boxed{G} \to C(s)$, $R_2(s) \to \boxed{\dfrac{1}{G}} \to$ 比较点
比较点后移	$R_1(s) \to$ 比较点 $\pm \to \boxed{G} \to C(s)$, $R_2(s)$ 接入比较点	$R_1(s) \to \boxed{G} \to$ 比较点 $\to C(s)$, $R_2(s) \to \boxed{G} \to$ 比较点
引出点前移	$R(s) \to \boxed{G} \to C(s)$,引出点引出 $C(s)$	$R(s) \to$ 引出点 $\to \boxed{G} \to C(s)$,引出点经 $\boxed{G}$ 引出 $C(s)$
引出点后移	$R(s) \to$ 引出点 $\to \boxed{G} \to C(s)$,引出点引出 $R(s)$	$R(s) \to \boxed{G} \to$ 引出点 $\to C(s)$,引出点经 $\boxed{\dfrac{1}{G}}$ 引出 $R(s)$

续表

	变换前	变换后
换或合并比较点		

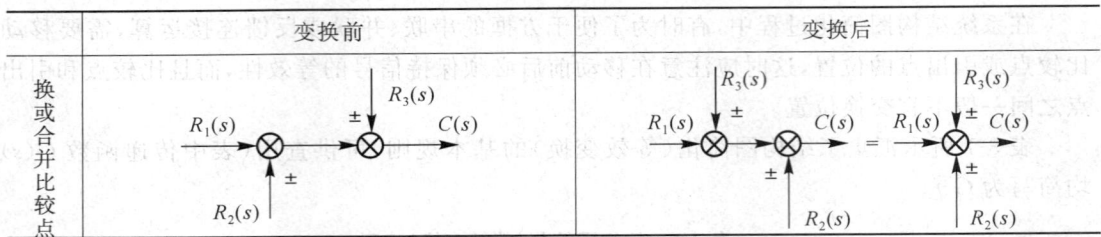

下面举例说明结构图的等效变换和简化过程。

【例 3-5】　某系统的结构图如图 3-18 所示,求系统的闭环传递函数 $\dfrac{C(s)}{R(s)}$（图中传递函数 $G(s)$ 均简写为 G ）。

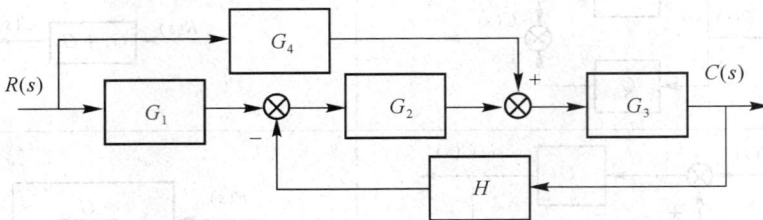

图 3-18　例 3-5 的系统结构图

解　在此结构图中,若不移动比较点的位置就无法进行方框的等效变换,为此,可将 G_1 和 G_2 两方框之间的比较点移到 G_2 方框的输出端(注意不宜前移),如图 3-19(a)所示。因为相邻的比较点可以交换位置,故得图 3-19(b)。此时,就能比较容易的根据框图串联、并联和反馈连接的规则进行化简,依次得图 3-19(c)和 3-19(d)。最后可求得系统的闭环传递函数为

$$\Phi(s) = \frac{C(s)}{R(s)} = \frac{G_3(s)\left[G_1(s)G_2(s) + G_4(s)\right]}{1 + G_2(s)G_3(s)H(s)}$$

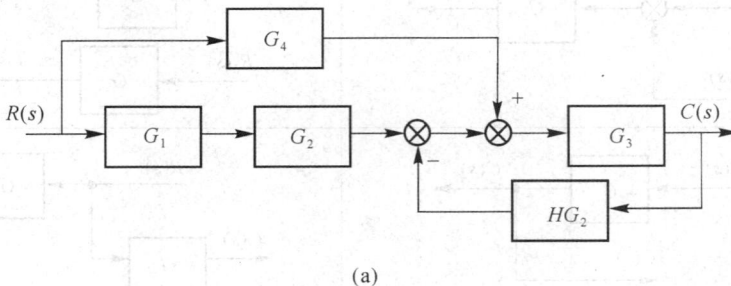

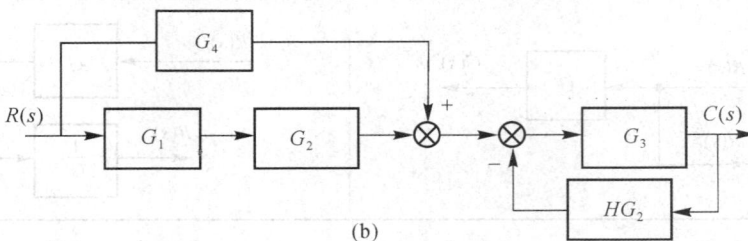

(a)

(b)

(c)

(d)

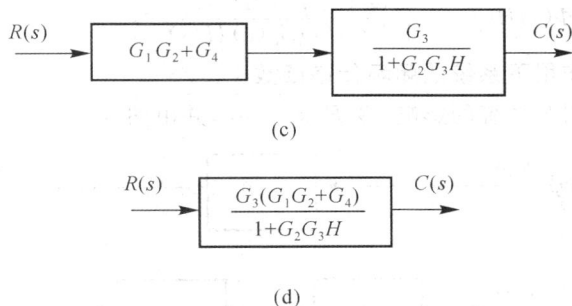

图 3-19　例 3-5 系统结构图的简化

3.3.3　闭环控制系统的传递函数

自动控制系统一般受到两类输入信号作用，一类是对系统有用的输入 $R(s)$，或称给定输入信号；另一类是扰动输入信号 $N(s)$。给定输入信号 $R(s)$ 通常加在控制装置的输入端；而扰动输入信号 $N(s)$ 一般作用在被控对象上，也可能出现在其他元部件上，甚至可能混杂在输入信号中。一个系统往往有多个扰动信号，但是一般只考虑其中最主要的。下面介绍闭环控制系统中比较常用的传递函数。

典型的闭环控制系统的结构图如图 3-20 所示，在该结构图中，从输入信号 $R(s)$ 到输出信号 $C(s)$ 之间的通道，称为前向通道；从输出信号 $C(s)$ 到反馈信号 $B(s)$ 之间的通道，称为反馈通道。

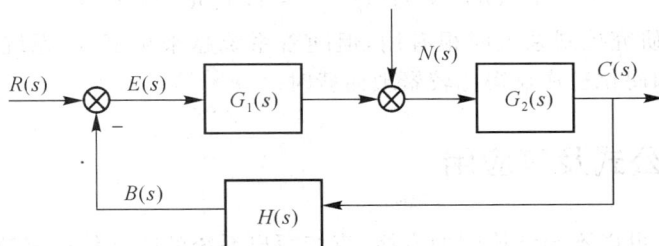

图 3-20　典型的闭环控制系统的结构图

1. 闭环控制系统的开环传递函数

将图 3-20 所示方框 $H(s)$ 的输出信号线断开，即断开系统的反馈通道。这时反馈信号 $B(s)$ 与给定输入信号 $R(s)$ 之比，就称为系统的开环传递函数，即

$$\frac{B(s)}{R(s)} = G_1(s)G_2(s)H(s)$$

也就是说，系统的开环传递函数等于前向通道传递函数与反馈通道传递函数的乘积。

2. 给定输入信号作用下系统的闭环传递函数

应用叠加原理，令扰动输入信号 $N(s) = 0$，那么输入量 $R(s)$ 到输出量 $C(s)$ 之间的闭环传递函数为

$$\Phi(s) = \frac{C(s)}{R(s)} = \frac{G_1(s)G_2(s)}{1 + G_1(s)G_2(s)H(s)} \tag{3-23}$$

式(3-23)称为在给定输入信号作用下系统的闭环传递函数。此时的输出量为

$$C(s) = \Phi(s)R(s) = \frac{G_1(s)G_2(s)R(s)}{1 + G_1(s)G_2(s)H(s)}$$

3. 扰动输入信号作用下系统的闭环传递函数

为了研究扰动作用对系统的影响，令 $R(s) = 0$，并由图 3-20 改画为图 3-21。

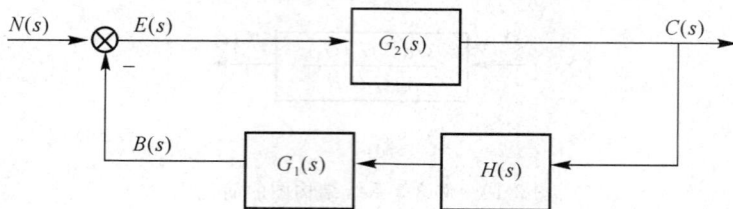

图 3-21　扰动作用下（$R(s) = 0$）的系统结构图

由图 3-21 可求得在扰动信号 $N(s)$ 单独作用下系统的闭环传递函数为

$$\Phi_N(s) = \frac{C(s)}{N(s)} = \frac{G_2(s)}{1 + G_1(s)G_2(s)H(s)}$$

因此，在 $N(s)$ 单独作用下系统的扰动输出为

$$C(s) = \Phi_N(s)N(s) = \frac{G_2(s)N(s)}{1 + G_1(s)G_2(s)H(s)}$$

显然，根据线性系统的叠加原理，当 $R(s)$ 和 $N(s)$ 同时作用时，系统的总输出为

$$C_{总}(s) = \Phi(s)R(s) + \Phi_N(s)N(s)$$
$$= \frac{G_1(s)G_2(s)R(s)}{1 + G_1(s)G_2(s)H(s)} + \frac{G_2(s)N(s)}{1 + G_1(s)G_2(s)H(s)}$$

结构图在分析研究控制系统时很有用，但随着系统越来越复杂，系统的回路也不断增多，结构图的转换和简化往往显得比较繁琐而费时。

3.4　梅森公式及其应用

利用梅森公式，可以不经结构图的变换，直接写出系统的闭环传递函数。梅森公式的表达式为

$$\Phi(s) = \frac{1}{\Delta} \sum_{k=1}^{n} P_k \Delta_k \tag{3-19}$$

式中：$\Phi(s)$ 为系统从输入信号到输出信号的闭环传递函数；n 为从输入端到输出端的前向通路的总条数；P_k 为从输入端到输出端第 k 条前向通路的总传递函数；Δ_k 为余因子式，将 Δ 中与第 k 条前向通路 P_k 相接触的回路 L 项除去后所余下的部分；Δ 为特征式，其表达式为

$$\Delta = 1 - \sum L_a + \sum L_b L_c - \sum L_d L_e L_f + \cdots$$

其中特征式中 $\sum L_a$ 为所有单独回路的"回路传递函数"之和；$\sum L_b L_c$ 为每两个互不接触回路的"回路传递函数的乘积"之和；$\sum L_d L_e L_f$ 为每三个互不接触回路的"回路传递函数的乘积"之和；这里所说的"回路传递函数"是指反馈回路的前向通路和反馈通路的传递函数的乘积，包括代表极性的正、负号。

为了正确地应用梅森公式，必须正确无误地判定前向通路和回路，找出结构图中的所有

回路,并找出从输入端到输出端的所有通路,还要仔细判定哪些回路是互相接触的或不相接触的。下面举例说明梅森公式的应用。

【例 3-6】 已知某系统的结构图如图 3-22 所示,求系统的传递函数 $\dfrac{C(s)}{R(s)}$。

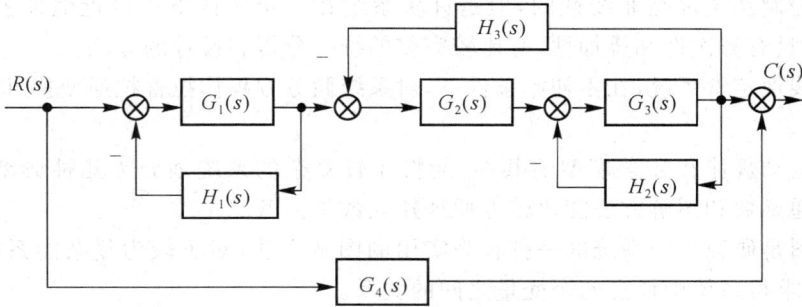

图 3-22　例 3-6 系统的结构图

解　由图 3-22 可知:

(1)从输入信号 $R(s)$ 到输出信号 $C(s)$ 之间共有两条前向通路,这两条前向通路的传递函数分别是(为书写方便,以下传递函数中 s 均省略不写)

$$P_1 = G_1 G_2 G_3$$
$$P_2 = G_4$$

(2)图 3-22 中有 3 个单独回路,其回路传递函数分别是

$$L_1 = -G_1 H_1$$
$$L_2 = -G_3 H_2$$
$$L_3 = -G_2 G_3 H_3$$

(3)上述 3 个回路中,只有 L_1 和 L_2 是互相不接触的,所以特征式 Δ 为

$$\Delta = 1 - \sum L_a + \sum L_b L_c = 1 - (L_1 + L_2 + L_3) + L_1 L_2$$
$$= 1 + G_1 H_1 + G_3 H_2 + G_2 G_3 H_3 + G_1 H_1 G_3 H_2$$

(4)因为前向通路 p_1 与 3 个回路都相接触,所以 $\Delta_1 = 1$;前向通路 p_2 与 3 个回路都不接触,所以 $\Delta_2 = \Delta$

因此,由梅森公式可得系统总的传递函数为

$$\frac{C(s)}{R(s)} = \frac{1}{\Delta}(p_1 \Delta_1 + p_2 \Delta_2) = \frac{G_1 G_2 G_3}{1 + G_1 H_1 + G_3 H_2 + G_2 G_3 H_3 + G_1 H_1 G_3 H_2} + G_4$$

在熟悉了梅森公式之后,用它去求解系统的传递函数、输出响应,远比结构图变换方法更简便有效。对于复杂的多回路系统和多输入、多输出系统更为明显。

本章小结

分析和设计控制系统,需先建立系统的数学模型。本章介绍了建立系统数学模型的一般原理和方法、模型的类型及特点,其主要内容是:

(1)数学模型的形式很多,常用的有微分方程、传递函数、结构图、频率特性和状态方程等,本章只研究微分方程、传递函数和结构图等数学模型的建立和应用。

(2)建立系统数学模型的方法有分析法和实验法两种。本章重点研究用机理分析法建立数学模型。建模时,应仔细分析研究,抓住本质,忽略次要因素,才能建立起既简便、又能基本反映实际物理过程的数学模型。

(3)实际控制系统都是非线性的,但是许多系统在一定条件下可以近似地视为线性系统。线性系统具有齐次性和叠加性,有比较完整的统一分析和设计的方法。

(4)对于线性定常系统,在零初始条件下,对系统微分方程作拉普拉斯变换,即可求得系统的传递函数。

(5)根据运动规律和数学模型的共性,能将比较复杂的系统划分为几种典型环节的组合,再利用传递函数和图解方法能比较方便地建立数学模型。

(6)结构图是研究控制系统的一种较为实用的图解方法,对于较为复杂的系统,应用梅森公式能直接求得系统中任意两个变量之间的关系。

习　题

3-1　已知如题 3-1 图所示的无源电网络,试分别求出以 $u_i(t)$ 为输入、$u_o(t)$ 为输出的网络微分方程。

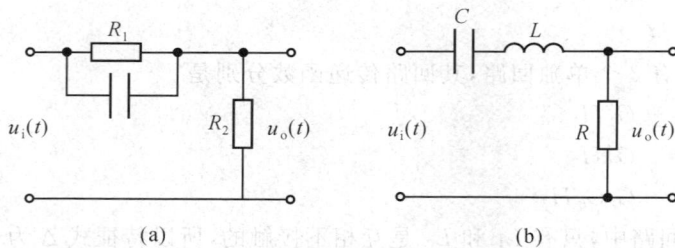

题 3-1 图

3-2　试证明题 3-2 图(a)所示的电网络与(b)所示的机械系统有相同的数学模型。

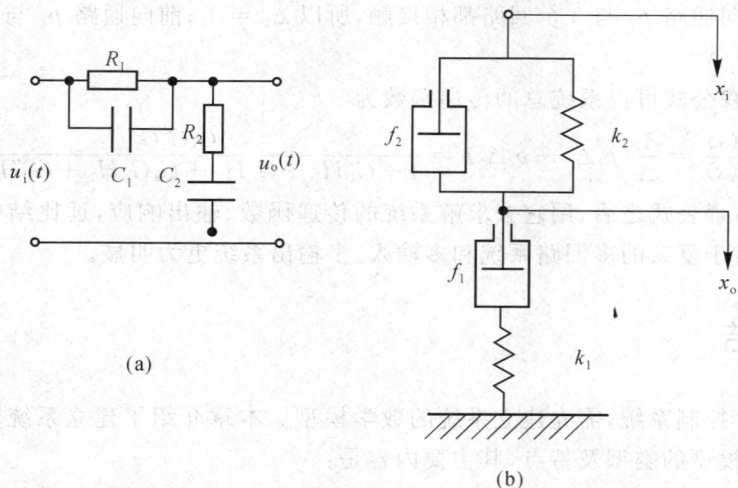

题 3-2 图

3-3　假设题 3-3 图所示的运算放大器均为理想放大器,试写出以 u_i 为输入、u_o 为输出的传递函数。

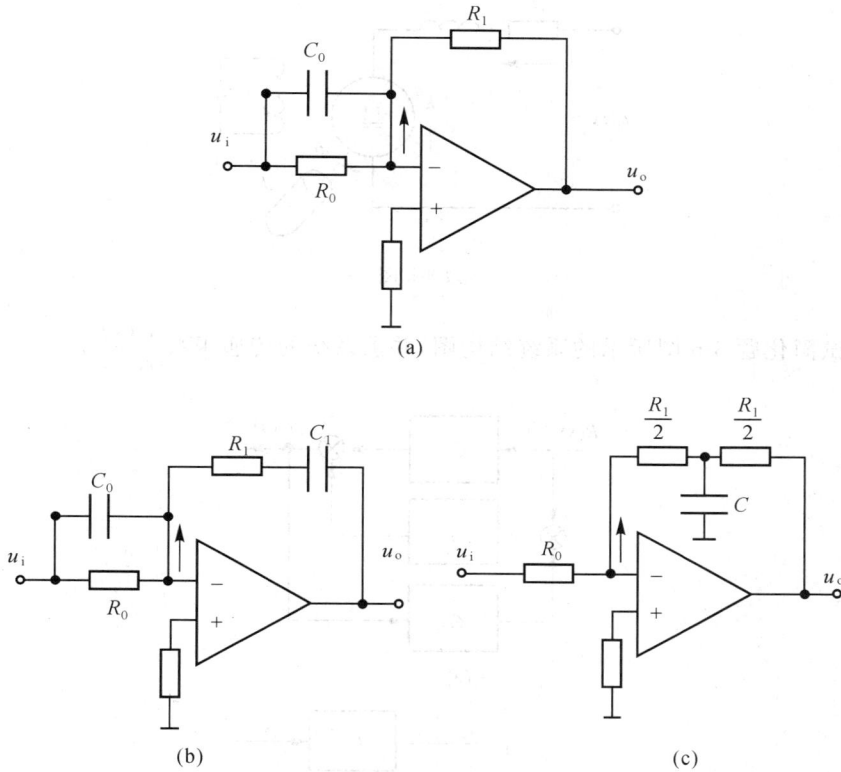

(a)

(b)　　　　　　　　　　　　　(c)

题 3-3 图

3-4　求解如题 3-4 图所示(a)、(b)两个电路以 $u_i(t)$ 为输入、$u_o(t)$ 为输出的传递函数,并说明负载效应对传递函数的影响。

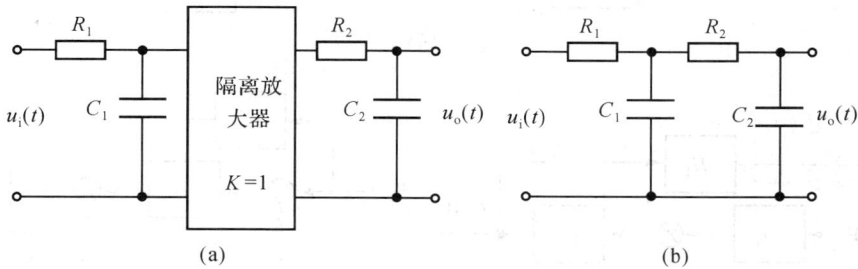

(a)　　　　　　　　　　　　　(b)

题 3-4 图

3-5　试求题 3-5 图中以电枢电压 $u_a(t)$ 为输入量、以电动机的转角 θ 为输出量的微分方程和传递函数（设电动机空载）。

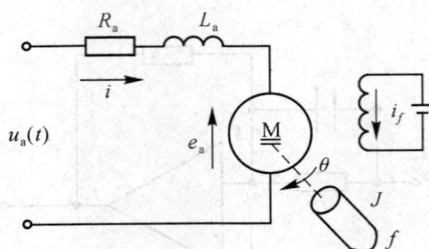

题 3-5 图

3-6　试简化题 3-6 图所示的系统结构图，并求系统的传递函数 $\dfrac{C(s)}{R(s)}$。

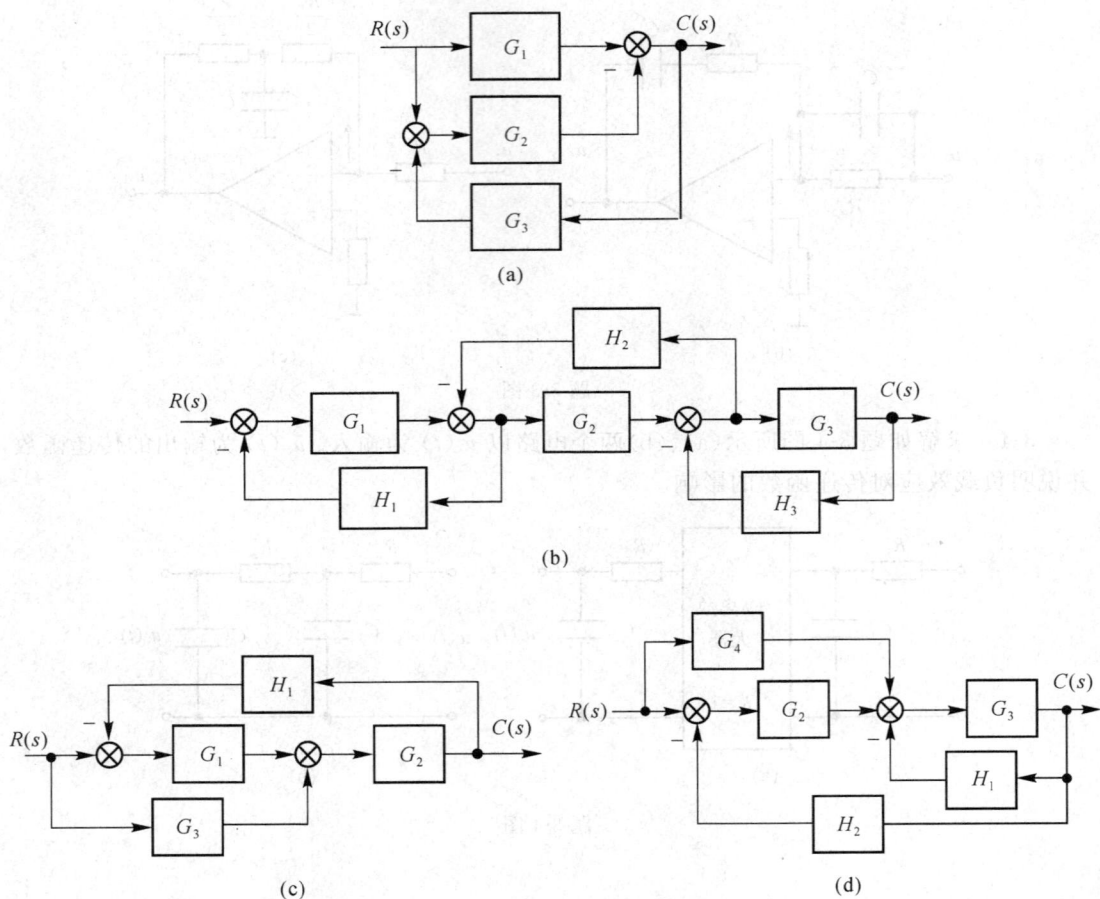

(a)

(b)

(c)

(d)

题 3-6 图

3-7　试用梅森公式求题 3-6 图中各系统信号流图的系统传递函数 $\dfrac{C(s)}{R(s)}$。

3-8 题 3-8 图所示为一调速系统结构图,其中 $U_i(s)$ 为给定量,$\Delta U(s)$ 为扰动量(电网电压波动)。求取转速 $N(s)$ 对给定量的闭环传递函数 $N(s)/U_i(s)$ 和转速对扰动量的闭环传递函数 $N(s)/\Delta U(s)$。

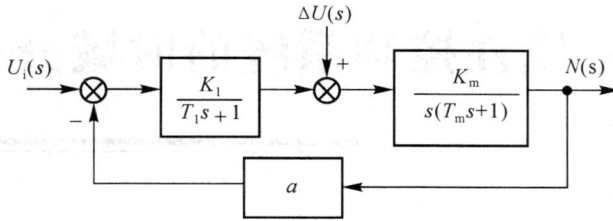

题 3-8 图

第 4 章 线性控制系统的时域分析

4.1 引 言

分析控制系统的第一步是建立系统的数学模型,一旦建立便可用适当方法对控制系统性能作全面的分析。

在经典控制理论中,对线性定常系统常用的分析方法有时域分析法、根轨迹法和频率法。所谓时域分析法就是对控制系统输入一个给定信号,通过研究系统时间响应来分析系统的稳定性、动态性和稳态精度。它是一种直接分析方法,具有直观和准确的优点,并能提供系统时间响应的全部信息。

4.1.1 典型输入信号

控制系统的响应不仅与系统的参数、结构和初始状态有关,而且和系统的输入信号有关。在实际应用中,系统的输入信号并非都是确定的,例如恒温系统或水位调节系统,其输入信号为希望的温度或水位高度,但在防空火炮系统中,敌机的位置和速度无法预料,使火炮控制系统的输入信号具有随机性。因此,自动控制系统外加输入信号是时间的随机函数,或不能用简单的数学形式来表示。为了便于进行分析和设计,同时也为了便于对各种控制系统的性能进行比较,我们规定了一些典型的试验信号,即典型输入信号。它们具有以下特点:(1)能够反映系统的实际工作情况,或者比系统可能遇到的更恶劣的情况;(2)这些信号可以用简单的数学形式来描述;(3)这些信号易于通过实验产生。常用的典型信号有以下5 种。

1. 阶跃函数

阶跃函数的图形如图 4-1 所示,它的时域表达式为

$$r(t) = \begin{cases} 0, & t < 0 \\ A, & t \geq 0 \end{cases} \tag{4-1}$$

若常量 $A = 1$,称为单位阶跃函数,对其进行拉普拉斯变换,得到其复域表达式为

$$R(s) = \frac{1}{s}$$

对恒温系统或水位调节系统,以及工作状态突然改变或

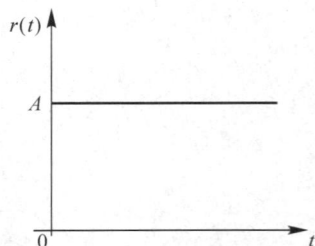

图 4-1 阶跃函数

突然受到恒定输入作用的控制系统,都可采用阶跃函数作为系统的典型输入信号。

2. 斜波函数(速度函数)

阶跃函数的图形如图 4-2 所示,它的时域表达式为

$$r(t) = \begin{cases} 0, & t < 0 \\ At, & t \geqslant 0 \end{cases} \tag{4-2}$$

若常量 $A=1$,称为单位斜波函数,对其进行拉普拉斯变换,得到其复域表达式为

$$R(s) = \frac{1}{s^2}$$

对跟踪通信卫星的天线控制系统,以及输入信号随时间逐渐变化的控制系统,斜波函数是比较合适的典型输入。

3. 抛物线函数(加速度函数)

抛物线函数的图形如图 4-3 所示,它的时域表达式为

$$r(t) = \begin{cases} 0, & t < 0 \\ \frac{1}{2}At^2, & t \geqslant 0 \end{cases} \tag{4-3}$$

若常量 $A=1$,称为单位抛物线函数,对其进行拉普拉斯变换,得到其复域表达式为

$$R(s) = \frac{1}{s^3}$$

加速度函数可用来作为宇宙飞船控制系统的典型输入。

4. 单位脉冲函数

脉冲函数又称冲击函数。单位脉冲函数记为 $\delta(t)$,它的图形如图 4-4 所示,单位脉冲函数定义为

$$r(t) = \delta(t) = \begin{cases} \infty, & t = 0 \\ 0, & t \neq 0 \end{cases} \tag{4-4}$$

因 $\int_{-\infty}^{+\infty} \delta(t)\mathrm{d}t = 1$,对单位阶跃函数求导,可得单位脉冲函数。

对 $r(t)$ 进行拉普拉斯变换,得到其复域表达式为

$$R(s) = 1$$

脉冲函数只是数学上的概念,在工程控制系统中是不可能发生的。但引入单位脉冲函数后,对线性系统的分析研究将变得十分方便。在实际的控制系统中,只要输入信号的强度足够,并且持续时间短到与系统的时间常数相比可以忽略不计时,则可认为输入信号为脉冲函数。

5. 正弦函数

用正弦函数作为输入信号,可求得系统对不同频率的正弦函数输入的稳态响应。大家已熟悉利用频率响应研究电子放大器的性能,其实这种方法也可用来分析和设计自动控制系统,这就是频域分析法,将在第 6 章中介绍。

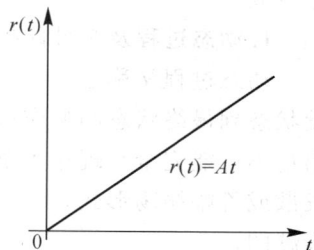

图 4-2　斜波函数

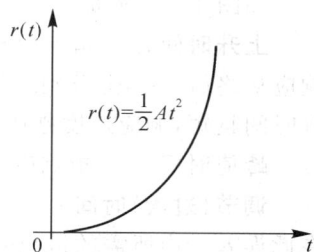

图 4-3　抛物线函数

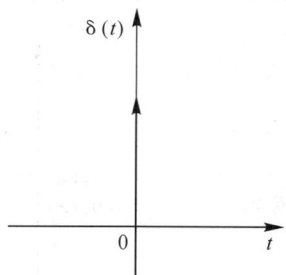

图 4-4　单位脉冲函数

4.1.2　动态性能与稳态性能

在典型输入信号作用下,任何一个控制系统的时间响应都由动态过程和稳态过程两部分组成。

1.动态过程及其性能指标

动态过程又称过渡过程或瞬态过程,是指系统在典型输入信号作用下,系统输出量从初始状态到最终状态的响应过程。由于实际控制系统具有惯性、摩擦及其他一些原因,系统输出量不可能完全复现输入量的变化。根据系统结构和参数选择情况,动态过程表现为衰减、发散或等幅振荡形式。一个稳定的系统即指可以实际运行的控制系统,其动态过程必须是衰减的。

一般认为,阶跃输入对系统来说是最严峻的工作状态。如果系统在阶跃函数作用下的动态性能满足要求,那么系统在其他形式的函数作用下,其动态性能也能令人满意。因此,通常在阶跃函数作用下测定或计算系统的动态性能。

如图 4-5 所示是单位阶跃响应曲线,其动态性能指标如下:

上升时间 t_r　　指响应从零第一次上升到终值所需的时间,对于非振荡系统也可定义为响应从终值 10% 上升到终值 90% 所需的时间。上升时间是系统响应速度的一种度量。上升时间越短,响应速度越快。

峰值时间 t_p　　指响应超过其终值到达第一个峰值所需的时间。

调节(过渡)时间 t_s　　响应曲线进入我们定义的误差带(终值的 $\pm 2\%$ 或 $\pm 5\%$),并保持在此误差带内所需的最短时间。调节(过渡)时间反映动态过程的快速性。

超调量 $\sigma\%$　　定义如下

$$\sigma\% = \frac{c(t_p) - c(\infty)}{c(\infty)} \times 100\% \tag{4-4}$$

式中: $c(t_p)$ 是响应的最大瞬时值; $c(\infty)$ 是响应的稳态值。超调量反映过渡阶段的平稳性。

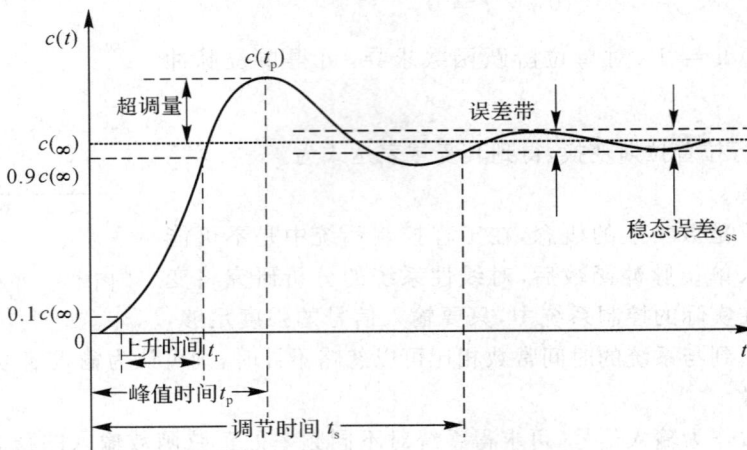

图 4-5　单位阶跃响应曲线

2. 稳态过程及其性能

稳态过程是指时间 t 趋于无穷大时系统的输出状态。

当时间 t 趋于无穷大时，系统的单位阶跃响应的实际值与期望值之差定义为稳态误差 e_{ss}，它反映了系统最终实际输出量与希望值之间的差值，是系统控制精度高低的标志。

4.2　典型系统的时域分析

4.2.1　一阶系统时域分析

控制系统的输入量与输出量之间只要可以用一阶常微分方程表示，就叫做一阶系统。一阶系统的数学模型为一阶微分方程，即

$$T\frac{\mathrm{d}c(t)}{\mathrm{d}t} + c(t) = r(t) \tag{4-4}$$

式中：T 为时间常数。图 4-6 所示即为一阶系统结构图。

图 4-6 所示的闭环传递函数为

$$\Phi(s) = \frac{C(s)}{R(s)} = \frac{1}{Ts+1} \tag{4-5}$$

下面分析一阶系统在各种典型信号作用下的过渡过程，均假设系统初始条件为零。

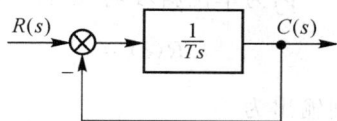

图 4-6　一阶控制系统结构图

1. 一阶系统的单位阶跃响应

因为单位阶跃输入信号的拉氏变换为

$$R(s) = \frac{1}{s}$$

则输出为

$$C(s) = \Phi(s) \cdot R(s) = \frac{1}{Ts+1} \cdot \frac{1}{s}$$

对 $C(s)$ 进行拉氏反变换，可得单位阶跃响应为

$$c(t) = L^{-1}\left[\frac{1}{Ts+1} \cdot \frac{1}{s}\right] = L^{-1}\left[\frac{-T}{Ts+1} + \frac{1}{s}\right] = 1 - \mathrm{e}^{-\frac{t}{T}} \tag{4-6}$$

由式（4-6）可见，一阶系统的单位阶跃响应是一条初始值为零、以指数规律上升到终值 $c_{ss} = 1$ 的曲线。图 4-7 所示表明一阶系统的阶跃响应是非周期响应，时间常数 T 是表征响应特性的唯一参数。它与输出值的对应关系为

$$t = T, \quad c(T) = 0.632$$
$$t = 2T, \quad c(2T) = 0.865$$
$$t = 3T, \quad c(3T) = 0.950$$
$$t = 4T, \quad c(4T) = 0.982$$

由于一阶系统响应无超调，所以峰值时间 t_p 和超调量 $\sigma\%$ 不存在。其主要性能指标是：$t_r = 2.2T$，即响应从终值 10% 上升到终值 90% 所需的时间；$t_s = 3T$（对应 5% 误差范围）；$t_s = 4T$（对应 2% 误差范围）。

系统的时间常数 T 越小，调节时间越小，响应过程的快速性也越好。

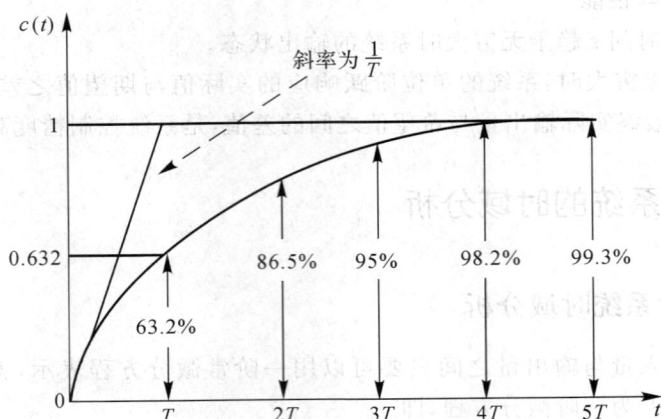

图 4-7　一阶系统单位阶跃响应

2. 一阶系统的单位斜坡响应

因为单位斜坡输入信号的拉氏变换为

$$R(s) = \frac{1}{s^2}$$

则输出为

$$C(s) = \Phi(s) \cdot R(s) = \frac{1}{Ts+1} \cdot \frac{1}{s^2} \tag{4-7}$$

对 $C(s)$ 进行拉氏反变换,可得单位斜坡响应表达式为

$$c(t) = t - T + Te^{-\frac{t}{T}} \tag{4-8}$$

式中:响应的稳态分量 $c_{ss} = t - T$;$Te^{-\frac{t}{T}}$ 为暂态分量,当时间趋于无穷大时,暂态分量衰减为零。图 4-8 所示表明一阶系统的单位斜坡响应存在稳态误差。

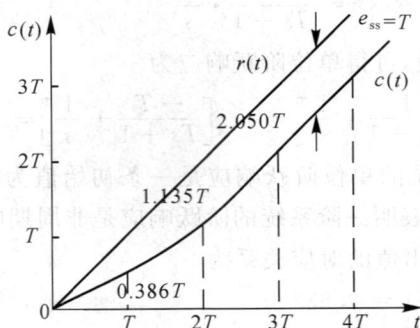

图 4-8　一阶系统单位斜坡响应

3. 一阶系统的单位脉冲响应

若输入单位脉冲函数,则

$$C(s) = \Phi(s) \cdot R(s) = \frac{1}{Ts+1} \cdot 1$$

对 $C(s)$ 进行拉氏反变换,得到单位脉冲响应表达式为

$$c(t) = \frac{1}{T}e^{-\frac{t}{T}} \tag{4-9}$$

式(4-9)是式(4-7)的导数。也就是说,线性定常系统的输入满足导数关系,则系统的输出也满足相应导数关系。

令 t 分别等于 T、$2T$、$3T$ 和 $4T$,可以绘出一阶系统的单位脉冲响应曲线如图 4-9 所示,由图可见,一阶系统的脉冲响应为一单调下降的指数曲线。若定义该指数曲线衰减到其初始值的 5% 所需的时间为脉冲响应调节时间,则仍有 $t_s = 3T$。

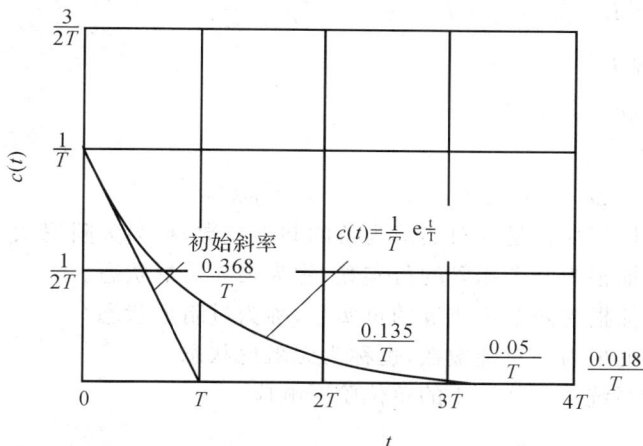

图 4-9　一阶系统单位脉冲响应

通常研究线性定常系统的输出响应,不必对每种输入信号进行计算,往往只取其中一种典型形式进行研究即可。

4.2.2　二阶系统时域分析

二阶系统的数学模型为二阶微分方程,即

$$\frac{\mathrm{d}^2 c(t)}{\mathrm{d}t^2} + 2\zeta\omega_n \frac{\mathrm{d}c(t)}{\mathrm{d}t} + \omega_n^2 c(t) = \omega_n^2 r(t) \tag{4-10}$$

其传递函数为

$$\Phi(s) = \frac{C(s)}{R(s)} = \frac{\omega_n^2}{s^2 + 2\zeta\omega_n s + \omega_n^2} = \frac{1}{T^2 s^2 + 2\zeta T s + 1} \quad (T = \frac{1}{\omega_n}) \tag{4-11}$$

式中:ζ 为典型二阶系统的阻尼比;ω_n 为无阻尼振荡频率或自然振荡角频率。它们是二阶系统的两个重要参数,系统的响应特性完全由这两个参数来描述。图 4-10 所示即为二阶系统结构图。

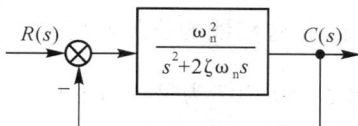

图 4-10　典型二阶系统结构图

1. 二阶系统的单位阶跃响应

因为单位阶跃输入信号的拉氏变换为 $R(s) = \dfrac{1}{s}$，在零初始条件 $c(0) = 0, \dot{c}(0) = 0$ 时，单位阶跃信号作用下的输出为

$$C(s) = \Phi(s) \cdot R(s) = \frac{\omega_n^2}{s^2 + 2\zeta\omega_n s + \omega_n^2} \cdot \frac{1}{s} \tag{4-12}$$

对式(4-12)进行拉氏反变换，可得单位阶跃响应为

$$c(t) = L^{-1}[C(s)] = L^{-1}\left[\frac{\omega_n^2}{(s-s_1)(s-s_2)s}\right] = L^{-1}\left[\frac{C_1}{s-s_1} + \frac{C_2}{s-s_2} + \frac{1}{s}\right]$$

二阶系统的特征方程为

$$s^2 + 2\zeta\omega_n s + \omega_n^2 = 0$$

方程的特征根为

$$s_{1,2} = -\zeta\omega_n \pm \omega_n\sqrt{\zeta^2 - 1} = -\zeta\omega_n \pm j\omega_n\sqrt{1-\zeta^2}$$

当 $0 < \zeta < 1$ 时，特征根是一对实部为负的共轭复数，称为欠阻尼状态。

当 $\zeta = 1$ 时，特征根为两个相等的负实数，称为临界阻尼状态。

当 $\zeta > 1$ 时，特征根为两个不相等的负实数，称为过阻尼状态。

当 $\zeta = 0$ 时，特征根为一对纯虚数，也称为无阻尼状态。

(1)欠阻尼二阶系统 $0 < \zeta < 1$ 的单位阶跃响应

$$\begin{aligned}C(s) &= \frac{\omega_n^2}{s^2 + 2\zeta\omega_n s + \omega_n^2} \cdot \frac{1}{s} \\ &= \frac{1}{s} - \frac{s + \zeta\omega_n}{(s + \zeta\omega_n)^2 + (\omega_n\sqrt{1-\zeta^2})^2} - \frac{\zeta\omega_n}{(s + \zeta\omega_n)^2 + (\omega_n\sqrt{1-\zeta^2})^2}\end{aligned} \tag{4-13}$$

对 $C(s)$ 进行拉氏反变换后，得欠阻尼二阶系统的单位阶跃响应为

$$c(t) = 1 - e^{-\zeta\omega_n t}\left(\cos\omega_n\sqrt{1-\zeta^2}\,t + \frac{\zeta}{\sqrt{1-\zeta^2}}\sin\omega_n\sqrt{1-\zeta^2}\,t\right) \tag{4-14}$$

将式(4-14)简化为

$$c(t) = 1 - \frac{e^{-\zeta\omega_n t}}{\sqrt{1-\zeta^2}}\sin(\omega_n\sqrt{1-\zeta^2}\,t + \varphi) \tag{4-15}$$

其中，$\varphi = \tan^{-1}\dfrac{\sqrt{1-\zeta^2}}{\zeta} = \cos^{-1}\zeta$，响应曲线如图 4-11 所示。

式(4-15)和响应曲线表明，欠阻尼二阶系统的单位阶跃响应由两部分组成：①稳态分量为 1，表明此系统在单位阶跃函数作用下不存在稳态位置误差；②瞬态分量为阻尼正弦振荡项，其振荡频率为 $\omega_d = \omega_n\sqrt{1-\zeta^2}$。由于瞬态分量衰减的快慢程度取决于包络线 $1 \pm \dfrac{e^{-\zeta\omega_n t}}{\sqrt{1-\zeta^2}}$ 收敛的速度，而当 ζ 一定时，包络线的收敛速度又取决于指数函数 $e^{-\zeta\omega_n t}$ 的幂，所以称 $\sigma = \zeta\omega_n$ 为衰减系数。一般称 $\zeta = 0.707$ 为最佳阻尼比。

(2)无阻尼状态 $\zeta = 0$ 的单位阶跃响应

无阻尼二阶系统的特征根为一对纯共轭虚数，其实质与欠阻尼系统相似。将欠阻尼二阶系统的单位阶跃响应表示式(4-15)中的 ζ 用零代替，即可得无阻尼状态下的单位阶跃

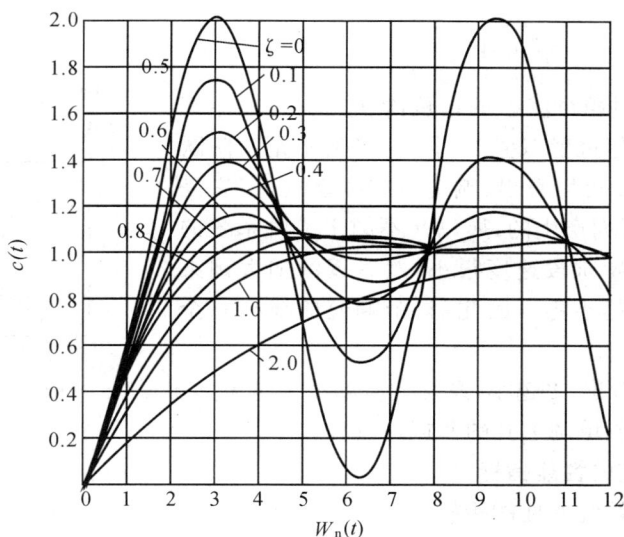

图 4-11 典型二阶系统阶跃响应

响应：
$$c(t) = 1 - \sin(\omega_n t + 90°) = 1 - \cos(\omega_n t) \tag{4-16}$$

它以无阻尼自然振荡频率做等幅振荡。无阻尼二阶系统的响应曲线如图 4-11 所示，系统属不稳定系统。在工程控制系统中或大或小总是存在粘滞阻尼效应的，即阻尼比不可能为零，所以振荡频率总是小于无阻尼自然振荡频率，振幅总是衰减的。

（3）临界阻尼状态 $\zeta = 1$ 的单位阶跃响应

因 $\zeta = 1$，则输出为
$$C(s) = \frac{\omega_n^2}{s(s + \omega_n)^2} = \frac{1}{s} - \frac{\omega_n}{(s + \omega_n)^2} - \frac{1}{s + \omega_n} \tag{4-17}$$

对式（4-17）取拉氏反变换，得临界阻尼二阶系统的单位阶跃响应为
$$c(t) = 1 - e^{-\omega_n t}(1 + \omega_n t)$$

临界阻尼二阶系统的响应曲线如图 4-11 所示。二阶系统的单位阶跃响应是稳态值为 1 的无超调单调上升过程，响应过程趋于常值 1。

（4）过阻尼状态 $\zeta > 1$ 的单位阶跃响应

当 $\xi > 1$ 时，二阶系统的闭环特征方程有两个不相等的负实根，可表示为
$$s^2 + 2\xi\omega_n s + \omega_n^2 = \left(s + \frac{1}{T_1}\right)\left(s + \frac{1}{T_2}\right) = 0$$

式中：$T_1 = \dfrac{1}{\omega_n(\xi - \sqrt{\xi^2 - 1})}$，$T_2 = \dfrac{1}{\omega_n(\xi + \sqrt{\xi^2 - 1})}$，且 $T_1 > T_2$，于是闭环传递函数为
$$\frac{C(s)}{R(s)} = \frac{\omega_n^2}{\left(s + \dfrac{1}{T_1}\right)\left(s + \dfrac{1}{T_2}\right)} \tag{4-18}$$

因此，过阻尼二阶系统可以看成是两个时间常数不同的惯性环节的串联。

当输入信号为单位阶跃函数时，系统的输出为

$$c(t) = 1 + \frac{e^{-\frac{t}{T_1}}}{\frac{T_2}{T_1} - 1} + \frac{e^{-\frac{t}{T_2}}}{\frac{T_1}{T_2} - 1} \qquad (t \geqslant 0) \tag{4-19}$$

式(4-19)表明,过阻尼状态的单位阶跃响应是非振荡
单调上升过程,不会超过稳态值 1。图 4-12 所示是其阶跃
响应曲线。由图 4-12 可以看出,响应是非振荡的,但它是
由两个惯性环节串联而产生的,所以又不同于一阶系统的
单位阶跃响应,其起始阶段速度很小,然后逐渐加大到某
一值后又减小,直到趋于零。因此,整个响应曲线有一个
拐点。

由图 4-11 可以看出,ζ 越小,系统响应的振荡越激烈;
当 $\zeta \geqslant 1$ 时,输出变成单调上升的非振荡过程。

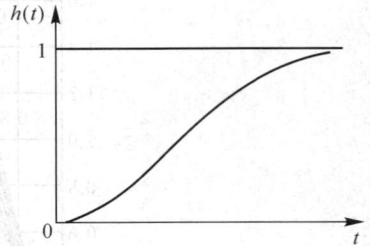

图 4-12 过阻尼二阶系统
的阶跃响应

2. 典型二阶系统的性能指标

(1)欠阻尼二阶系统的性能指标

在控制工程中,除了那些不容许产生振荡响应的系统外,通常都希望控制系统具有适度
的阻尼、较快的响应速度和较短的调节时间。因此,二阶控制系统的设计一般取 $\zeta = 0.4 \sim$
0.8。其各项动态性能指标,除峰值时间、超调量和上升时间能用 ζ 和 ω_n 准确表示外,延迟
时间和调节时间都很难用 ζ 和 ω_n 准确描述,要采用工程上的计算法计算。

在讨论欠阻尼典型二阶系统的性能指标之前,说明一下闭环特征根的位置与系统特征
参量 σ、ζ、ω_n、ω_d 的关系。

由图 4-13 可知,衰减系数 $\sigma = \zeta\omega_n$ 是闭环极点到虚轴的
距离;振荡频率 $\omega_d = \omega_n \sqrt{1-\zeta^2}$ 是闭环极点到实轴之间的距
离;无阻尼振荡频率 ω_n 是闭环极点到原点的距离;ω_n 与负实
轴的夹角的余弦是阻尼比,即 $\zeta = \cos\varphi$,其中 φ 就是欠阻尼
二阶系统单位阶跃响应的初相角。

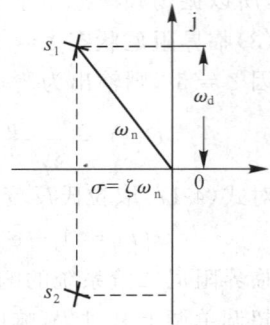

图 4-13 欠阻尼二阶系统的
特征参量

1)上升时间 t_r

根据定义,当 $t = t_r$ 时,$c(t_r) = 1$。由欠阻尼二阶系统的
单位阶跃响应式(4-15),可得

$$c(t_r) = 1 - \frac{e^{-\zeta\omega_n t}}{\sqrt{1-\zeta^2}} \sin(\omega_n \sqrt{1-\zeta^2} \, t_r + \varphi) = 1$$

即

$$\frac{e^{-\zeta\omega_n t}}{\sqrt{1-\zeta^2}} \sin(\omega_n \sqrt{1-\zeta^2} \, t_r + \varphi) = 0 \tag{4-20}$$

在式(4-20)中,由于 $\dfrac{e^{-\zeta\omega_n t}}{\sqrt{1-\zeta^2}} \neq 0$,所以 $\sin(\omega_n \sqrt{1-\zeta^2} \, t_r + \varphi) = 0$

即

$$\omega_n \sqrt{1-\zeta^2} \, t_r + \varphi = \pi$$

得上升时间为

$$t_r = \frac{\pi - \varphi}{\omega_n \sqrt{1-\zeta^2}} = \frac{\pi - \varphi}{\omega_d} \tag{4-21}$$

由式(4-21)可知,增大自然频率 ω_n 或减小阻尼比 ζ,均能减小 t_r,从而加快系统的初始响应速度。

2)峰值时间 t_p

将式(4-15)的两边对时间求导,并令其等于零,可得

$$\frac{\mathrm{d}c(t)}{\mathrm{d}t}\bigg|_{t=t_p} = \frac{\zeta\omega_n\mathrm{e}^{-\zeta\omega_n t_p}}{\sqrt{1-\zeta^2}}\sin(\omega_n\sqrt{1-\zeta^2}\,t_p+\varphi)$$
$$-\omega_n\mathrm{e}^{-\zeta\omega_n t_p}\cos(\omega_n\sqrt{1-\zeta^2}\,t_p+\varphi)=0$$

移项得

$$\tan(\omega_n\sqrt{1-\zeta^2}\,t_p+\varphi) = \frac{\sqrt{1-\zeta^2}}{\zeta}$$

由于 $\tan\varphi = \dfrac{\sqrt{1-\zeta^2}}{\zeta}$,故 $\omega_n\sqrt{1-\zeta^2}\,t_p = n\pi$　$n=1,2,\cdots$

由定义可知,t_p 为第一个峰值所需的时间,因而取 $n=1$,则得到

$$t_p = \frac{\pi}{\omega_n\sqrt{1-\zeta^2}} = \frac{\pi}{\omega_d} \tag{4-22}$$

式(4-22)表明,峰值时间等于阻尼振荡周期的一半,峰值时间与闭环极点的虚部数值成反比,当阻尼比一定时,闭环极点离负实轴的距离越远,系统的峰值时间越短。

3)最大超调量 $\sigma\%$

因为超调量发生在峰值时间上,所以将式(4-22)代入式(4-15),得到输出量的最大值为

$$c(t_p) = 1 - \frac{\mathrm{e}^{-\zeta\pi/\sqrt{1-\zeta^2}}}{\sqrt{1-\zeta^2}}\sin(\pi+\varphi)$$

又因为 $\sin(\pi+\varphi) = -\sin\varphi = -\sqrt{1-\zeta^2}$,所以 $c(t_p) = 1 + \mathrm{e}^{-\zeta\pi/\sqrt{1-\zeta^2}}$

$$\sigma\% = \frac{c(t_p)-c(\infty)}{c(\infty)}\times100\% = \mathrm{e}^{-\zeta\pi/\sqrt{1-\zeta^2}}100\% \tag{4-23}$$

式(4-23)表明,超调量 $\sigma\%$ 仅是阻尼比 ζ 的函数,而与自然频率 ω_n 无关。超调量与阻尼比的关系曲线,如图 4-14 所示。由图可见,阻尼比越大,超调量越小,反之亦然。一般,当选取 $\zeta=0.4\sim0.8$ 时,$\sigma\%$ 介于 1.5% 至 25.4% 之间。

4)调节时间 t_s

根据调节时间的定义,t_s 应由下式求得

$$\left|\frac{\mathrm{e}^{-\zeta\omega_n t_s}}{\sqrt{1-\zeta^2}}\sin(\omega_n\sqrt{1-\zeta^2}\,t_s+\varphi)\right|\leqslant\Delta \tag{4-24}$$

但由式(4-24)求解 t_s 十分困难,我们用衰减振荡的包络线 $1\pm\dfrac{\mathrm{e}^{-\zeta\omega_n t_s}}{\sqrt{1-\zeta^2}}$ 近似地代替正弦衰减振荡,响应曲线总是在上下包络线之间,可将式(4-24)近似表示为

$$\left|\frac{\mathrm{e}^{-\zeta\omega_n t_s}}{\sqrt{1-\zeta^2}}\right|\leqslant\Delta$$

即　　$t_s = -\dfrac{1}{\zeta\omega_n}\ln(\Delta\sqrt{1-\zeta^2})$

若阻尼比较小,$\sqrt{1-\zeta^2}\approx1$,则 $t_s = -\dfrac{1}{\zeta\omega_n}\ln\Delta$

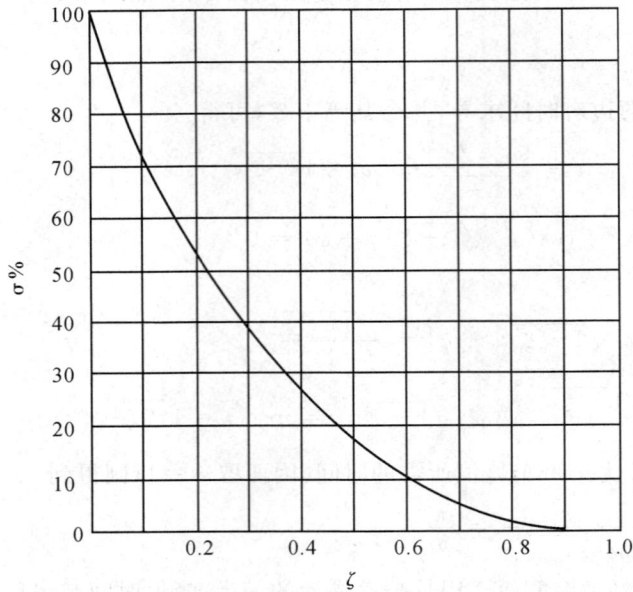

图 4-14　欠阻尼二阶系统 ζ 与 $\sigma \%$ 关系曲线

$$当 \Delta = 0.05 \text{ 时}, t_s = \frac{3}{\zeta \omega_n} \tag{4-25}$$

$$当 \Delta = 0.02 \text{ 时}, t_s = \frac{4}{\zeta \omega_n} \tag{4-26}$$

式(4-25)、式(4-26)表明,调节时间与闭环极点的实部数值成反比。闭环极点离虚轴的距离越远,系统的调节时间越短。由于阻尼比值主要根据对系统超调量的要求来确定,所以调节时间主要由自然频率决定。

(2)过阻尼二阶系统的性能指标

由于过阻尼系统响应缓慢,通常不希望采用过阻尼系统。但在低增益、大惯性的温度控制系统中,需要采用过阻尼系统;另外,有些不允许时间响应出现超调的系统可采用过阻尼系统;还有一些高阶系统的时间响应往往可用过阻尼二阶系统的时间响应来近似。以下分析过阻尼二阶系统的动态性能。

当阻尼比 $\zeta > 1$,且初始条件为零时,二阶系统的单位阶跃响应如式(4-19)所示,显然,只有上升时间和调节时间才有意义。这里着重讨论调节时间 t_s,它反映系统响应的快速性。式(4-19)是一个超越方程,无法写出各指标的准确计算公式。目前,工程上是利用数值解法求出不同值下的无因次时间,然后制成曲线以供查用;或者利用曲线拟合法给出近似计算公式。

令式(4-19)中的 $\frac{T_1}{T_2}$ 为不同值,可以解出相应的无因次调节时间 $\frac{t_s}{T_1}$,如图 4-15 所示,图中阻尼比 ζ 为参变量。由于 $s^2 + 2\zeta \omega_n s + \omega_n^2 = \left(s + \frac{1}{T_1} \right) \left(s + \frac{1}{T_2} \right)$,所以 ζ 与自变量 $\frac{T_1}{T_2}$ 的关系式为

$$\zeta = \frac{1 + \left(\dfrac{T_1}{T_2}\right)}{2\sqrt{T_1 T_2}} \qquad (4\text{-}27)$$

当 $\zeta > 1$ 时，由已知的 T_1 和 T_2 值可以在图 4-15 上查出相应的 t_s；若 $T_1 \geqslant 4T_2$，即过阻尼二阶系统第二个闭环极点的数值比第一个闭环极点的数值大 4 倍以上时，系统可等效为具有 $\dfrac{-1}{T_1}$ 闭环极点的一阶系统，此时取 $t_s = 3T_1$，相对误差不超过 10%。

【例 4-1】　单位负反馈系统，其开环传递函数为：$G(s) = \dfrac{5K}{s(s+34.5)}$，计算 K 分别等于 1500、200、13.5 时，系统的 t_p、t_s、$\sigma\%$ 的值，并进行比较。

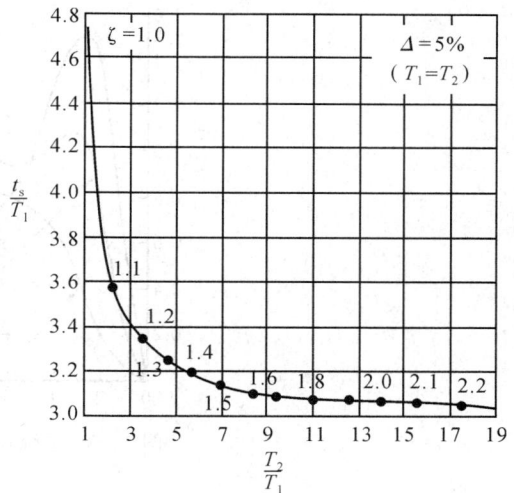

图 4-15　过阻尼二阶系统的调节时间特性

解　因为是单位负反馈系统，所以系统的闭环传递函数为

$$\Phi(s) = \frac{G(s)}{1 + G(s)} = \frac{5K}{s^2 + 34.5s + 5K}$$

当 $K = 1500$ 时，$\Phi(s) = \dfrac{7500}{s^2 + 34.5s + 7500}$

$$\omega_n = \sqrt{7500} = 86.6\text{s}^{-1}, \quad \zeta = \frac{34.5}{2\omega_n} = 0.2$$

$$t_p = \frac{\pi}{\omega_n \sqrt{1 - \zeta^2}} = 0.037\text{s}$$

$$t_s = \frac{3}{\zeta\omega_n} = 0.17\text{s}$$

$$\sigma\% = \mathrm{e}^{-\zeta\pi/\sqrt{1-\zeta^2}} \times 100\% = 52.7\%$$

当 $K = 200$ 时，$\omega_n = \sqrt{1000} = 31.6\text{s}^{-1}$，$\zeta = \dfrac{34.5}{2\omega_n} = 0.545$

同理可求得

$$t_p = 0.12\text{s}, t_s = 0.17\text{s}, \sigma\% = 13\%$$

当 $K = 13.5$ 时，$\omega_n = 8.22\text{s}^{-1}$，$\zeta = 2.1$

由于 $\zeta > 1$，$\sigma\% = 0$；调节时间由图 4-15 得，$t_s \approx 1.44\text{s}$

可见，K 由 200 增大到 1500 时，使 ζ 减小而 ω_n 增大，因而使 $\sigma\%$ 增大，t_p 减小，而调节时间 t_s 则没有多大变化。

当 K 减小到 13.5 时，系统成为过阻尼二阶系统。峰值和超调量不再存在。由响应曲线图 4-16 可见，上升时间 t_r 比上面两种情况大得多，虽然响应无超调，但过渡过程过于缓慢，也就是说系统跟踪输入很慢，这是不希望出现的。

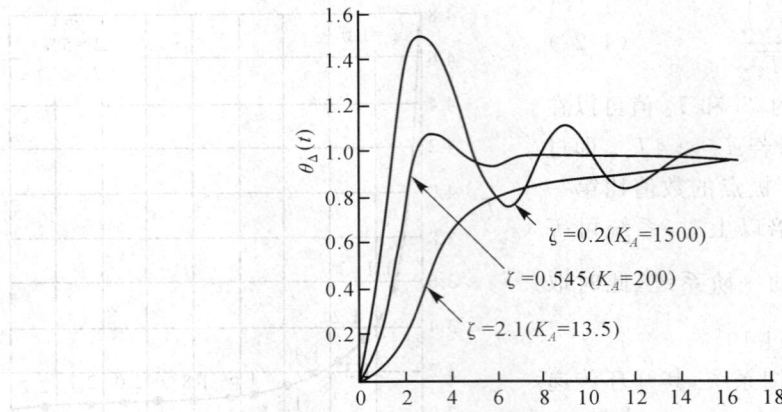

图 4-16　系统在不同 K 下得阶跃响应

4.2.3　高阶系统时域分析

凡是用高阶微分方程描述的系统,称为高阶系统。在控制工程中,几乎所有的控制系统都是高阶系统,对于不能用一、二阶系统近似的高阶系统来说,其动态性能指标的确定是比较复杂的。工程上采用闭环主导极点的概念对高阶系统进行近似分析,从而得到高阶系统动态性能指标的估算公式。

为了研究方便,将高阶系统闭环传递函数表示为零、极点的形式。

$$\Phi(s) = \frac{C(s)}{R(s)} = \frac{K\prod\limits_{i=1}^{m}(s+z_i)}{\prod\limits_{j=1}^{n_1}(s+s_j)\prod\limits_{k=1}^{n_2}(s^2+2\zeta_k\omega_{nk}s+\omega_{nk}^2)}$$

当输入信号为单位阶跃函数时,则有

$$C(s) = \frac{K\prod\limits_{i=1}^{m}(s+z_i)}{s\prod\limits_{j=1}^{n_1}(s+s_j)\prod\limits_{k=1}^{n_2}(s^2+2\zeta_k\omega_{nk}s+\omega_{nk}^2)}$$

式中:$n_1 + n_2 = n$。

假定系统所有极点各不相同,将上式用部分分式展开,并求拉氏反变换,得到系统单位阶跃响应的一般表示式为

$$c(t) = 1 + \sum_{j=1}^{n_1} A_j e^{-s_j t} + \sum_{k=1}^{n_2} e^{-\zeta_k\omega_{nk}t}\left[B_k\cos(\sqrt{1-\zeta^2}\,\omega_{nk}t) + C_k\sin(\sqrt{1-\zeta^2}\,\omega_{nk}t)\right]$$

$$(4\text{-}28)$$

由式(4-28)可知,高阶系统的单位阶跃响应与闭环传递函数的零、极点分布有关。定量研究高阶系统的暂态性能是一件复杂的工作,在工程分析中常用主导极点代替整个系统,具体可参看有关参考书,这里不再赘述。

4.3　线性系统稳定性分析

设计控制系统时,应满足多种性能指标,但须系统稳定,这已成为区分系统有用或无用的标志,所以判别系统的稳定性和使系统处于稳定工作状态是自动控制的基本问题之一。

4.3.1　稳定的基本概念

控制系统在实际工作过程中,总会受到各种各样的扰动,如果系统受到扰动时,偏离了平衡状态,而当扰动消失后,系统仍能逐渐恢复到原平衡状态,则系统是稳定的,如果系统不能恢复或越偏越远,则系统是不稳定的。稳定性是扰动消失后系统自身的一种恢复能力,是系统的一种固有特性。如图 4-17 所示,对线性系统而言这种固有的稳定性只取决于系统的结构和参数,与系统的输入及初始状态无关。

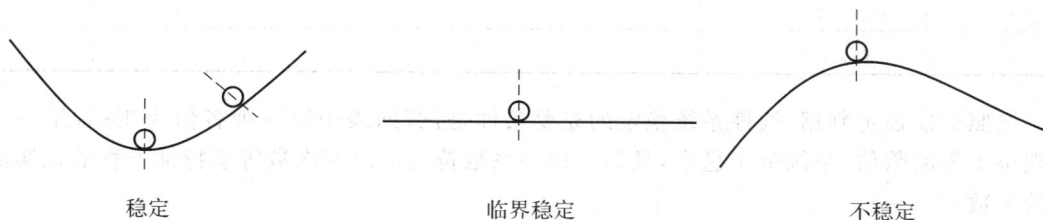

稳定　　　　　　　　临界稳定　　　　　　　　不稳定

图 4-17　示意图

线性系统稳定性定义为若线性系统在初始扰动的影响下,其动态过程随时间推移逐渐衰减并趋于零,则称为系统渐近稳定,简称稳定;反之,若在初始扰动的影响下,其动态过程随时间推移而发散,则称为系统不稳定。

从前面的分析可知,如果系统所有的闭环特征根都在 s 平面左半部,则系统的暂态分量随时间增加逐渐消失为零,那么这种系统是稳定的。如果有一个或一个以上的闭环特征根位于 s 平面右半部或虚轴上,则此系统是不稳定的。由此可见,线性系统稳定的充要条件是:闭环系统特征方程的所有根均具有负实部;或者说,闭环传递函数的极点均严格位于 s 的左半平面。对于高阶系统,求解特征方程的根很复杂,因此常采用间接方法来判别特征根是否全部位于 s 的左半平面。

4.3.2　劳斯(Routh)稳定判据

1877 年,劳斯提出了判断系统稳定性的代数判据,称为劳斯稳定判据。这种判据以线性系统特征方程的系数为依据,其数学证明从略。

1. 劳斯判据

设线性系统的特征方程为

$$D(s) = a_0 s^n + a_1 s^{n-1} + \cdots + a_{n-1} s + a_n = 0 \quad (a_0 > 0) \tag{4-29}$$

在应用劳斯判据前,首先要列劳斯表,劳斯表的前两行由系统特征方程式(4-29)的系数直接构成。劳斯表中的第 1 行由特征方程的第 1,3,5,…各项系数组成;第 2 行由第 2,4,6,…各项系数组成。以下各行的数值,要按表 4-1 所示逐行计算,凡在运算过程中出现的空位,均置为零。表 4-1 中系数排列呈上三角形。

表 4-1　劳斯表

s^n	a_0	a_2	a_4	a_6	$\cdots$
s^{n-1}	a_1	a_3	a_5	a_7	$\cdots$
s^{n-2}	$c_{13} = \dfrac{a_1 a_2 - a_0 a_3}{a_1}$	$c_{23} = \dfrac{a_1 a_4 - a_0 a_5}{a_1}$	$c_{33} = \dfrac{a_1 a_6 - a_0 a_7}{a_1}$	c_{43}	$\cdots$
s^{n-3}	$c_{14} = \dfrac{c_{13} a_3 - a_1 c_{23}}{c_{13}}$	$c_{24} = \dfrac{c_{13} a_5 - a_1 c_{33}}{c_{13}}$	$c_{34} = \dfrac{c_{13} a_7 - a_1 c_{43}}{c_{13}}$	c_{44}	$\cdots$
s^{n-4}	$c_{15} = \dfrac{c_{14} c_{23} - c_{13} c_{24}}{c_{14}}$	$c_{25} = \dfrac{c_{14} c_{33} - c_{13} c_{34}}{c_{14}}$	$c_{35} = \dfrac{c_{14} c_{43} - c_{13} c_{44}}{c_{14}}$	c_{45}	$\cdots$
$\vdots$	$\vdots$	$\vdots$	$\vdots$		
s^2	$c_{1,n-1}$	$c_{2,n-1}$			
s^1	$c_{1,n}$				
s^0	$c_{1,n+1} = a_n$				

按照劳斯稳定判据,线性系统稳定的充要条件是:劳斯表中第一列各值为正;若第一列出现小于零的数值,系统就不稳定,且第一列各系数符号的改变次数等于特征方程的正实部根的个数。

另外,对于三阶或三阶以下系统,不需要列劳斯表。

对于一阶系统,特征方程式为

$$D(s) = a_0 s + a_1 = 0$$

系统稳定的充要条件是:$a_i > 0, i = 0, 1$。

对于二阶系统,特征方程式为

$$D(s) = a_0 s^2 + a_1 s + a_2 = 0$$

系统稳定的充要条件是:$a_i > 0, i = 0, 1, 2$。

对于三阶系统,特征方程式为

$$D(s) = a_0 s^3 + a_1 s^2 + a_2 s + a_3 = 0$$

系统稳定的充要条件是:$a_i > 0, i = 0, 1, 2, 3$ 且 $a_1 a_2 > a_0 a_3$。

【例 4-2】　设线性系统特征方程式为

$$D(s) = s^4 + 2s^3 + 3s^3 + 4s + 5 = 0$$

试判断系统的稳定性。

解　建立劳斯表如下。

s^4	1	3	5
s^3	2	4	0
s^2	1	5	
s^1	-6	0	
s^0	5		

由上面劳斯表可见第一列系数符号改变了 2 次,系统是不稳定的,有两个根位于 s 右半平面。

2. 劳斯判据中的特殊情况

(1)劳斯表某行的第一列项为零,其余各项不为零,或不全为零。

设线性系统特征方程式为

$$D(s) = s^4 + 2s^3 + 2s^3 + 4s + 5 = 0$$

建立劳斯表如下。

s^4	1	2	5
s^3	2	4	0
s^2	0	5	
s^1			
s^0			

若劳斯表中某行第一列系数为零,则劳斯表无法计算下去,可以用无穷小的正数 ε 来代替 0,接着进行计算,这样劳斯判据结论不变。因此上面的劳斯表可表示为

s^4	1	2	5
s^3	2	4	0
s^2	ε	5	
s^1	$\dfrac{4\varepsilon - 10}{\varepsilon}$		
s^0	5		

由上面劳斯表可见第一列系数有负,所以系统是不稳定的。

(2)劳斯表中出现全零行

设线性系统特征方程式为

$$D(s) = s^6 + 2s^5 + 8s^4 + 12s^3 + 20s^2 + 16s + 16 = 0$$

试判断系统的稳定性。

建立劳斯表如下

s^6	1	8	20	16
s^5	2	12	16	0
s^4	2	12	16	
s^3	0	0		
s^2				

劳斯表中出现某行系数全为零,这是因为在系统的特征方程中出现了对称于原点的根(如大小相等、符号相反的实数根;一对共轭纯虚根;对称于原点的两对共轭复数根),对称于

原点的根可由全零行上面一行的系数构造一个辅助方程式 $F(s) = 0$ 求得,而全零行的系数则由辅助多项式 $F(s)$ 对 s 求导后所得的多项式系数来代替,劳斯表可以继续计算下去。

需要指出的是,一旦劳斯表中出现某行系数全为零,则系统的特征方程中必定出现了对称于原点的根,所以系统是不稳定的。劳斯表中第一列系数符号改变的次数等于系统特征方程式根中位于 s 右半平面的根的数目。对于本例,则可表示为

s^6	1	8	20	16	
s^5	2	12	16	0	
s^4	2	12	16		$\rightarrow 2s^4 + 12s^2 + 16$ $\downarrow$
s^3	8	24			$8s^3 + 24s$
s^2	6	16			
s^1	$\dfrac{16}{6}$				
s^0	16				

由劳斯表得到结论:系统是不稳定的。由辅助方程式可得系统对称于原点的根:

$$s^4 + 6s^2 + 8 = 0$$
$$(s^2 + 2)(s^2 + 4) = 0$$
$$s_{1,2} = \pm j\sqrt{2}, \quad s_{3,4} = \pm j2$$

利用长除法,可以求出特征方程其余的根,即

$$s_{5,6} = -1 \pm j1$$

根据劳斯判据的计算方法及稳定性结论,可知在劳斯表的计算过程中,允许某行各系数同时乘以一个正数,而不影响稳定性结论。

4.3.3 稳定判据的应用

(1)利用稳定判据,可以判断系统的稳定性,确定参数的取值范围。

(2)利用稳定判据,也可以判断系统的稳定裕度。系统稳定时,要求所有闭环极点在 s 平面的左边,闭环极点离虚轴越远,系统稳定性越好,闭环极点离开虚轴的距离可以作为衡量系统的稳定裕度。在系统的特征方程 $D(s) = 0$ 中,令 $s = s_1 - a$,得到 $D(s_1) = 0$,利用稳定判据,若 $D(s_1) = 0$ 的所有解都在 s_1 平面的左边,则原系统的特征根在 $s = -a$ 的左边。

【例 4-3】 设单位负反馈系统,开环传递函数为

$$G(s) = \frac{K}{s(0.05s^2 + 0.4s + 1)}$$

试确定系统稳定时 K 的取值范围;若要求闭环极点在 $s = -1$ 的左边,试确定 K 的取值范围。

解 系统的特征方程式为

$$0.05s^3 + 0.4s^2 + s + K = 0$$

因为是三阶多项式,可以不用列劳斯表,只要 $K > 0$,且 $0.4 > 0.05K$,得到系统稳定

K 的取值范围为 $0 < K < 8$。

令 $s = s_1 - 1$

$$0.05(s_1 - 1)^3 + 0.4(s_1 - 1)^2 + s_1 - 1 + K = 0$$

$$0.05s_1^3 + 0.25s_1^2 + 0.35s_1 + K - 0.25 = 0$$

$$
\begin{array}{ccc}
s_1^3 & 0.05 & 0.35 \\
s_1^2 & 0.25 & K - 0.25 \\
s_1^1 & 0.1 - 0.05K & \\
s_1^0 & \dfrac{K - 0.25}{0.1 - 0.05K} & \\
\end{array}
$$

$$0.25 < K < 2$$

4.4　线性系统的稳态误差分析

4.4.1　误差与稳态误差的基本概念

稳态误差是控制系统时域指标之一,用来说明稳态响应性能的优劣。稳态误差仅对稳定的系统才有意义。稳态误差不仅与系统的类型有关,而且与输入信号有关。

设系统的结构图如图 4-18 所示,误差可以定义为:误差=希望值－实际值,对于图示一般线性控制系统,按输入端定义,则为

$$e(t) = r(t) - b(t), E(s) = R(s) - B(s)$$

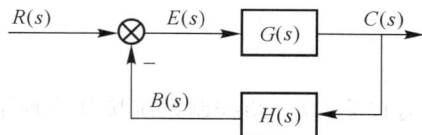

图 4-18　典型系统结构

稳态误差是指误差信号的稳态值,即:

$$e_{ss} = \lim_{t \to \infty} e(t)$$

若系统的误差传递函数为 $\varPhi_e(s)$, 则 $E(s) = \varPhi_e(s)R(s)$,若 $E(s)$ 满足拉氏变换终值定理的条件(要求系统稳定,且 $R(s)$ 的所有极点在左半 s 开区间),则可以利用终值定理来求稳态误差,即 $e_{ss} = \lim_{s \to 0} sE(s)$

【例 4-4】　设单位负反馈系统的开环传递函数为

$$G(s) = \frac{1}{Ts}$$

求 $r(t) = 1(t), r(t) = t, r(t) = t^2/2, r(t) = \sin\omega t$ 时系统的稳态误差。

解　误差传递函数为

$$\varPhi_e(s) = \frac{1}{1 + G(s)} = \frac{Ts}{Ts + 1}$$

系统是稳定的。

$$r(t) = 1(t), 则 R(s) = \frac{1}{s}$$

$$e_{ss} = \lim_{s \to 0} sE(s) = \lim_{s \to 0} s \cdot \frac{Ts}{Ts + 1} \cdot \frac{1}{s} = 0$$

$$r(t) = t, 则 R(s) = \frac{1}{s^2}$$

$$e_{ss} = \lim_{s \to 0} sE(s) = \lim_{s \to 0} s \cdot \frac{Ts}{Ts + 1} \cdot \frac{1}{s^2} = T$$

$$r(t) = \frac{t^2}{2}, 则 R(s) = \frac{1}{s^3}$$

$$e_{ss} = \lim_{s \to 0} sE(s) = \lim_{s \to 0} s \cdot \frac{Ts}{Ts + 1} \cdot \frac{1}{s^3} = \infty$$

若输入信号为正弦信号,则不能应用拉氏变换终值定理。

$$r(t) = \sin \omega t, 则 R(s) = \frac{\omega}{s^2 + \omega^2}$$

$$E(s) = \frac{Ts}{Ts + 1} \cdot \frac{\omega}{s^2 + \omega^2}$$

$$= -\frac{T\omega}{(T\omega)^2 + 1} \cdot \frac{1}{s + 1/T} + \frac{T\omega}{(T\omega)^2 + 1} \cdot \frac{s}{s^2 + \omega^2} + \frac{(T\omega)^2}{(T\omega)^2 + 1} \cdot \frac{\omega}{s^2 + \omega^2}$$

$$e(t) = -\frac{T\omega}{(T\omega)^2 + 1} e^{-\frac{t}{T}} + \frac{T\omega}{(T\omega)^2 + 1} \cos \omega t + \frac{(T\omega)^2}{(T\omega)^2 + 1} \sin \omega t$$

$$e_{ss}(t) = \frac{T\omega}{(T\omega)^2 + 1} \cos \omega t + \frac{(T\omega)^2}{(T\omega)^2 + 1} \sin \omega t$$

4.4.2　系统的类型

由于稳态误差与系统结构有关,故介绍控制系统按其开环结构特点的分类方法。

设控制系统的开环传递函数为

$$G(s)H(s) = \frac{K \prod_{i=1}^{m} (\tau_i s + 1)}{s^v \prod_{j=1}^{n-v} (T_j s + 1)}$$

其中, K 为系统的开环增益; τ_i、T_j 为时间常数; $v = 0$,系统称为 0 型系统, $v = 1$,称为 I 型系统, $v = 2$,称为 II 型系统,……当 $v > 2$ 时,除复合控制系统外,要使系统稳定是相当困难的,因此除航天控制系统外,III 型及 III 型以上的系统几乎不采用。

4.4.3　典型输入信号作用下的稳态误差

1. 阶跃信号作用下系统的稳态误差

对于稳定的系统,可用终值定理来求解:

$$E(s) = \frac{1}{1 + G(s)H(s)} R(s)$$

$$e_{ss} = \lim_{s \to 0} sE(s) = \lim_{s \to 0} s \cdot \frac{1}{1 + G(s)H(s)} R(s)$$

$$= \lim_{s \to 0} s \cdot \frac{1}{1+G(s)H(s)} \frac{R}{s} = \lim_{s \to 0} \frac{R}{1+G(s)H(s)}$$

定义系统静态位置误差系数 $K_p = \lim_{s \to 0} G(s)H(s)$，其中 $K_p = \begin{cases} K & v = 0 \\ \infty & v \geqslant 1 \end{cases}$

系统的稳态误差为

$$e_{ss} = \frac{1}{1+K_p} = \begin{cases} \dfrac{R}{1+K} & v = 0 \\ 0 & v \geqslant 1 \end{cases} \quad .$$

因此，要求对于阶跃作用下不存在稳态误差，则必须选用 I 型及 I 型以上的系统。

2. 斜坡信号作用下系统的稳态误差

对于稳定的系统，可用终值定理来求解：

$$E(s) = \frac{1}{1+G(s)H(s)} R(s)$$

$$e_{ss} = \lim_{s \to 0} sE(s) = \lim_{s \to 0} s \cdot \frac{1}{1+G(s)H(s)} R(s)$$

$$= \lim_{s \to 0} s \cdot \frac{1}{1+G(s)H(s)} \frac{R}{s^2} = \lim_{s \to 0} \frac{R}{sG(s)H(s)}$$

定义系统静态速度误差系数 $K_v = \lim_{s \to 0} sG(s)H(s)$，其中 $K_v = \begin{cases} 0 & v = 0 \\ K & v = 1 \\ \infty & v \geqslant 2 \end{cases}$

系统的稳态误差为

$$e_{ss} = \frac{1}{K_v} = \begin{cases} \infty & v = 0 \\ \dfrac{R}{K} & v = 1 \\ 0 & v \geqslant 2 \end{cases}$$

3. 加速度信号作用下系统的稳态误差

对于稳定的系统，可用终值定理来求：

$$E(s) = \frac{1}{1+G(s)H(s)} R(s)$$

$$e_{ss} = \lim_{s \to 0} sE(s) = \lim_{s \to 0} s \cdot \frac{1}{1+G(s)H(s)} R(s)$$

$$= \lim_{s \to 0} s \cdot \frac{1}{1+G(s)H(s)} \frac{R}{s^3} = \lim_{s \to 0} \frac{R}{s^2 G(s)H(s)}$$

定义系统静态速度误差系数 $K_a = \lim_{s \to 0} s^2 G(s)H(s)$，其中 $K_a = \begin{cases} 0 & v = 0,1 \\ K & v = 2 \\ \infty & v \geqslant 3 \end{cases}$

系统的稳态误差为

$$e_{ss} = \frac{1}{K_a} = \begin{cases} \infty & v = 0,1 \\ \dfrac{R}{K} & v = 2 \\ 0 & v \geqslant 3 \end{cases}$$

当系统输入信号为 $r(t) = R_0 1(t) + R_1 t + \frac{1}{2} R_2 t^2$ 时,对于线性系统,利用叠加原理可求得系统的稳态误差为

$$e_{ss} = \frac{R_0}{1 + K_p} + \frac{R_1}{K_v} + \frac{R_2}{K_a}$$

表 4-2 所示为同一系统在不同输入作用下的稳态误差。

表 4-2 同一系统在不同输入作用下的稳态误差

输入＼型别	0	I	II
$R \cdot 1(t)$	$\frac{R}{1 + K}$	∞	∞
$R \cdot t$	0	$\frac{R}{K}$	∞
$R \cdot \frac{t^2}{2}$	0	0	$\frac{R}{K}$

注意使用上述结论的条件是:

(1)系统稳定。

(2)只适用 $r(t)$ 作用下的稳态误差,不适用干扰 $n(t)$。

(3)开环增益 K 的求取:开环传递函数中各因式的 s 零阶项系数换算为 1 后的总比例系数。

4.4.4 扰动作用下的稳态误差

在理想情况下,系统对于任意形式的扰动作用,其稳态误差应当为 0,但实际上这是不可能的。如图 4-19 所示,如果给定输入信号 $R(s) = 0$,仅有扰动 $N(s)$ 作用,那么系统误差为

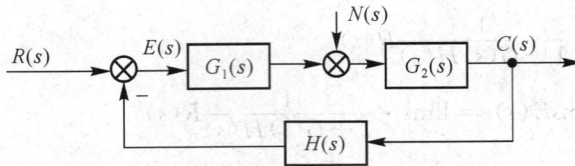

图 4-19 有扰动作用的系统结构

$$E(s) = -\frac{G_2(s)}{1 + G_1(s)G_2(s)H(s)} \cdot N(s)$$

$$e_{ss} = -\lim_{s \to 0} s \frac{G_2(s)}{1 + G_1(s)G_2(s)H(s)} \cdot N(s)$$

扰动作用下的稳态误差,实质上就是扰动引起的稳态输出,它与开环传递函数 $G(s) = G_1(s)G_2(s)H(s)$ 及扰动信号 $N(s)$ 有关,还与扰动作用点的位置有关。如图 4-20(a)和(b)所示,扰动的作用点不同,稳态误差也不同。

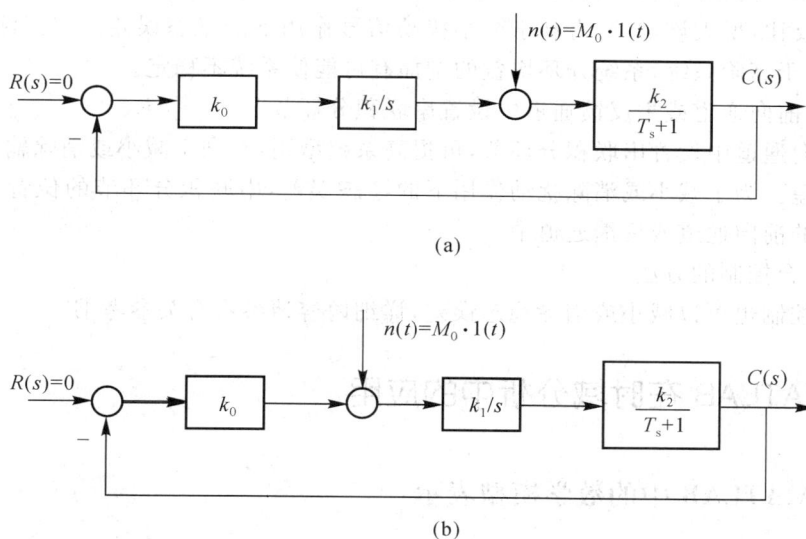

图 4-20　扰动作用点不同的系统结构图

图 4-20(a)中：$e_{ss} = -\lim\limits_{s \to 0} s \dfrac{\dfrac{k_2}{Ts+1}}{1 + \dfrac{k_0 k_1 k_2}{s(Ts+1)}} \cdot \dfrac{M_0}{s} = 0$

图 4-20(b)中：$e_{ss} = -\lim\limits_{s \to 0} s \dfrac{\dfrac{k_1 k_2}{s(Ts+1)}}{1 + \dfrac{k_0 k_1 k_2}{s(Ts+1)}} \cdot \dfrac{M_0}{s} = -\dfrac{M_0}{k_0}$

图(b)在扰动作用点之前的前向通路中增加一个积分环节用 $k_0(1 + \dfrac{1}{T_0 s})$（比例积分调节器）代替 k_0，则

$$e_{ss} = -\lim\limits_{s \to 0} s \dfrac{\dfrac{k_1 k_2}{s(Ts+1)}}{1 + k_0(1 + \dfrac{1}{T_0 s}) \dfrac{k_1 k_2}{s(Ts+1)}} \cdot \dfrac{M_0}{s} = 0$$

综上分析，为了减小扰动作用引起的稳态误差，可以提高扰动作用点之前传递函数中积分环节的个数和增益。但这样会降低系统的稳定性，提高开环增益，会使系统动态性能变差。有些控制系统既要求有较高的稳态精度，又要求有良好的动态性能，利用上述方法难以兼顾。为此，我们使用下列方法来减小或消除稳态误差。

4.4.5　减小或消除稳态误差的措施

系统总的稳态误差包括输入作用下的稳态误差和扰动作用下的稳态误差两部分。要减小或消除稳态误差应分别从减小或消除这两部分稳态误差入手。可采取以下措施：

(1)增大系统开环增益或扰动作用点之前系统的前向通道增益

在输入信号作用下的稳态误差与系统开环增益成反比，增大系统开环增益，有利于减小在输入信号作用下的稳态误差；在扰动信号作用下的稳态误差与扰动作用点之前系统的前向通道增益成反比，增大该增益，有利于减小扰动信号作用下的稳态误差。应当注意，在大多数情况下，对于高阶系统，系统开环增益的增加有可能使系统不稳定。

（2）在系统前向通道或主反馈通道中设置串联积分环节

在系统前向通道中设置串联积分环节，可提高系统型别，有利于减小或消除输入信号作用下的稳态误差。为了减小或消除扰动作用下的稳态误差，串联积分环节的位置应加在扰动作用点之前的前向通道或反馈通道中。

（3）采用复合控制的方法

采用复合控制也可以减小或消除稳态误差，详细内容请参看有关参考书。

4.5 MATLAB 在时域分析中的应用

4.5.1 MATLAB 中的数学模型表示

MATLAB 中控制系统数学模型（传递函数）的表示方法有以下两种。

（1）传递函数为多项式模型，即

$$G(s) = \frac{b_0 s^m + b_1 s^{m-1} + \cdots + b_m}{a_0 s^n + a_1 s^{n-1} + \cdots + a_n}$$

在 MATLAB 中，此系统可由其分子和分母多项式的系数（按 s 的降幂排列）所构成的两个向量唯一的确定下来。

$$\text{num} = \begin{bmatrix} b_0 & b_1 & \cdots b_m \end{bmatrix};$$
$$\text{den} = \begin{bmatrix} a_0 & a_1 & \cdots a_n \end{bmatrix};$$

再用函数 tf 生成一个系统多项式传递函数模型，其调用格式为

$$G = \text{tf (num, den)};$$

例　$G(s) = \dfrac{6s^3 + 12s^2 + 6s + 10}{s^4 + 2s^3 + 3s^2 + s + 1}$

注意：每个语句后面加上分号"；"，否则每行命令 MATLAB 都会给出一个结果。

（2）传递函数为因式相乘形式，即

$$G(s) = \frac{18(s+1)}{(s+5)(s+25)(s+0.4)}$$

利用 MATLAB 中的多项式乘法运算函数 conv()，其调用格式为：c＝conv（多项式 1，多项式 2）

$$\text{num} = [18\ 18];$$
$$\text{den} = \text{conv(conv([1\ 5],[1\ 25]),[1\ 0.4])};$$

4.5.2 时域响应分析

MATLAB 中控制系统的阶跃响应的函数命令格式有以下几种。

函数格式 1　step（num，den）或 step（G）

给定 num 和 den，求系统的阶跃响应，时间 t 的范围自动设定，可在最后加上 grid on 命令。

函数格式 2 step(num，den，t)或 step(G，t)

时间 t 的范围由人工设定，如 $t=0：0.1：10$

函数格式 3 [y，x,t]＝step(num,den)

返回变量格式，不作图。

1.阶跃响应曲线上各性能指标的求取

(1)命令[y，x,t]＝step(num,den)是可返回变量格式，由各性能指标定义编程求得。

例　　　　num＝[100]；

　　　　　den＝[1 5 100]；

　　　　　y＝step(num,den,t)；

　　　　　t＝0：0.1：10

　　　　　final_value＝1；

　　　　　[ymax，k]＝max(y)；

　　　　　peak_of_time＝t(k)　　　％峰值时间的计算

　　　　　overshoot＝100＊(ymax－final_value)/final_value　　％超调量的计算

(2)直接在响应曲线上左键点击，根据显示的数据读出来。

2.时域法稳定性分析

在数学模型的基础上，采用直接求根法确定系统的稳定性。

线性系统的多项式模型一般表示为（ $n \geqslant m$ ）：

$$\Phi(s) = \frac{C(s)}{R(s)} = \frac{b_0 s^m + b_1 s^{m-1} + \cdots + b_m}{a_0 s^n + a_1 s^{n-1} + \cdots + a_n}$$

系统的特征方程为：$D(s) = a_0 s^n + a_1 s^{n-1} + \cdots + a_n$ 。因线性定常系统稳定的充要条件是特征方程的根全部都具有负实部，则系统是稳定的。另外，也可用 step(num，den) 得出阶跃响应，观察响应曲线是否发散，以此来判断稳定性。

MATLAB 中有多个用于求取闭环特征根的函数，逐一介绍如下：

(1)函数[num,den]＝feedback(num1,den1,num2,den2,X)：用于计算一般反馈系统的闭环传递函数。其中前向传递函数为 $G(s)=$ num1/den1，反馈传递函数为 $H(s)=$ num2/den2。右变量为 $G(s)$ 和 $H(s)$ 的参数，左变量为返回系统的闭环参数，$X=1$ 为正反馈，$X=-1$ 为负反馈，缺省时作负反馈计算。

(2)pzmap(g)函数：绘制传递函数的零极点图，极点以"X"表示，零点以"O"表示。

(3)p＝pole(g)：计算系统极点。

(4)r＝roots(p)：求多项式的根，其中 p 为多项式系数行向量。

【例 4-5】 已知系统闭环传递函数 $\Phi(s) = \dfrac{6s^3 + 12s^2 + 6s + 10}{s^4 + 2s^3 + 3s^2 + s + 1}$ ，判别闭环稳定性。

1. num＝[6 12 6 10]；

　den＝[1 2 3 1 1]；

　g＝tf(num,den)；

　Pzmap(g)

或用[p,z]＝pzmap(g)，不绘图，返回系统的极点向量 **p** 和零点向量 **z**。

2. p＝pole(g)：计算系统极点。

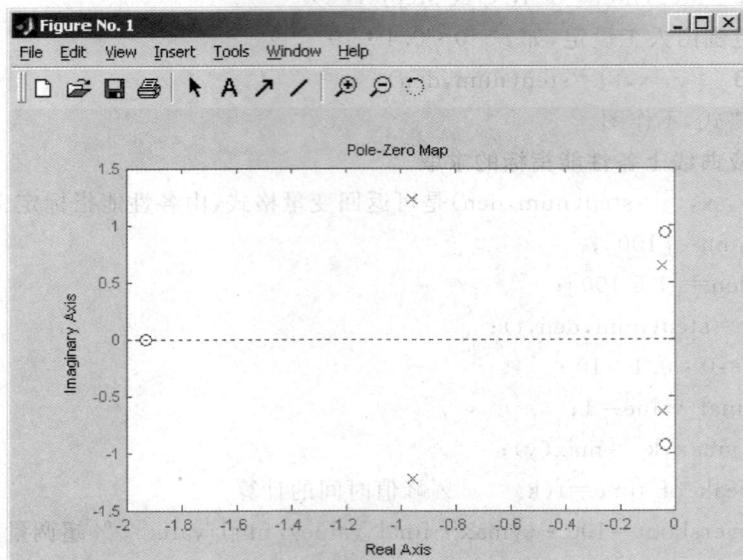

```
num=[6 12 6 10];
den=[1 2 3 1 1];
g=tf(num,den);
p=pole(g)
```

结果:p=

　　−0.9567+1.2272i

　　−0.9567−1.2272i

　　−0.0433+0.6412i

　　−0.0433−0.6412i

3. r=roots(p);求多项式的根,其中 p 为多项式系数降幂排列。

```
>> den=[1 2 3 1 1];
>> roots(den)
```

ans=

　　−0.9567+1.2272i

　　−0.9567−1.2272i

　　−0.0433+0.6412i

　　−0.0433−0.6412i

本章小结

本章阐述了通过系统的时间响应去分析系统的稳定性以及暂态和稳态响应性能的问题,主要内容如下:

(1)系统的稳定性及响应性能都由描述系统的微分方程的解所确定。

(2)线性定常一、二阶系统的时间响应不难由解析方法求得。能够得出系统的结构及参量与系统性能之间明确的解析关系式,这些解析式能用来设计系统、分析系统的性能。

(3)线性定常高阶系统的时间响应可表示为一、二阶系统响应的合成。其中远离虚轴的极点对高阶系统的响应影响甚微,所以引入高阶系统主导极点的概念,不用直接求解,而是借用二阶系统的理论去分析设计高阶系统。

(4)线性定常系统稳定的充要条件是:特征方程的根全部位于 s 平面的左半部。但判断系统稳定性并不需要求解特征根,判断的间接方法是劳斯判据。

(5)借助 MATLAB 软件,能使分析系统变得容易、直观,可大大减少工作量。

习　题

4-1　某系统的结构如题 4-1 图所示,试求单位阶跃响应的调节时间 t_s,若要求 $t_s = 0.1$ 秒,系统的反馈系数应调整为多少?

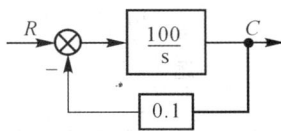

题 4-1 图

4-2　已知二阶系统的阶跃响应曲线如题 4-2 图所示,该系统为单位负反馈系统,试确定其开环传递函数。

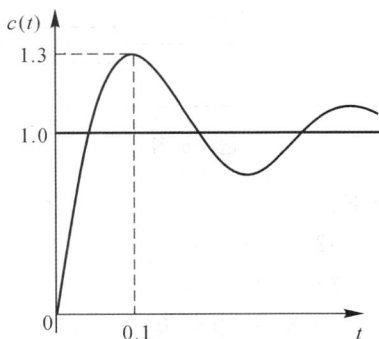

题 4-2 图

4-3　单位反馈控制系统开环传递函数为

$$G(s) = \frac{K}{s(Ts + 1)}$$

若 $K = 16\text{s}^{-1}$、$T = 0.25\text{s}$,试求

(1)动态性能指标 $\sigma\%$、t_s($\Delta = 0.05$)。

(2)欲使 $\sigma\% = 16\%$,当 T 不变时,K 应取何值。

4-4　设控制系统如题 4-4 图所示,其中图(a)为无速度反馈系统,图(b)为带速度反馈系统,试确定系统阻尼比为 0.5 时 K_t 的值,并比较图(a)和图(b)系统阶跃响应的瞬态性能指标。

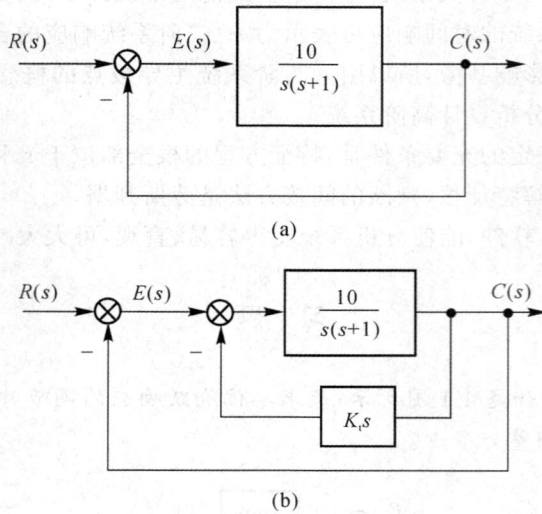

(a)

(b)

题 4-4 图

4-5 某系统结构如题 4-5 图所示,试判断系统的稳定性。

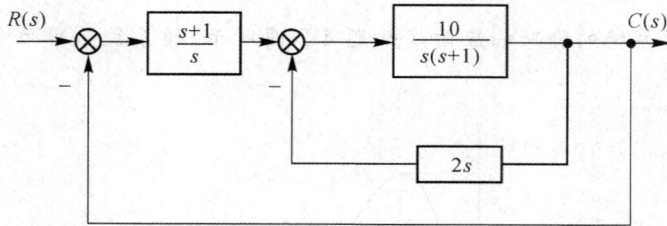

题 4-5 图

4-6 已知系统特征方程如下:

(1) $s^5 + 3s^4 + 12s^3 + 24s^2 + 32s + 48 = 0$

(2) $s^5 + 3s^4 + 12s^3 + 20s^2 + 35s + 25 = 0$

(3) $s^6 + 4s^5 - 4s^4 + 4s^3 - 7s^2 - 8s + 10 = 0$

(4) $s^6 + s^5 - 2s^4 - 3s^3 - 7s^2 - 4s - 4 = 0$

用劳斯判据判断系统的稳定性,如不稳定求在 s 右半平面的根数及虚根值。另外,用 MATLAB 软件直接求其特征根加以验证。

4-7 已知单位反馈系统的开环传递函数为 $G(s) = \dfrac{K(0.5s+1)}{s(s+1)(0.5s^2+s+1)}$,试确定系统稳定时的 K 值范围。

4-8 已知系统的特征方程为 $s^3 + 13s^2 + 40s + 40K = 0$,试确定系统稳定时的 K 值范围,若要求闭环系统的极点均位于 $s = -1$ 垂线之左,K 值该如何调整。

4-9　已知系统稳定(见题 4-9 图)，求 $r(t) = 1(t) + t + \dfrac{t^2}{2}$ 的系统稳态误差。

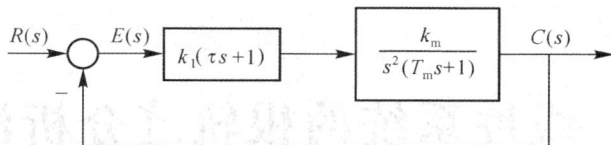

题 4-9 图

4-10　已知单位负反馈开环传递函数 $G(s) = \dfrac{2}{s(s+1)(0.5s+1)}$，求 $r(t) = 1(t) + 5t + \dfrac{t^2}{2}$ 作用下的稳态误差。

4-11　已知单位负反馈开环传递函数 $G(s) = \dfrac{8(s+1)}{s^2(0.1s+1)}$，求 $r(t) = 1(t) + t + t^2$ 作用下的稳态误差。

4-12　一单位反馈控制系统，若要求：(1)跟踪单位斜坡输入时系统的稳态误差为 2。(2)设该系统为三阶，其中一对复数闭环极点为 $-1 \pm j1$，求满足上述要求的开环传递函数。

4-13　二阶系统为

$$G(s) = \dfrac{10}{s^2 + 2s + 10}$$

试求：(1)要求作出其阶跃响应曲线。

(2)得到响应曲线后，在命令窗口键入 damp(den)，由此来计算系统的闭环根、阻尼比和无阻尼自然振荡频率，并作记录。

(3)在命令窗口键入：[y,x,t]＝step(num,den)；[y,t′]，通过显示的输出向量 y 与时间向量 t 之间的关系，观察阶跃响应曲线的变化过程。

4-14　MATLAB 设计实验：

(1)设计一个实验，说明惯性环节：$G(s) = \dfrac{1}{Ts+1}$ 中，T 对 ts 的影响。

(2)设计一个实验，说明欠阻尼二阶系统阶跃响应：$G(s) = \dfrac{\omega_n^2}{s^2 + 2\zeta\omega_n s + \omega_n^2}$ 中，ζ、ω_n 对系统性能的影响。

4-15　单位负反馈系统的开环传递函数为

$$G(s) = \dfrac{s^2 + 2}{s^3 + 2s^2 + 3s + 1}$$

先利用 MATLAB 函数求其闭环传递函数，再用三种时域稳定分析法来判别闭环系统的稳定性。

第 5 章　线性系统的根轨迹分析法

通过前面几章的学习,我们知道反馈控制系统暂态响应的基本特性与闭环极点的位置紧密相关,而系统的稳定性则由闭环极点所决定,因此知道闭环极点在 s 平面上的分布就显得十分重要。闭环极点即是闭环系统特征方程 $D(s) = s^n + a_1 s^{n-1} + \cdots + a_{n-1} s + a_n = 0$ 的根,欲求这些根,应用古典的方法,必须求解特征方程,但若特征方程是三阶或三阶以上时,求解通常是比较困难的。若特征方程中各系数再有变化,则无疑更困难。对此,伊凡思(W. R. Evans)在 1948 年提出了一种简单实用的求特征方程根的图解法——根轨迹法。

所谓根轨迹法,就是先用图解的方法在 s 平面上画出当系统特征方程中某个参数(如 K、T)连续由零变化到无穷大时,特征方程根连续变化而形成的若干条曲线,即根轨迹。然后再用图解的方法确定,当该参数为某一特定值时的一组闭环特征根,即闭环极点,并依此分析系统所具有的性能。或者在根轨迹上先确定符合系统性能要求的闭环特征根,再用图解的方法求出对应的参数值。可见,此法避免了求解系统高阶特征方程的困难。因而这一方法在控制工程中获得了广泛应用,但采用该方法仍较为费时。

目前,由于 MATLAB 语言及其相应工具箱提供了强大的数值计算和图形绘制功能,使利用 MATLAB 语言相关函数绘制系统根轨迹及求解闭环特征根等变得非常方便。本章在介绍传统的根轨迹法的同时,主要介绍与 MATLAB 语言相关的根轨迹函数及其应用。

5.1　根轨迹的概念

5.1.1　系统的根轨迹

下面先以一个标准的二阶系统为例来说明什么是系统的根轨迹。系统如图 5-1 所示,其开环传递函数为(令 $P = 1$)

$$G(s) = \frac{K}{s(s+1)}$$

对应的系统闭环传递函数为

$$\frac{C(s)}{R(s)} = \frac{K}{s^2 + s + K}$$

系统特征方程为

$$D(s) = s^2 + s + K = 0$$

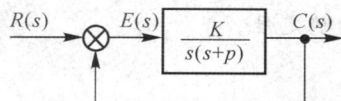

图 5-1　标准二阶系统

因此,系统特征根为

$$s_{1,2} = -\frac{1}{2} \pm \frac{1}{2}\sqrt{1-4K}$$

由上式可见,特征根 s_1、s_2 都将随参变量 K 的变化而变化。表 5-1 所示为当 K 由 $0 \rightarrow \infty$ 变化时,特征根相应的变化关系。

表 5-1　参变量 K 与特征方程根的关系

K	0	0.25	0.5	1	$\cdots$	∞
s_1	0	-0.5	$-0.5+\mathrm{j}0.5$	$-0.5+\mathrm{j}0.87$	$\cdots$	$-0.5+\mathrm{j}\infty$
s_2	-1	-0.5	$-0.5-\mathrm{j}0.5$	$-0.5-\mathrm{j}0.87$	$\cdots$	$-0.5-\mathrm{j}\infty$

以 K 为参变量,将表中所求得的特征根画在 s 平面上,并将它们连成光滑的曲线,就得到了如图 5-2 所示的该标准二阶系统之根轨迹(粗线)。图 5-2 中:×表示开环极点(0,−1),也就是 $K=0$ 时的特征根;○表示开环零点(本例无);→表示 K 增大时根的移动方向。

根据图 5-2 所示,对于不同的 K 值,系统有下列三种不同的工作状态:

(1)当 $0 \leqslant K < \frac{1}{4}$ 时,$s_{1,2}$ 为两相异实根。此时系统工作在过阻尼状态。

(2)当 $K = \frac{1}{4}$ 时,$s_{1,2} = -0.5$ 为两相等实根。此时系统工作在临界阻尼状态。

(3)当 $\frac{1}{4} < K \leqslant \infty$ 时,$s_{1,2}$ 为一对共轭复根,其实部始终为 $-\frac{1}{2}$。此时系统工作在欠阻尼状态。

可见,随着 K 的增大,系统的响应由单调变为振荡,且振荡的幅度随 K 的增大而增大。

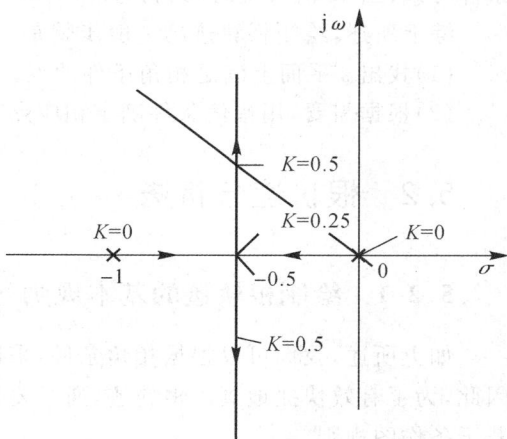

图 5-2　二阶系统根轨迹图

此外,根据图 5-2 所示的根轨迹图,还可以分析系统的其他性能,如稳定性等。由于根轨迹即闭环极点全部位于 s 左半平面,因此当 K 为 $0 \rightarrow \infty$ 变化时,闭环系统均为稳定。

应当指出,上述二阶系统的根轨迹是通过对 $D(s)=0$ 直接求解而作出的,显然不是一种合适的方法,尤其对于三阶以上的复杂系统将更为困难。因此,实用中更多的是采用伊凡思提出的基本规则绘制根轨迹。当然,在某些特殊情况下,如果系统的特征根能轻易求得,也就不需要用根轨迹法了。

5.1.2　根轨迹的幅值条件和相角条件

为了绘制根轨迹,需要分析系统的闭环特征方程。设闭环控制系统的一般结构如图 5-3 所示,则系统的闭环特征方程为

$$1+G(s)H(s)=0$$

或　　　　　$$G(s)H(s)=-1 \tag{5-1}$$

由根轨迹的定义可知,满足式(5-1)的 s 值,就是特征方程的根,也是根轨迹上的一个点。由于上式为复数方程,根据式(5-1)两边幅值和相角应分别相等的条件,可以得到

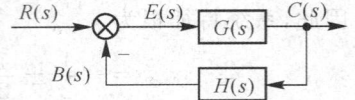

图 5-3　反馈控制系统

$$\angle G(s)H(s) = \pm 180°(2k+1) \quad k=0,1,2,3,\cdots \tag{5-2}$$

$$|G(s)H(s)| = 1 \tag{5-3}$$

式(5-2)与式(5-3)分别称为根轨迹的相角条件和幅值条件。可见,相角条件与 k 无关,幅值条件与 k 有关。

式(5-2)所示的相角条件是绘制根轨迹的依据——s 平面上凡是满足相角条件的点的集合就是根轨迹。只要利用相角条件就可画根轨迹,亦即绘制根轨迹无需考虑幅值条件。因为凡是满足相角条件的点必然同时满足幅值条件,而满足幅值条件的点未必都能满足相角条件。

而对式(5-3)所示的幅值条件,一般可用于确定根轨迹上特定点相对应的增益值 K。根轨迹上凡是满足幅值条件的点,就是相应 K 值所对应的系统闭环极点,反之亦然。从幅值条件可知,当 K 值改变时,其相对应的闭环极点也在变。

综上所述,绘制根轨迹的一般步骤是:

(1)找出 s 平面上满足相角条件的点,并把它们连成光滑曲线;

(2)根据需要,用幅值条件确定相应点对应的 K 值或闭环极点。

5.2　根轨迹分析法

5.2.1　绘制根轨迹的基本规则

如上所述,我们可以根据相角条件,采用试探法绘制根轨迹,显然该方法繁杂且不实用。因此,为了有效快捷地画出根轨迹,通常要借助伊凡思(Evens)以相角条件为基础推证出的若干条作图规则。

对于图 5-3 所示的系统,其开环传递函数有如下两种表达形式

$$G(s)H(s) = \frac{K\prod_{i=1}^{m}(\tau_i s + 1)}{\prod_{j=1}^{n}(T_j s + 1)} \quad (n \geqslant m) \tag{5-4}$$

$$G(s)H(s) = \frac{K^*\prod_{i=1}^{m}(s + z_i)}{\prod_{j=1}^{n}(s + p_j)} = \frac{K^* B(s)}{A(s)} \quad (n \geqslant m) \tag{5-5}$$

式(5-4)通常称为时间常数形式,其中 K 为系统的开环增益,T_j、τ_i 表示时间常数。式(5-5)称为零、极点形式,其中 K^* 称为系统的根轨迹增益,$-z_i$、$-p_j$ 表示开环零点、极点。由式(5-4)和式(5-5)可得出 K 与 K^* 之间的关系为

$$K = \frac{K^* \prod\limits_{i=1}^{m} z_i}{\prod\limits_{j=1}^{n} p_j} \tag{5-6}$$

由于根轨迹是根据系统的开环零、极点去绘制的，因此开环传递函数常采用式(5-5)所示的零、极点形式，以便于根轨迹的绘制。

下面简要阐述绘制根轨迹的基本规则，并假设 K^* 值由 0 变化到∞。

1. 根轨迹是连续的

当 K^* 由 0 连续变化到∞时，其闭环特征根也一定是连续变化的，所以根轨迹也必然是连续的。

2. 根轨迹的对称性

实际系统闭环特征方程均为实系数代数方程，因而相应的特征根或为实数，或为共轭复根，或两者兼而有之。因此，根轨迹一定是对称于实轴的。这样，在画根轨迹时，只需先画出 s 上半平面的根轨迹，然后再利用对称性原理画出另一半。

3. 根轨迹的起点、终点和分支数

当参变量 K^* 由 0 变化到∞时，特征方程中的任一个根由起点连续向其终点变化的轨迹称为根轨迹的一条分支。

根轨迹的分支数为特征方程 $D(s)$ 中 s 的最高阶次，一般为开环极点数 n。

n 条根轨迹起始于 n 个开环极点(对应于 $K^*=0$)，其中 m 条终止于 m 个开环零点，另 $n-m$ 条终止于 s 平面无穷远处。即当增益 $K^*=0$ 时，闭环极点等于开环极点，而当增益 $K^*=\infty$ 时，闭环极点等于开环零点。对此问题，简要说明如下。

由式(5-5)可知，系统闭环特征方程可表示为

$$A(s) + K^* B(s) = 0 \tag{5-7}$$

当 $K^* = 0$ 时，由式(5-7)可得 $A(s) = 0$，则 $s = -p_j$。

当 $K^* \to \infty$ 时，由式(5-7)可得 $\frac{1}{K^*} A(s) + B(s) = 0$，因而 $B(s) = 0$，则 $s = -z_i$。

4. 根轨迹在实轴上的分布

实轴上的根轨迹可以这样确定：若某线段右边实轴上的开环零点、极点数之和为奇数，则该线段就是根轨迹。即实轴上根轨迹的分布完全取决于实轴上开环零、极点的分布。根据相角条件，很容易得到上述结论。

5. 根轨迹的渐近线——根轨迹趋向无穷远的渐近线

如上所述，当 $n > m$ 时，应有 $n-m$ 条根轨迹分支的终点趋向于无穷远。凡是趋向无穷远零点的根轨迹，都存在渐近线(直线)。

渐近线从实轴上某点等交角地对称于实轴发散出 $n-m$ 条直线。这样，当 K^* 趋于无穷大时，其根轨迹分支的位置或趋向就可由渐近线确定了。

渐近线有两个参数，即渐近线与实轴的交点 σ_a 和渐近线的倾角 α。下面给出确定该二个参数的公式(证明略)。

$$\sigma_a = \frac{\sum\limits_{j=1}^{n} (-p_j) - \sum\limits_{i=1}^{m} (-z_i)}{n-m} \tag{5-8}$$

$$\alpha = \frac{\pm 180°(2k+1)}{n-m} \qquad k=0,1,2,3,\cdots \tag{5-9}$$

其中，$-z_i$、$-p_j$ 表示系统的开环零点和极点。

6. 根轨迹的分离点与会合点

两条以上根轨迹分支的交点称为根轨迹的分离点或会合点。由于根轨迹的共轭对称性，因此分离点和会合点或位于实轴上，或发生于共轭复数对中。如果根轨迹位于实轴上两个相邻的开环极点之间，则在这两个极点之间至少存在一个分离点——根轨迹从实轴走向复平面。如果根轨迹位于实轴上两个相邻的开环零点（一个零点可以位于无穷远处）之间，则在这两个相邻的零点之间至少存在一个会合点——根轨迹从复平面走向实轴。如果根轨迹位于实轴上一个开环极点与一个开环零点（有限零点或无限零点）之间，则在这两个相邻的极、零点之间，要么既不存在分离点也不存在会合点，要么既存在分离点又存在会合点。

由于分离点或会合点实质上就是特征方程式的重根，因此一般可用求解方程式重根的方法来确定它们在 s 平面上的位置。下面直接给出求取分离点和会合点的方法。

由式（5-5）可知，当特征方程表示为 $1 + K^* \dfrac{B(s)}{A(s)} = 0$ 时，分离点和会合点的值可由下式来确定，即

$$\frac{\mathrm{d}K^*}{\mathrm{d}s} = 0 \tag{5-10}$$

需要注意的是，式（5-10）只是用来确定分离点和会合点必要条件，而不是充分条件。只有位于根轨迹上的那些重根才是实际的分离点或会合点。

7. 根轨迹的出射角和入射角

根轨迹起始于开环复数极点处的切线与实轴正方向的夹角称为根轨迹的出射角，根轨迹终止于开环复数零点处的切线与实轴正方向的夹角称为入射角。为了便于较准确地画出根轨迹，有必要了解开环复数极点和开环复数零点附近的根轨迹的变化趋势。

如果在非常靠近复数极点（或复数零点）的位置选一个试验点，则可近似认为该点与开环复数极点（或复数零点）的连线所成的角度即为出射角（或入射角）。如图 5-4 所示的是一控制系统的开环零、极点分布图，s_{d} 是所选的一个试验点，则 Λ_4 角就是极点 p_4 处的出射角。

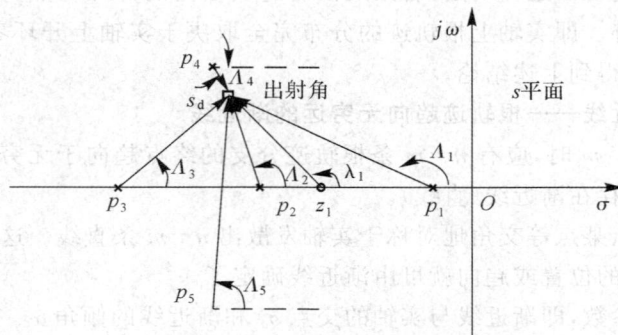

图 5-4　出射角示意图

由相角条件可知，计算出射角 φ_p 的一般表达式为

$$\varphi_p = \mp 180°(2k+1) + \sum_{i=1}^{m}\lambda_i - \sum_{\substack{j=1 \\ j\neq p}}^{n}\Lambda_j \tag{5-11}$$

式中：φ_p 为待求开环复数极点 $-p_p$ 的出射角；Λ_j 为除去 $-p_p$ 外其余开环极点指向 $-p_p$ 的矢量相角；λ_i 为开环零点指向 $-p_p$ 的矢量相角。

同理，计算开环复数零点 $-z_z$ 入射角的一般表达式为

$$\varphi_z = \pm 180°(2k+1) + \sum_{j=1}^{n}\Lambda_j - \sum_{\substack{i=1 \\ i\neq z}}^{m}\lambda_i \tag{5-12}$$

8. 根轨迹与虚轴的交点

若根轨迹与虚轴相交，说明特征方程有纯虚根存在，此时系统处于临界稳定状态，即等幅振荡状态，这对分析系统性能十分重要。

根轨迹与虚轴的交点，常用两种方法求得：

(1) 采用劳斯稳定判据求临界稳定时的特征根；

(2) 令特征方程中的 $s = j\omega$，可求得 ω 和 K^*，其中 ω 值就是根轨迹与虚轴交点处的振荡频率，K^* 值为对应的临界稳定增益。

为了方便应用，将绘制根轨迹的有关规则归纳成如表 5-2 所示。

表 5-2　绘制根轨迹的规则

序号	内容	规则
1	根轨迹连续性、对称性	根轨迹是连续的，并且对称于实轴
2	根轨迹的起点、终点及分支数	根轨迹的 n 条分支分别从 n 个开环极点出发，其中 m 条最终趋向 m 个开环零点，另外 $n-m$ 条趋向无穷远处
3	根轨迹在实轴上的分布	在实轴上某线段成为根轨迹的条件是，其右边开环零、极点数目之和为奇数
4	根轨迹渐近线的倾角	$n-m$ 条渐近线的倾角为 $$\alpha = \frac{\pm 180°(2k+1)}{n-m} \quad k=0,1,2,3\cdots$$
5	根轨迹渐近线与实轴的交点	$n-m$ 条渐近线与实轴交点的坐标为 $$\sigma_a = \frac{\sum_{j=1}^{n}(-p_j) - \sum_{i=1}^{m}(-z_i)}{n-m}$$
6	根轨迹的分离点和会合点	根轨迹的分离点和会合点是满足方程 $$\frac{dK^*}{ds} = 0$$ 的根
7	根轨迹的出射角和入射角	出射角为 $\Phi_p = \mp 180°(2k+1) + \sum_{i=1}^{m}\lambda_i - \sum_{\substack{j=1 \\ j\neq p}}^{n}\Lambda_j$ 入射角为 $\varphi_z = \pm 180°(2k+1) + \sum_{j=1}^{n}\Lambda_j - \sum_{\substack{i=1 \\ i\neq z}}^{m}\lambda_i$
8	根轨迹与虚轴的交点	以 $s = j\omega$ 代入特征方程式求解或利用劳斯判据确定

【例 5-1】　设一单位反馈控制系统的开环传递函数如下，试绘制该系统的根轨迹。

$$G(s) = \frac{K^*}{s(s+1)(s+2)}$$

解　根据绘制根轨迹的规则,可知该系统的根轨迹绘制步骤如下:

(1)根轨迹的起点、终点及分支数

由开环传递函数可知 $n = 3, m = 0$,系统有三条根轨迹分支,它们的起始点为开环极点 $(0, -1, -2)$。因为没有开环零点,所以三条根轨迹分支均沿着渐近线趋向 s 平面无限远处。

(2)实轴上的根轨迹

由规则 4 可知,实轴上的 $0 \sim -1$ 和 $-2 \sim -\infty$ 间的线段是根轨迹。

(3)渐近线

由规则 5 可知,本系统根轨迹的渐近线有三条。渐近线与实轴的夹角为

$$\alpha = \frac{180°(2k+1)}{3} = 60°, 180°, 300° \qquad (k = 0, 1, 2)$$

渐近线与实轴的交点为

$$\sigma_a = \frac{-1-2}{3} = -1$$

据此,可作出根轨迹的渐近线,如图 5-5 中的虚线所示。

(4)分离点与会合点

起始于开环极点 $0、-1$ 的两条根轨迹,随着 K^* 从 0 向 ∞ 的增大过程中,存在某个 K^*,会使根轨迹从实轴上分离而进入复平面,因此系统存在分离点。

系统特征方程为

$$s(s+1)(s+2) + K^* = 0$$

则

$$K^* = -s(s+1)(s+2)$$

根据公式　$\mathrm{d}K^*/\mathrm{d}s = 0$

有

$$\frac{\mathrm{d}K^*}{\mathrm{d}s} = -(3s^2 + 6s + 2) = 0$$

得

$$s_1 = -0.423, \quad s_2 = -1.577$$

根据上述分析,可知 s_2 不是实际的分离点,$s_1 = -0.423$ 才是真正的分离点。

(5)根轨迹与虚轴的交点

令特征方程中的 $s = \mathrm{j}\omega$,得

$$(\mathrm{j}\omega)^3 + 3(\mathrm{j}\omega)^2 + 2(\mathrm{j}\omega) + K^* = 0$$

即

$$(K^* - 3\omega^2) + \mathrm{j}(2\omega - \omega^3) = 0$$

令上述方程中的实部和虚部分别等于零,可得

$$K^* - 3\omega^2 = 0$$

$$2\omega - \omega^3 = 0$$

联立方程,可得

$$\omega = \pm\sqrt{2}$$

$$K^* = 6$$

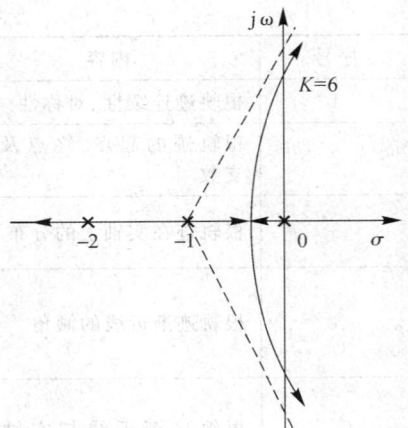

图 5-5　例 5-1 的根轨迹图

因此,根轨迹在 $\omega=\pm\sqrt{2}$ 时与虚轴相交,交点处对应的 K^* 值等于 6。

(6)综合以上分析,系统完整的根轨迹如图 5-5 所示。据此可进一步分析系统性能。

5.2.2　参数根轨迹和多回路系统根轨迹

1.参数根轨迹

上面讨论系统根轨迹时,都以增益 K^* 为可变参量,这在工程中是最常见的。这种以增益 K^* 为可变参量绘制的根轨迹称为常规根轨迹。实际上,可变参量可以是系统开环传递函数中的任何参数,如开环零、极点,时间常数和反馈系数等,这种以增益 K^* 以外的系统其他参量作为可变参量绘制的根轨迹,称作参数根轨迹,又称广义根轨迹。用参数根轨迹可以分析系统中各种参数对系统性能的影响。

绘制常规根轨迹的各种规则完全适用于绘制参数根轨迹,只是在绘制参数根轨迹时,需对系统的特征方程作一个等效变换,使得所选择的可变参量在等效传递函数中的位置相当于原开环传递函数中 K^* 的位置。其变换方法是:以特征方程中不含有所选参数的各项去除该方程,使原方程变为 $1+G_1(s)H_1(s)=0$ 的形式,其中 $G_1(s)H_1(s)$ 就是系统的等效传递函数。经过上述处理后,就可按照 $G_1(s)H_1(s)$ 的零、极点去绘制某一参变量的根轨迹。

例如,系统的开环传递函数为 $G(s)H(s)=\dfrac{10(1+aS)}{S(S+2)}$,若绘制以 a 为参变量的根轨迹,则需作如下变换。

先写出系统的特征方程

$$s(s+2)+10(1+as)=0$$

整理得　　　　$s^2+2s+10+10as=0$

然后以不含 a 的项 $s^2+2s+10$ 除以上式,可得

$$1+\frac{10as}{s^2+2s+10}=0$$

可见,其等效开环传递函数为

$$G_1(s)H_1(s)=\frac{K^*s}{s^2+2s+10}$$

式中:$K^*=10a$。

这样,就可以根据前述的常规方法作出其参数根轨迹了。

需要指出的是,在参数根轨迹中,有时需绘制几个参量同时变化的根轨迹,这时的根轨迹将是一组曲线,称为根轨迹簇,在此不再赘述。

2.多回路系统的根轨迹

前面介绍的单回路系统根轨迹的绘制方法,不仅适合单回路,而且也适合多回路系统。多回路系统根轨迹的绘制方法是先作内环根轨迹,然后用幅值条件试求出内环的闭环极点,并将其作为外环的一部分开环极点,再画出外环的根轨迹。当然,也可以将多回路系统简化为单回路系统,再画根轨迹。

5.2.3　正反馈回路和非最小相位系统根轨迹

1.正反馈回路根轨迹

前面介绍的绘制根轨迹的规则,都适用于负反馈系统。在复杂的系统中,可能会遇到具

有正反馈的内回路。对于正反馈,则需要对某些规则进行修改,才可用来画系统的根轨迹。

根据正反馈系统的特点,相应的特征方程为

$$1 - G(s)H(s) = 0$$

即　　　　　$$G(s)H(s) = 1 \qquad\qquad\qquad (5-13)$$

由此可见,正反馈回路根轨迹的幅值条件与负反馈系统一样,但相角条件不同,应为

$$\angle G(s)H(s) = \pm 180°(2k) \qquad (k = 0,1,2,3\cdots) \qquad (5-14)$$

故正反馈回路根轨迹又称为零度根轨迹。

由于正反馈回路根轨迹与负反馈回路根轨迹的差异在于相角条件发生了变化,因而有关涉及相角的作图规则需作如下修改,其他规则不变。

(1)实轴上的线段成为根轨迹的条件是:线段右面实轴上的开环零点、极点数之和为偶数。

(2)$n - m$ 条渐近线倾角为

$$\alpha = \frac{\pm 2k}{n - m}180° \qquad (k = 0,1,2\cdots)$$

(3)根轨迹的出射角、入射角分别为

$$\Phi_p = \mp 180°(2k) + \sum_{i=1}^{m}\lambda_i - \sum_{\substack{j=1 \\ j \neq p}}^{n}\Lambda_j$$

$$\varphi_z = \pm 180°(2k) + \sum_{j=1}^{n}\Lambda_j - \sum_{\substack{i=1 \\ i \neq z}}^{m}\lambda_i$$

零度根轨迹的绘制步骤同负反馈。

2. 非最小相位系统根轨迹

如果系统的所有极点和零点均位于 s 左半平面,则系统称为最小相位系统。如果系统至少有一个极点或零点位于 s 右半平面,则系统称为非最小相位系统,如上述的正反馈回路、滞后系统等。

对于非最小相位系统的根轨迹绘制,需要注意其相角条件的变化,如零度根轨迹等。

5.3　基于 MATLAB 的根轨迹分析法

5.3.1　利用 MATLAB 绘制根轨迹

在 5.2 节中已给出了绘制根轨迹的基本规则,根据这些规则,就能粗略画出系统当某一参数变化时的根轨迹,但需花费较多的时间。而使用 MATLAB 的相关指令,绘制系统较精确的根轨迹就变得轻松自如了。

绘制根轨迹的常用指令为

　　　　rlocus(num,den)

或　　　　rlocus(num,den,K)

如果参变量 K 的范围是给定的,则 MATLAB 将按给定的参数范围绘制根轨迹,否则 K 为自动确定,其变化范围是 0→∞。下面举例说明利用 MATLAB 绘制根轨迹。

【例 5-2】　设一单位反馈控制系统的开环传递函数为

$$G(s) = \frac{K}{s(s+1)(s+2)}$$

试用 MATLAB 绘制该系统的根轨迹。

解　方法一：

%MATLAB 程序 5-2

```
k=1;
z=[ ];
p=[0 -1 -2];
[num,den]=zp2tf(z,p,k);        % 将传递函数由零极点形式转换为多项式形式
rlocus(num,den);
V=[-3 2 -3 3];                 % 坐标范围确定
axis(V);
title('Root-locus plot of G(s)=K/s(s+1)(s+2)');
xlabel('Re');
ylabel('Im');
```

运行结果如图 5-6 所示。

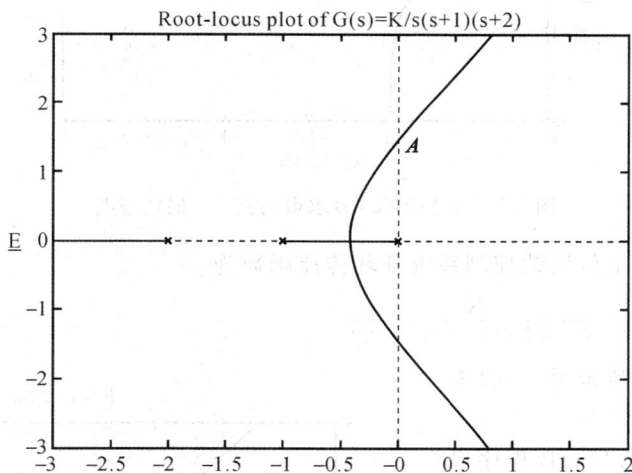

图 5-6　用 MATLAB 求得的例 5-2 根轨迹图

方法二：

```
% 1/s(s+1)(s+2)
n=[1];
d=[conv([1,1],[1,2]) 0];
rlocus(n,d)
```

其中,conv( )为求多项式乘积的函数,使用该指令编程更方便。

【例 5-3】　设一单位反馈控制系统开环传递函数为

$$G(s) = \frac{K(s+1)}{s(s+2)(s+3)}$$

试用 MATLAB 绘制该系统的根轨迹。

解 本题的 MATLAB 程序设计如下：

```
% k(s+1)/s(s+2)(s+3)
k=1;
z=[-1];
p=[0,-2,-3];
[n,d]=zp2tf(z,p,k);
rlocus(n,d)
```

执行本程序后可得图 5-7 所示的根轨迹图。

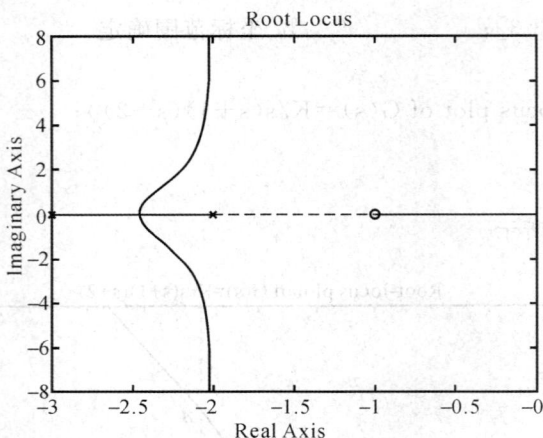

图 5-7 用 MATLAB 求得的例 5-3 根轨迹图

【例 5-4】 设一单位反馈控制系统开环传递函数为

$$G(s) = \frac{K}{s(s+3)(s^2+2s+2)}$$

试用 MATLAB 绘制该系统的根
轨迹。

解 本题的 MATLAB 程序设
计如下：

```
% k/s(s+3)(s²+2s+2)
g=tf(1,[conv([1,3],[1,
2,2]) 0])
rlocus(g)
```

其中，函数 tf(n,d) 创建一传递函
数，其分子多项式系数为 n，分母多
项式系数为 d。

执行本程序后可得图 5-8 所示
的根轨迹图。

【例 5-5】 已知一控制系统如

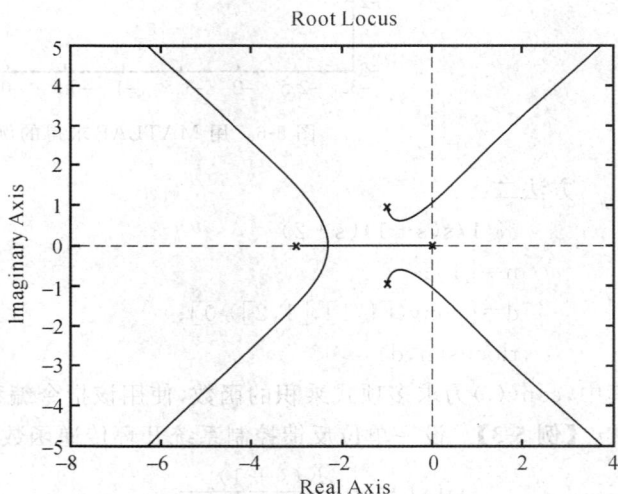

图 5-8 用 MATLAB 求得的例 5-4 根轨迹图

图 5-9 所示,试用 MATLAB 绘制该系统根轨迹。其中

$$G_1(s) = \frac{K}{s+8}, \quad G_2(s) = \frac{s+1}{s(s+5)}, \quad H(s) = \frac{1}{s+2}$$

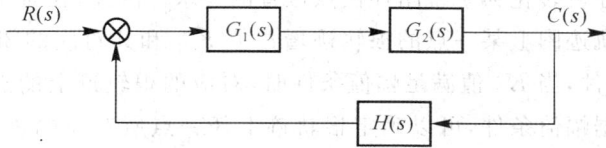

图 5-9　反馈控制系统

解　本题的 MATLAB 程序设计如下:

```
%MATLAB 程序 5-5
G1=tf(1,[1 8]);
G2=tf([1 1],[1 5 0]);
H=tf(1,[1 2]);
rlocus(G1*G2*H);
V=[-10 2 -5 5];
axis(V);
grid on;
xlabel('Re');
ylabel('Im');
```

运行结果如图 5-10 所示。

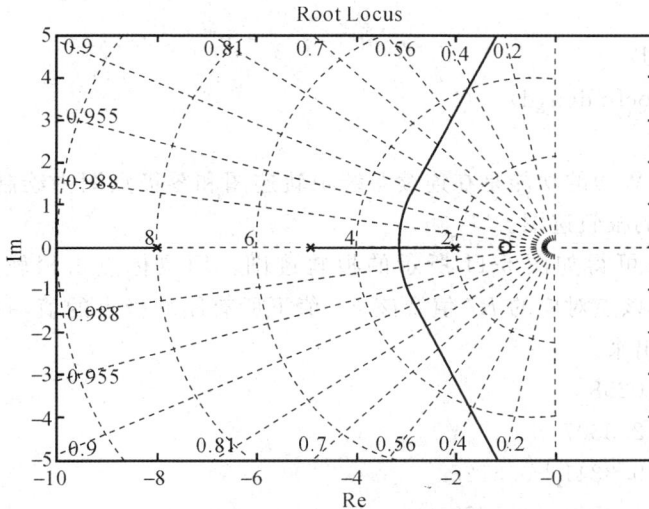

图 5-10　用 MATLAB 求得的例 5-5 根轨迹图

以上分析表明,利用 MATLAB 绘制系统根轨迹,其程序设计方法较为灵活,一般可视需要选择。

5.3.2 基于根轨迹的系统性能分析

当作出控制系统的根轨迹后,就可以对系统进行定性的分析和定量的计算。实际上,对系统性能的要求,往往可转化为系统闭环极点位置的要求。因此,在对系统性能的分析过程中,一般需要确定根轨迹图上某一点的根轨迹增益值 K^* 和其对应的闭环极点。确定闭环极点的依据是幅值条件,当 K^* 值满足幅值条件时,对应的根轨迹上的点就是该 K^* 值时的闭环极点。同样,根据幅值条件,可以确定根轨迹上任一点所对应的 K^* 值,也可在根轨迹上标出该点的 K^* 值。对此,只要在 rlocus 指令后,调用指令:[k,p]=rlocfind(num,den)就能轻松实现。

运行该指令后,在 MATLAB 的命令窗口中会出现如下提示语:"Select a point in the graphics window"。此时用鼠标移动十字光标,点击根轨迹上所选择的点,在 MATLAB 的命令窗口中就会返回该点(闭环极点)的数值、对应的 K^* 值和该 K^* 值下其他的闭环极点。

在系统分析中,有时需要确定具有指定阻尼比的主导闭环极点及相应的开环增益值。例如在例 5-2 中,若给定一对主导极点的阻尼比 $\zeta = 0.5$。若采用 MATLAB 求取系统的闭环极点,可用如下的 MATLAB 程序。

```
% k/s(s+1)(s+2)
n=[1];
d=[conv([1,1],[1,2]) 0];
kos=[0.5,0.707];
w=[0.5,1];
sgrid(kos,w)
hold on
rlocus(n,d)
[k,p]=rlocfind(n,d)
hold off
```

其中,指令 sgrid(Z,Wn)的功能是在连续系统根轨迹图和零极点图中绘制出带指定阻尼比和自然频率栅格线的根轨迹图。

执行本程序后,可得如图 5-11 所示的根轨迹图。用鼠标点击根轨迹上所要求的点($\zeta = 0.5$)后,就返回该点对应的 K^* 值及该 K^* 值下所有闭环极点的值,并将闭环极点直接在根轨迹图上显示出来。

```
k=1.0258
p=-2.3307
   -0.3341+0.5728i
   -0.3341-0.5728i
```

系统性能分析的另一个主要内容是稳定性分析。如要确定系统稳定时 K^* 的范围,则只需求得根轨迹与虚轴交点处的 K^* 值,再根据根轨迹的趋向,很容易判断 K^* 的范围。以图 5-6 为例,若已求得 A 点处的 $K^* = 6$,则该系统稳定的 K^* 值范围为 $0 < K^* < 6$,$K^* = 6$ 即为临界稳定时的 K^* 值。

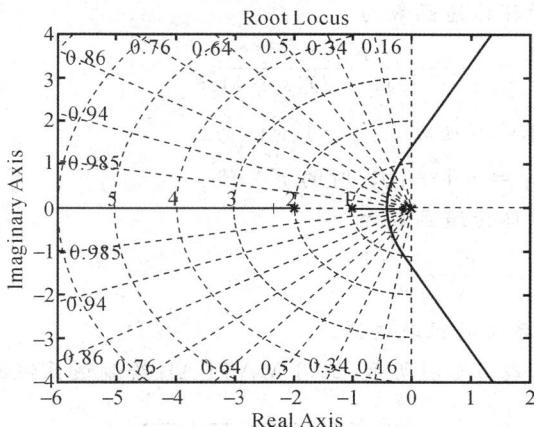

图 5-11　用 MATLAB 求取的例 5-2 的另一式根轨迹图

本章小结

根轨迹就是当系统特征方程中某个参数(如 K、T)连续由零变化到无穷大时,特征方程根连续变化而在 s 平面上形成的若干条曲线。本章主要介绍了在系统开环极点、零点已知的条件下,确定闭环极点的根轨迹法。

根轨迹法不仅使我们能够根据系统的开环极点和零点确定闭环极点,实现对系统的分析,而且还要从根轨迹图上清晰地看到开环极点和零点是怎样变化的,这样才能获得所希望的闭环极点,以满足系统的性能指标要求。这是一种简单实用的图解法,很适合要求迅速获得近似结果的场合。

特别的,我们可以利用 MATLAB 提供的强大功能,方便地进行根轨迹的绘制及系统分析。

习　题

5-1　设系统开环传递函数的零、极点在 s 平面上的分布如题 5-1 图所示,试绘制系统概略的根轨迹图。

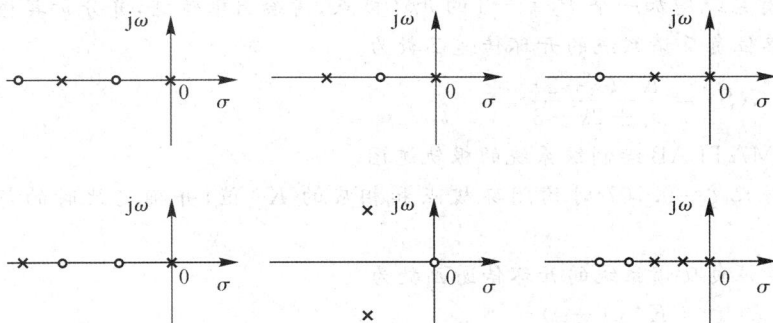

题 5-1 图

5-2 控制系统的开环传递函数为

$$G(s)H(s) = \frac{K^*}{(s+1)(s+2)(s+4)}$$

(1)证明该系统的根轨迹通过 $s_1 = -1 + j\sqrt{3}$ 。

(2)求在闭环极点 $s_1 = -1 - j\sqrt{3}$ 时的 K^* 值。

5-3 已知系统的开环传递函数为

$$G(s)H(s) = \frac{K^*(s+1)}{s^2(s+9)}$$

试用 MATLAB 绘制该系统的根轨迹图。

5-4 已知一系统如题 5-4 图所示,试用 MATLAB 绘制该系统的根轨迹图。

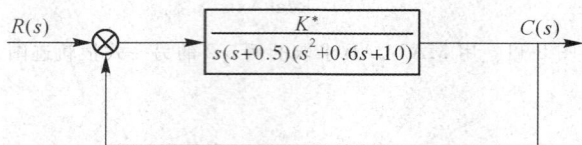

题 5-4 图

5-5 设单位负反馈系统的开环传递函数为

$$G(S) = \frac{K^*}{S(S+2)(S+4)}$$

(1)当增益 K 变化时,试用 MATLAB 绘制该系统的根轨迹图。

(2)若已知一对复数主导极点的阻尼比 $\zeta = 0.707$,求对应的 K^* 值、相应的主导极点和另一极点。

5-6 设单位负反馈系统的开环传递函数为

$$G(s) = \frac{K^*}{s^2(s+3)}$$

(1)试用 MATLAB 绘制该系统的根轨迹图,并确定系统稳定的 K^* 值范围。

(2)若增加一个开环零点 $z = -1$,则根轨迹有何变化? 系统的稳定性又如何?

5-7 已知系统固有的开环传递函数为

$$G(s)H(s) = \frac{K^*}{s(s+1)}$$

(1)试用 MATLAB 绘制固有系统的根轨迹,并分析系统的稳定性。

(2)若固有系统增加一个 $P_3 = -3$ 的开环极点,请绘出根轨迹,并分析其稳定性。

5-8 设单位负反馈系统的开环传递函数为

$$G(S) = \frac{K^*(s+2)}{s^2 + 2s + 3}$$

(1)试用 MATLAB 绘制该系统的根轨迹图。

(2)求阻尼比 $\zeta = 0.707$ 时的闭环极点和相应的 K^* 值,并确定此时的静态位置误差系数。

5-9 设单位负反馈系统的开环传递函数为

$$G(s) = \frac{K^*(1-s)}{s(s+2)}$$

试用 MATLAB 绘制该系统的根轨迹图,并求系统临界稳定时的 K^* 值。

5-10　设一负反馈系统的开环传递函数为

$$G(s)H(s) = \frac{10}{s(s+1)(s+a)}$$

试用 MATLAB 绘制以 a 为参变量的根轨迹。

5-11　设单位负反馈系统的开环传递函数为

$$G(s) = \frac{K^*}{s(s+4)(s^2+4s+20)}$$

(1)试用 MATLAB 绘制该系统的根轨迹,并说明系统的分离点或会合点情况。

(2)求闭环系统稳定的 K^* 值范围。

5-12　设单位负反馈系统的开环传递函数为

$$G(s) = \frac{K^*}{s(s+2)(s+p)}$$

试用 MATLAB 编程分别画出当开环极点 $-p$ 分别为 -4、-1、0 时的根规迹图,通过分析根规迹图可得出什么结论?

第 6 章　线性系统的频域分析法

线性控制系统的时域分析法,在分析低阶系统时,较直观。然而在工程实际应用中,遇到的往往都是高阶系统,再用时域法求解高阶系统的响应就会相当困难。

控制系统的频率特性分析法是利用系统的频率特性来分析系统性能的方法,研究核心是控制系统的稳定性、快速性及准确性。

6.1　频率特性的概念及其物理意义

线性控制系统中的变量(信号)可以被分解成许多不同频率的正弦信号,系统的响应信号的变化规律就是系统响应对各个不同频率信号响应的叠加,这是频域分析法的基本思想。

6.1.1　频率特性的物理概念

现以 RC 滤波电路为例,说明频率特性的基本概念,如图 6-1 所示。$u_i(t)$、$u_o(t)$ 分别为输入信号及电路的响应,其传递函数为

$$G(S) = \frac{u_o(S)}{u_i(S)} = \frac{1}{RCS + 1} = \frac{1}{TS + 1} \quad (6\text{-}1)$$

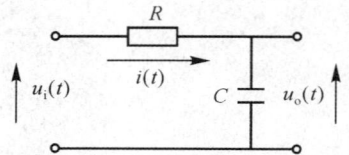

图 6-1　RC 滤波电路

根据前面的知识,当输入信号 $u_i(t) = K\sin\omega t$,容易得到电路的输出:

$$u_o(t) = \frac{KT\omega}{1 + T^2\omega^2}e^{-\frac{t}{T}} + \frac{K}{\sqrt{1 + T^2\omega^2}}\sin(\omega t + \varphi) \quad (6\text{-}2)$$

式中:$\varphi = \arctan T\omega$。$u_o(t)$ 的第一部分为暂态分量,随时间按指数规律衰减,趋势为零;第二项为稳态响应分量,波形呈正弦周期变换,不会随时间衰减,因此可得系统稳态输出:

$$\begin{aligned}
c_{ss}(t) &= \lim_{t \to \infty}\left[\frac{KT\omega}{1 + T^2\omega^2}e^{-\frac{t}{T}} + \frac{K}{\sqrt{1 + T^2\omega^2}}\sin(\omega t + \varphi)\right] \\
&= \frac{K}{\sqrt{1 + T^2\omega^2}}\sin(\omega t + \varphi)
\end{aligned}$$

可见,正弦输入信号经过系统后的稳态输出是同频率的正弦信号,只是幅值和相位不同,正弦输入与稳态输出的幅值比:

$$A(\omega) = \frac{1}{\sqrt{1 + T^2\omega^2}} \quad (6\text{-}3)$$

正弦输入与稳态输出的相位差：

$$\varphi(\omega) = -\arctan T\omega \tag{6-3}$$

时域波形如图 6-2 所示，正弦输入与稳态正弦输出是频率相同、幅度比和相位差按式 (6-3) 和式 (6-4) 规律变化的信号。

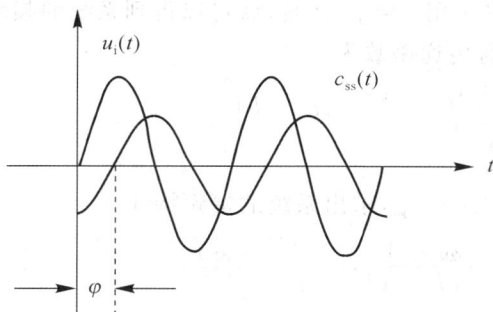

图 6-2　正弦输入与稳态输出信号波形

6.1.2　频率特性的定义

1. 定义

频率特性又称频率响应，定义如下：线性系统对正弦输入的稳态输出响应。稳态输出与输入的幅值之比 $A(\omega)$ 称为幅频特性；稳态输出与输入的相位差 $\varphi(\omega)$ 称为相频特性。系统的频率特性包含幅频特性和相频特性两方面，可表示为：

$$G(j\omega) = A(\omega)e^{j\varphi(\omega)} \tag{6-5}$$

2. 表示方法

$G(j\omega)$ 是频率特性通用表示形式，是 ω 的复函数，可用指数方式或者幅相方式表示：

$$G(j\omega) = A(\omega)e^{j\varphi(\omega)} = |G(j\omega)|e^{j\varphi(\omega)} = A(\omega)\angle\varphi(\omega) \tag{6-6}$$

另外，可将 $G(j\omega)$ 分解为实部和虚部：

$$G(j\omega) = R(\omega) + jI(\omega) \tag{6-7}$$

$R(\omega)$ 称实频特性，$I(\omega)$ 称为虚频特性。由复数的基本概念可得

$$A(\omega) = \sqrt{R^2(\omega) + I^2(\omega)}$$

$$\varphi(\omega) = \arctan\frac{I(\omega)}{R(\omega)}$$

$$R(\omega) = A(\omega)\cos\varphi(\omega)$$

$$I(\omega) = A(\omega)\sin\varphi(\omega)，$$

频率特性的表示方法虽然有很多种形式，但实质都一样，用来表征系统内在结构及其对不同频率输入信号的传递能力，是系统频域中的数学模型，相互之间可以转化。

3. 物理意义

频率特性 $G(j\omega)$ 的模 $|G(j\omega)| = A(\omega)$ 描述了系统对不同频率的正弦输入量的放大（或缩小）特性。频率特性 $G(j\omega)$ 的相位 $\varphi(\omega)$ 则描述了系统对不同频率的正弦输入信号在相位上的超前（或滞后）。频率特性反映了系统对不同频率信号的响应特性，也反映了控制系统内在的动、静态性能。通过研究分析系统的频率特性可间接地分析并改进系统的性能。

4. 根据传递函数求取频率特性

比较式(6-1)、式(6-3)、式(6-4)和式(6-5),频率特性 $G(j\omega)$ 与传递函数 $G(s)$ 之间有下列关系:

$$G(j\omega) = G(s)\big|_{s=j\omega} \tag{6-8}$$

也就是说,当将传递函数的 s 用 $s = j\omega$ 代替,就可以得到系统的频率响应。

【例 6-1】 试求解具有传递函数为

$$G(s) = \frac{\tau s + 1}{Ts + 1} \qquad (\tau > T)$$

的系统的频率响应 $G(j\omega)$。

解 根据 $G(j\omega) = G(s)\big|_{s=j\omega}$,求出系统的幅频特性:

$$\left|G(j\omega)\right| = \left|\frac{j\omega\tau + 1}{j\omega T + 1}\right| = \frac{\sqrt{1 + (\omega\tau)^2}}{\sqrt{1 + (\omega T)^2}}$$

相频特性:

$$\angle G(j\omega) = \angle \frac{j\omega\tau + 1}{j\omega T + 1} = \arctan\omega\tau - \arctan\omega T$$

根据复数的实部虚部分解:

$$G(j\omega) = R(\omega) + jI(\omega) = \frac{j\omega\tau + 1}{j\omega T + 1} = \frac{1 - \omega^2 T\tau + j\omega(\tau + T)}{1 + (\omega T)^2}$$

可得实频特性:

$$R(\omega) = \frac{1 - \omega^2 T\tau}{1 + (\omega T)^2}$$

虚频特性:

$$I(\omega) = \frac{\omega(\tau + T)}{1 + (\omega T)^2}$$

在工程分析和设计中,通常把线性系统的频率特性画成曲线,然后运用图解法进行研究,以下内容据此展开。

6.2 频率特性的图示

当系统的传递函数 $G(s)$ 比较复杂时,系统的频率特性 $G(j\omega)$ 的解析表达式也比较复杂。实际工程中,常采用图形来描述系统的频率特性,这是频域法的主要优势之一。常用的描述系统频率特性的图形方法见表 6-1,本章主要介绍奈奎斯特图和伯德图。

表 6-1 常用频率特性曲线及其坐标

序号	名称	图形常用名	坐标系
1	幅频特性曲线	频率特性图	直角坐标
	相频特性曲线		
2	幅相频率特性曲线	极坐标图或奈奎斯特图	极坐标
3	对数幅频特性曲线	对数坐标图或伯德图	半对数坐标
	对数相频特性曲线		
4	对数幅相频率特性曲线	对数幅相图或尼柯尔斯图	对数幅相坐标

6.2.1　奈奎斯特图

奈奎斯特图（Nyquist）图又称为幅相频率特性图，简称奈氏图，其坐标系为极坐标，所以又称极坐标图。

频率特性 $G(j\omega)$ 是复数，因此可把它看出复平面中的矢量。当频率 ω 为某一定值 ω_1 时，频率特性 $G(j\omega_1)$ 可用极坐标的形式表示：

$$G(j\omega_1) = |G(j\omega_1)| e^{j\varphi(\omega_1)} \tag{6-9}$$

幅值 $|G(j\omega)|$ 和相角 $\varphi(\omega)$ 都是频率的函数，当频率 ω 在 $0 \to \infty$ 范围内连续变化时，向量 $G(j\omega)$ 的端点在复平面随之连续变化，形成的轨迹曲线即为幅相频率特性曲线，曲线以 ω 为参变量。$G(j\omega)$ 在实轴和虚轴上的投影分别是 $G(j\omega)$ 的实部和虚部。

将例 6-1 得到的频率响应画出奈氏图如图 6-3 所示。

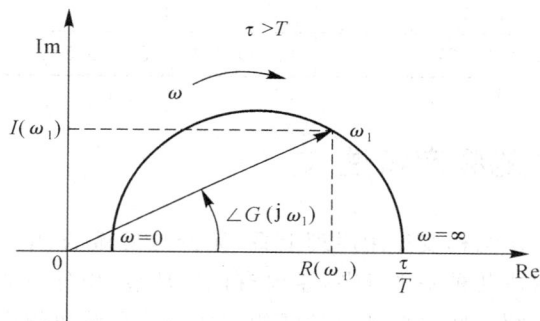

图6-3　例6-1中系统的频率响应的Nyquist图

6.2.2　伯德图

伯德（Bode）图又称为对数频率特性曲线，是频率法中应用最为广泛的曲线。与极坐标图相比较，对数坐标图更为优越，用对数坐标图不但计算简单，绘图容易，而且能直观地表现时间常数等参数变化对系统性能的影响。

伯德图由两幅图组成，分别是对数幅频特性曲线图和对数相频特性曲线图。

$G(j\omega)$ 对数幅值（即纵坐标）的标准表达式为 $L(\omega) = 20\lg|G(j\omega)| = 20\lg A(\omega)$。在这个幅值表达式中，采用的单位是分贝（dB）。在对数表达式中，对数幅值曲线画在半对数坐标纸上，频率采用对数刻度，幅值或相角则采用线性刻度。

对数分度和线性分度如图 6-4 所示，在线性分度中，当变量增大或减少 1 时，坐标间距离变化一个单位长度；而在对数分度中，当变量增大或减少 10 倍，称为十倍频程（dec），坐标间距离变化一个单位长度。

设对数分度中的单位长度为 D，ω 的某个十倍频程的左端点为 ω，则坐标点相对于左端点的距离为如表 $6-2$ 所示值乘以 D。

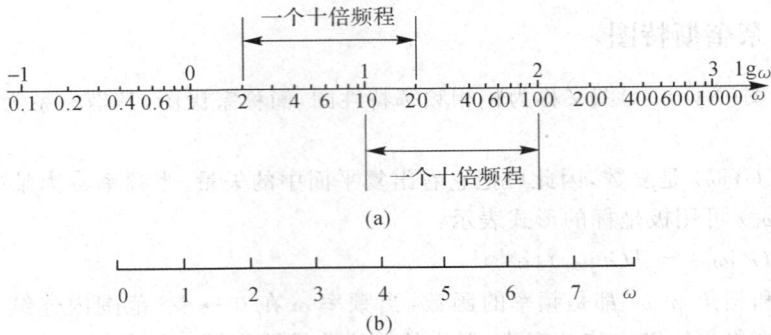

图 6-4　对数分度和线性分度

表 6-2　十倍频程的对数分度

ω_0/ω_1	1	2	3	4	5	6	7	8	9	10
$\lg(\omega_0/\omega_1)$	0	0.301	0.477	0.602	0.699	0.788	0.845	0.903	0.954	1

6.3　典型环节的频率特性

　　一个自动控制系统,从结构及作用原理上看,无论是机械的、电子的,还是液压的、光学的,其数学模型都可分解成几种基本环节,主要有比例环节、积分环节、惯性环节、微分环节、振荡环节等,下面分别介绍这些典型环节的幅相频率特性和对数频率特性。

6.3.1　比例环节

　　比例环节的传递函数为 $G(s) = K$,其频率特性为

$$G(\mathrm{j}\omega) = K + \mathrm{j}0 = K\mathrm{e}^{\mathrm{j}0}$$

对数幅频特性为

$$L(\omega) = 20\lg K$$

相频特性为

$$\varphi(\omega) = 0°$$

　　比例环节的幅相特性如图 6-5 所示。其幅频和相频特性均与频率 ω 无关,当 ω 由 0 变到 ∞ 时, $G(\mathrm{j}\omega)$ 始终为实轴上一点。比例环节对正弦输入的稳态响应的振幅是输入信号振幅的 K 倍,且响应与输入信号有相同的相位。

　　对数幅频特性是一水平线,分贝值为 $20\lg K$,对数相频特性为一条与横坐标正向重合的直线, K 值对相频没有影响。比例环节对数频率特性曲线如图 6-6 所示。

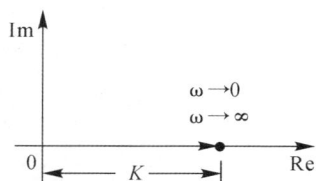

图6-5　比例环节幅相频率特性曲线

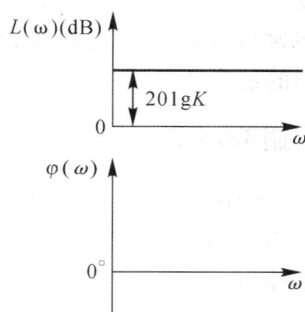

图6-6　比例环节对数频率特性曲线

6.3.2　积分环节

积分环节的传递函数为

$$G(s) = \frac{1}{s}$$

其频率特性为

$$G(j\omega) = 0 - j\frac{1}{\omega} = \frac{1}{\omega}e^{-j90°}$$

对数幅频特性和对数相频特性分别为

$$L(\omega) = 20\lg(\frac{1}{\omega}) = -20\lg\omega$$

$$\varphi(\omega) = -90° \tag{6-10}$$

可见,当频率 ω 由零变化到无穷大时,积分环节频率特性的幅值由无穷大衰减到零,即与 ω 成反比;而其相频特性与频率取值无关。在复平面上绘制的积分环节的幅相特性曲线如图 6-7 所示。

由式(6-10)可知,对数幅频特性曲线为通过 $\omega = 1$,斜率为 $-20\mathrm{dB/dec}$ 的直线。对数相频特性与 ω 无关,恒为 $-90°$,特性曲线如图 6-8 所示。

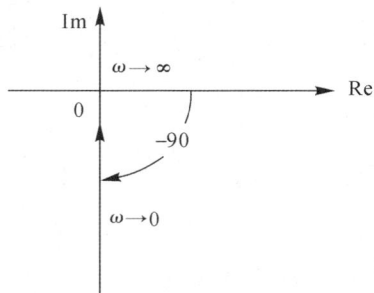

图6-7　积分环节幅相频率特性曲线

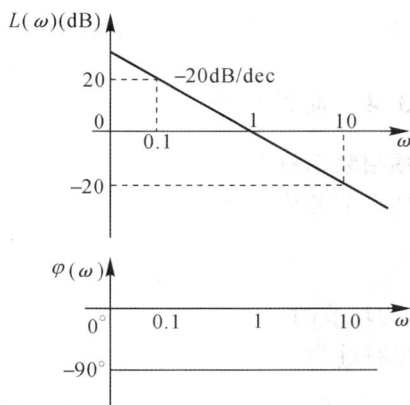

图6-8　积分环节对数频率特性曲线

积分环节的特点是它的输出量为输入量对时间的积累。因此,凡输出量对输入量有储存和积累特点的元件一般都含有积分环节。如水箱的水位与水流量,烘箱的温度与热量,机械运动中的转速与转矩、位移与速度、速度与加速度,电容的电量与电流等,积分环节也是控制系统中遇到的最多环节之一。

6.3.3　微分环节

微分环节的传递函数为

$$G(s) = s$$

其频率特性为

$$G(j\omega) = 0 + j\omega = \omega e^{j90°}$$

对数幅频特性和相频特性分别为

$$L(\omega) = 20\lg\omega$$

$$\varphi(\omega) = 90°$$

微分环节频率特性的幅值与 ω 成正比,相角恒为 $90°$,当 $\omega = 0 \to \infty$ 时,幅相特性从原点起始,沿虚轴趋于 $+j\infty$,如图 6-9 所示。

对数幅频特性为通过 $\omega = 1$,斜率为 20dB/dec 的直线,对数相频特性与 ω 无关,恒为 $90°$,特性曲线如图 6-10 所示。

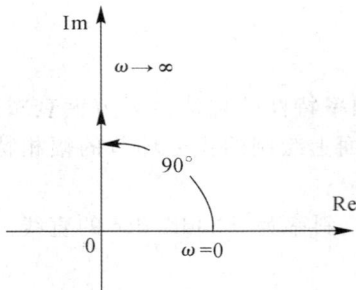

图6-9　微分环节幅相频率特性曲线　　　　图6-10　微分环节对数频率特性曲线

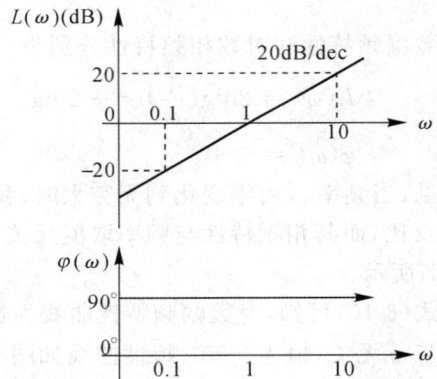

6.3.4　惯性环节

1. 幅相频率特性

惯性环节的传递函数为

$$G(s) = \frac{1}{Ts + 1}$$

式中:T 为环节的时间常数。

频率特性为

$$G(j\omega) = \frac{1}{jT\omega + 1} = A(\omega) e^{j\varphi(\omega)}$$

其中 $A(\omega) = \dfrac{1}{\sqrt{(T\omega)^2 + 1}}$, $\varphi(\omega) = -\arctan T\omega$

将 $G(j\omega)$ 分解为

$$G(j\omega) = R(\omega) + jI(\omega)$$

其中 $R(\omega) = \dfrac{1}{1 + (\omega T)^2}$, $I(\omega) = \dfrac{-\omega T}{1 + (\omega T)^2}$

通过配方,可得

$$\left[R(\omega) - \frac{1}{2} \right]^2 + I^2(\omega) = \left(\frac{1}{2} \cdot \frac{1 - \omega^2 T^2}{1 + \omega^2 T^2} \right)^2 + \left(\frac{-\omega T}{1 + \omega^2 T^2} \right)^2 = \left(\frac{1}{2} \right)^2 \quad (6\text{-}11)$$

当 ω 趋于无穷大时, $G(j\omega)$ 的幅值趋于零,相角趋于 $-90°$。当频率 ω 从零变化到无穷大时,该传递函数的极坐标图就是一个半圆,如图 6-11 所示。圆心位于实轴上 0.5 处,即半径等于 0.5。

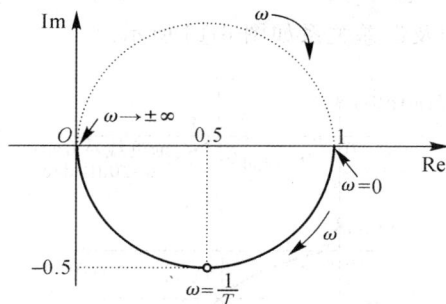

图6-11　惯性环节的幅相频率特性曲线

2. 对数频率特性

对数幅频特性为

$$L(\omega) = -20\lg \sqrt{1 + T^2 \omega^2} \quad \text{(dB)}$$

在伯德图上 $\omega \ll \dfrac{1}{T}$ 的低频区,幅频特性可近似为

$$-20\lg \sqrt{1 + T^2 \omega^2} \approx 0$$

即幅频特性曲线和横轴正向重合;而在 $\omega \gg \dfrac{1}{T}$ 频段内,幅频特性可近似为

$$L(\omega) = -20\lg \sqrt{1 + T^2 \omega^2} \approx -20\lg T\omega$$

这时,曲线近似为斜率为 -20dB/dec 的直线,且当 $\omega = \dfrac{1}{T}$ 时交于横轴。惯性环节的对数频率特性可由这两条折线近似表示,称为该环节的渐近线。惯性环节的渐近幅频特性如图 6-12 所示。图 6-13 中 $\omega_n = \dfrac{1}{T}$ 为转折频率或交接频率,是绘制伯德图的重要参数。幅频特性在转折频率 $\omega_n = \dfrac{1}{T}$ 附近与渐近线间有较明显的误差,转折点的误差达到最大,其值为

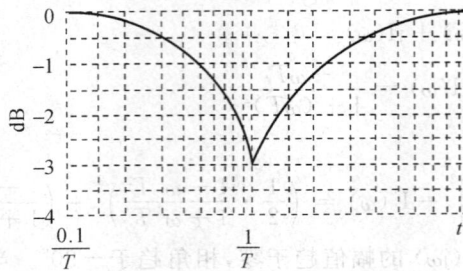

图6-12 惯性环节的对数频率特性

$$-20\lg\sqrt{1+T^2\omega^2}\Big|_{\omega=\frac{1}{T}}-(-20\lg T\omega)\Big|_{\omega=\frac{1}{T}}=-20\lg\sqrt{2}\approx-3$$

精确曲线与渐近线之间及误差关系如图 6-13 所示。

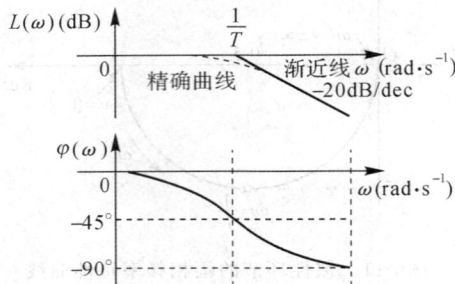

图6-13 惯性环节的误差曲线

在控制工程实践中,惯性环节比较常见。如电阻和电容构成的 RC 滤波电路、温度控制系统等都是惯性环节。

6.3.5 振荡环节

在控制系统中,若包含着两种不同形式的储能单元,这两种单元的能量又能相互交换,在能量的储存与交换过程中,就可能出现振荡而构成振荡环节。

1. 幅相频率特性

振荡环节的传递函数为

$$G(s)=\frac{1}{T^2s^2+2\zeta Ts+1} \tag{6-12}$$

式中:T 为振荡环节的时间常数;ζ 为振荡环节的阻尼比。其频率特性为

$$G(j\omega)=\frac{1}{1-T^2\omega^2+j2\zeta T\omega} \tag{6-13}$$

幅频特性和相频特性分别为

$$A(\omega)=\frac{1}{\sqrt{(1-T^2\omega^2)^2+(2\zeta T\omega)^2}}$$

$$\varphi(\omega)=-\arctan\frac{2\zeta T\omega}{1-T^2\omega^2}$$

从上式可见,振荡环节的幅频特性是角频率 ω 及阻尼比 ζ 的二元函数,在 $\omega=0\rightarrow\infty$ 变

化时,虽然幅频特性因 ζ 不同而有多条特性曲线,但对于欠阻尼情况($1>\zeta>0$)和过阻尼情况($\zeta>1$)它们的共性是 $A(\omega)$ 的值都由 1 衰减到 0,大致形状也是相同的。ζ 取值对曲线形状的影响分为以下两种情况:

(1) $\zeta>\dfrac{\sqrt{2}}{2}$

幅频特性平方的倒数为

$$\frac{1}{A^2(\omega)} = 1 + 2(2\zeta^2 - 1)T^2\omega^2 + (T\omega)^4$$

当 $\zeta>\dfrac{\sqrt{2}}{2}$ 时,$(2\zeta^2 - 1)>0$,$\dfrac{1}{A^2(\omega)}$ 随 ω 增大而单调增加。当 $\omega=0$ 时,$\dfrac{1}{A^2(\omega)}$ 值最小,$A(\omega)$ 值则最大。

(2) $0\leqslant\zeta\leqslant\dfrac{\sqrt{2}}{2}$

当 ω 增大时,幅频特性 $A(\omega)$ 先增大,达到最大值后再减少,这时 $G(j\omega)$ 的峰值可用谐振峰值 M_r 表示。

令 $\omega=\omega_r$,由

$$\frac{\mathrm{d}\,|\,G(j\omega)\,|}{\mathrm{d}\omega} = \frac{\mathrm{d}}{\mathrm{d}\omega}\left(\frac{1}{\sqrt{(1 - T^2\omega^2)^2 + (2T\zeta\omega)^2}}\right) = 0$$

由此可解得幅频特性极值点的频率及谐振峰值为

$$\begin{cases} \omega_r = \omega_n\sqrt{1 - 2\zeta^2} \\ M_r = \dfrac{1}{2\zeta\sqrt{1 - \zeta^2}} \end{cases} \qquad \left(\zeta\leqslant\dfrac{\sqrt{2}}{2}\right) \tag{6-14}$$

式中:$\omega_n = \dfrac{1}{T}$,是 $G(j\omega)$ 的轨迹与虚轴的交点频率,称为无阻尼自振角频率。

可见,随 ζ 的减少,谐振峰值 M_r 增大,谐振频率 ω_r 也越接近振荡环节的无阻尼自然振荡频率 ω_n。当 $\zeta=0$ 时,$\omega_r=\omega_n$,$M_r\to\infty$,这就是无阻尼系统的共振现象。振荡环节的幅相频率特性曲线如图 6-14 所示。

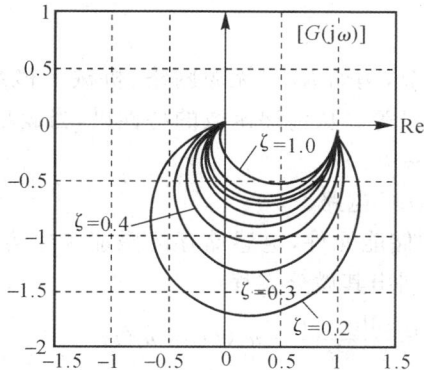

图 6-14　振荡环节的幅相特性曲线

2. 对数频率特性

振荡环节的对数幅频特性为

$$L(\omega) = -20\lg\sqrt{(1-T^2\omega^2)^2+(2\zeta T\omega)^2} \qquad (6\text{-}15)$$

在低频 $\omega \ll \dfrac{1}{T}$ 时,式(6-16)中的 $T\omega$ 和 $2\zeta T\omega$ 可忽略不计,于是

$$L(\omega) \approx -20\lg 1 = 0 \quad (\text{dB})$$

可见,振荡环节对数幅频特性在低频部分的渐近线为一条 0dB 的直线。

在高频 $\omega \gg \dfrac{1}{T}$ 时,可忽略式(6-15)中的 1 和 $2\zeta T\omega$ 项,于是有

$$L(\omega) \approx -20\lg\sqrt{(T^2\omega^2)^2} = -40\lg\omega T$$

同理可知,对应的对数幅频特性在高频段的渐近线为过点 $(\dfrac{1}{T},0)$ 且斜率为 -40dB/dec 的直线。

转折频率 $\omega_n = \dfrac{1}{T}$ 处的误差为

$$\begin{aligned}
\Delta L(\omega_n) &= L(\omega_n) - L_{\text{渐}}(\omega_n) - 0 \\
&= -20\lg\sqrt{(1-T^2\omega^2)^2+(T\zeta\omega)^2}\Big|_{\omega=\frac{1}{T}} = -20\lg 2\zeta
\end{aligned}$$

当 $0 < \zeta \leqslant \dfrac{\sqrt{2}}{2}$ 时,最大误差发生在谐振频率处,此时误差为 $20\lg M_r$,其中 $M_r = \dfrac{1}{(2\zeta\sqrt{1-\zeta^2})}$ 是谐振峰值,且 $\omega_r < \omega_n$ 。

振荡环节的对数相频特性为

$$\varphi(\omega) = \begin{cases}
-\arctan\dfrac{2T\zeta\omega}{1-T^2\omega^2}, & \omega \leqslant \dfrac{1}{T} \\[3mm]
-180° + \arctan\dfrac{2T\zeta\omega}{T^2\omega^2-1}, & \omega > \dfrac{1}{T}
\end{cases}$$

由上式可得 $\varphi(0) = -0°$,$\varphi(\dfrac{1}{T}) = -90°$,$\varphi(+\infty) = -180°+0^+$ 。振荡环节的对数频率特性曲线如图 6-15 所示。

3. 振荡环节实例

振荡环节是一个二阶环节,例如 RLC 无源网络、机械平移系统、机械旋转系统、单摆以及电枢电压控制的直流电动机等。从传递函数的特性讲,当满足 $0 < \zeta \leqslant 1$ 时,都可认为是振荡环节。

如图 6-16 所示为一个 RLC 电路。

由于 L、C 是两种不同的储能元件,电感储存的磁能和电容储存的电能相互交换,可以形成振荡过程。由电路结构列出其微分方程:

$$LC\frac{\mathrm{d}^2u_o(t)}{\mathrm{d}t^2} + RC\frac{\mathrm{d}u_o(t)}{\mathrm{d}t} + u_o(t) = u_i(t)$$

其传递函数为

$$G(s) = \frac{u_o(s)}{u_i(s)} = \frac{1}{LCs^2+RCs+1}$$

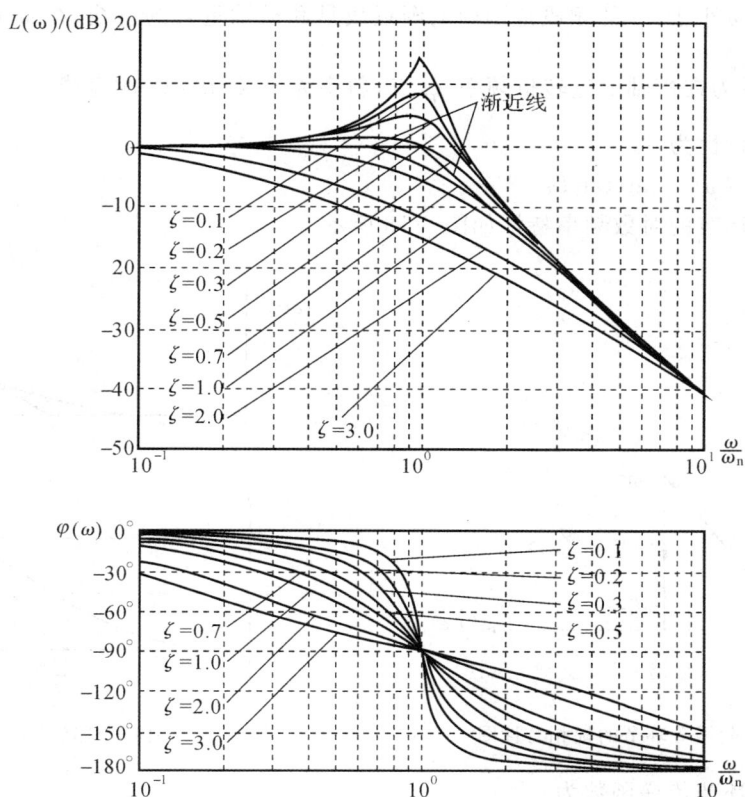

图 6-15　振荡环节的对数频率特性曲线

与式(6-15)比较可得

$$T = \sqrt{LC}, \omega_n = \frac{1}{T} = \frac{1}{\sqrt{LC}}, \zeta = \frac{R}{2}\sqrt{\frac{C}{L}}$$

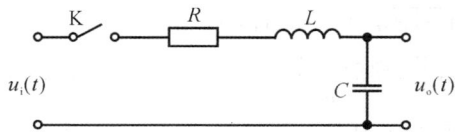

图 6-16　RLC 电路

6.3.6　一阶微分环节和二阶微分环节

一阶微分环节的传递函数为
$$G(s) = Ts + 1$$
式中：T 为时间常数。

对数幅频特性为
$$L(\omega) = 20\lg \sqrt{1 + T^2\omega^2}$$

在角频率 ω 小于 $\frac{1}{T}$ 的频段范围内的渐近线是和横轴重合的直线；在 ω 大于 $\frac{1}{T}$ 的频段范围内，渐近线为在横轴上过转折频率 $\frac{1}{T}$ 点，斜率为 $+20\mathrm{dB/dec}$ 的直线。

对数相频特性为

$$\varphi(\omega) = \arctan T\omega$$

一阶微分环节的对数频率特性如图 6-18 所示。

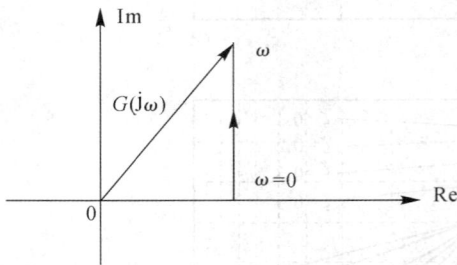

图6-17 一阶微分环节的幅相特性图

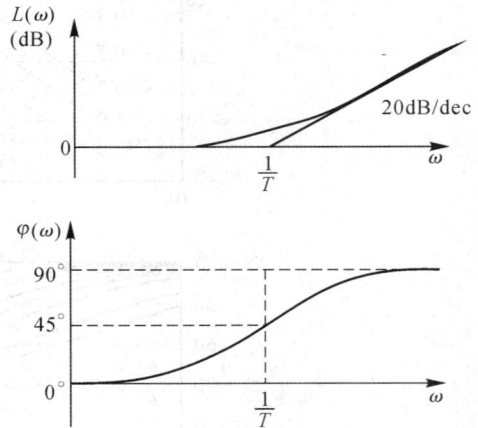

图6-18 一阶微分环节的对数特性图

二阶微分环节传递函数为

$$G(s) = \tau^2 s^2 + 2\zeta\tau s + 1$$

式中：τ 为时间常数；ζ 为阻尼比，$0 \leqslant \zeta < 1$。

频率特性为

$$G(\mathrm{j}\omega) = 1 - \tau^2\omega^2 + \mathrm{j}2\zeta\tau\omega$$

幅频和相频特性分别为

$$A(\omega) = \sqrt{(1-\tau^2\omega^2)^2 + (2\zeta\tau\omega)^2}$$

$$\varphi(\omega) = \arctan\left[\frac{2\zeta\tau\omega}{1-\tau^2\omega^2}\right]$$

幅相频率特性曲线如图 6-19 所示。

二阶微分环节的频率特性和振荡环节互为倒数关系，该环节的伯德图同振荡环节的伯德图关于 ω 轴对称。振荡环节的频率特性见 6.3.5。

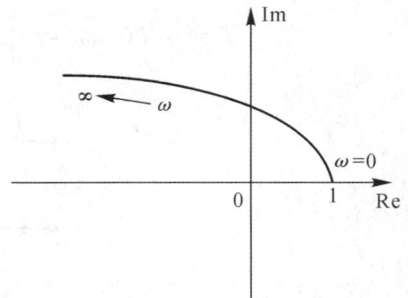

图 6-19 二阶微分环节幅相特性曲线

6.3.7 时滞环节

在生产实际中，特别是在一些液压、气动或机械传动系统及大多数过程控制系统中，都可能具有时滞环节（又称延迟环节）。例如燃料或其他物质的传输，从输入口到输出口有传输延迟时间；介质压力或热量在管道中的传播有传播延迟时间；计算机控制系统中，运算所花费的时间导致时间延迟等。

第三章已经给出时滞环节的传递函数为

$$G(s) = \mathrm{e}^{-\tau s}$$

频率特性为

$$G(\mathrm{j}\omega) = \mathrm{e}^{-\mathrm{j}\tau\omega}$$

幅频特性和相频特性分别为

$$A(\omega) = 1$$

$$\varphi(\omega) = -\tau\omega$$

可以看出,时滞环节的幅频特性为常数 1,与角频率 ω 无关,而相频特性是与 ω 成正比的负相移。时滞环节幅相频率特性曲线如图 6-20 所示。相应的对数幅频特性为 $L(\omega) = 20\lg1 = 0$ 的直线,对数相频特性为 $\varphi(\omega) = -\tau\omega$,形状为指数曲线。如图 6-21 所示为时滞环节对数频率特性曲线。

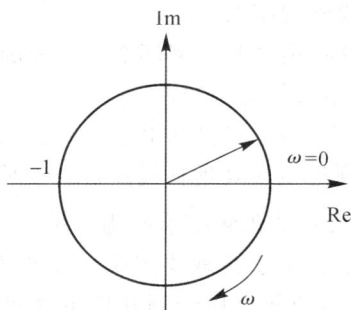

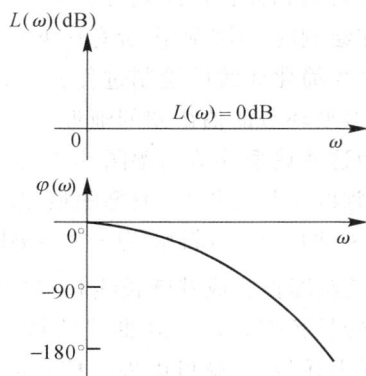

图6-20　时滞环节幅相频率特性曲线　　　　图6-21　时滞环节对数频率特性曲线

6.4　开环系统的频率特性绘制

根据反馈点是否断开分为闭环系统和开环系统,相对应的频率特性为闭环频率特性与开环频率特性。由于系统的开环传递函数比较容易获取,因此对控制系统进行分析时,经常根据开环系统的频率特性来获取闭环系统的性能,可见绘制开环系统的频率特性图就显得尤为重要。

6.4.1　开环系统伯德图的绘制

掌握了典型环节对数频率特性曲线的绘制法,就可以很方便地绘制控制系统的开环对数频率特性曲线。系统开环传递函数可以分解成多个典型环节。设系统开环频率特性为

$$G_K(\mathrm{j}\omega) = G_1(\mathrm{j}\omega)G_2(\mathrm{j}\omega)\cdots G_n(\mathrm{j}\omega) = \prod_{i=1}^{n} G_i(\mathrm{j}\omega)$$

式中:$G_i(\mathrm{j}\omega)$,为典型环节的传递函数 $i = 1,2,\cdots,n$。即

$$\left| G_K(\mathrm{j}\omega) \right| \mathrm{e}^{\mathrm{j}\angle G_K(\mathrm{j}\omega)} = \left| G_1(\mathrm{j}\omega) \right| \mathrm{e}^{\mathrm{j}\angle G_1(\mathrm{j}\omega)} \left| G_2(\mathrm{j}\omega) \right| \mathrm{e}^{\mathrm{j}\angle G_2(\mathrm{j}\omega)} \cdots \left| G_n(\mathrm{j}\omega) \right| \mathrm{e}^{\mathrm{j}\angle G_n(\mathrm{j}\omega)}$$

$$= \mathrm{e}^{\mathrm{j}\sum_{i=1}^{n} \angle G_i(\mathrm{j}\omega)} \prod_{i=1}^{n} \left| G_i(\mathrm{j}\omega) \right|$$

由此可得开环系统的幅相特性分别为

$$|G_K(j\omega)| = \prod_{i=1}^{n} |G_i(j\omega)|$$

$$\angle G_K(j\omega) = \sum_{i=1}^{n} \angle G_i(j\omega)$$

开环对数幅频特性和开环对数相频特性分别为

$$L(\omega) = 20\lg|G_K(j\omega)| = 20\lg\prod_{i=1}^{n}|G_i(j\omega)| = \sum_{i=1}^{n}20\lg|G_i(j\omega)| \tag{6-17}$$

$$\varphi(\omega) = \angle G_K(j\omega) = \sum_{i=1}^{n}\angle G_i(j\omega) \tag{6-18}$$

式(6-17)和式(6-18)表明,由 n 个典型环节串联组成的控制系统的开环对数幅频特性曲线和开环对数相频特性曲线可由这 n 个典型环节对应的曲线叠加而成。

其实在绘制时,不必画出所有典型环节的折线然后进行叠加,只要抓住伯德图的特性绘图就可以大大简化曲线的绘制过程。下面先看看伯德图的特点:

(1)各典型环节的伯德图的渐近线均为直线或折线,由这些典型环节所组成的开环系统的伯德图为这些典型环节伯德图的叠加,因而叠加的结果仍为折线。

(2)低频段及其延长线(伯德图最左段)的渐近线为直线,其斜率由系统所含积分环节数(也即系统型别) v 决定,斜率为 $-20 \cdot v$ dB/dec。该渐近线或其延长线在 $\omega = 1$ 时的分贝值为 $20\lg K$,最左端直线或其延长线和零分贝(横坐标)交点的角频率恰好为 $\sqrt[v]{K}$ 。

(3)在转折频率处, $L(\omega)$ 曲线的斜率会发生变化,改变多少取决于典型环节的类型。

掌握了上述特点,就可以根据控制系统的开环传递函数直接绘制开环系统对数幅频特性曲线,具体步骤如下:

(1)将系统的开环传递函数分解成典型环节乘积的形式。

(2)确定各典型环节的转折角频率,并按从小到大的顺序在横轴上标出。

(3)计算低频段渐近线或其延长线的斜率及在 $\omega = 1$ 时的分贝值 $20\lg K$,画出低频段(最左端)渐近线至第一个转折角频率处。

(4)折线由低频向高频延伸,每到一个转折频率,斜率根据具体环节作相应的改变。改变时按照如下原则进行:

①通过惯性环节的转折频率,斜率减少 20dB/dec;

②通过一阶微分环节的转折频率,斜率增加 20dB/dec;

③通过二阶振荡环节的转角频率,斜率减少 40dB/dec。

经过一系列斜率的变化,最终斜率为 $-20(n-m)$ dB/dec。

(5)根据需要对折线进行误差修正,可以得到更为精确的对数幅频特性曲线,通常只要修正各转折频率处及转折频率二倍频和 0.5 倍频处的幅值就可以了。对于惯性环节与一阶微分环节,在转折频率处的修正值为 ± 3 dB;在转折频率二倍频和 0.5 倍频处的修正值为 ± 1 dB。对于二阶振荡环节,可参照前面二阶振荡环节伯德图的内容。

(6)对于对数相频特性曲线,确定其渐近线包括如下两方面:

①低频段由积分环节的个数 v 来决定相频角度,即 $\varphi(\omega) = -90° \times v$;

②中高频段则根据每个典型环节的情况对转折频率后的相频角度进行增减。

【**例 6-2**】 已知系统的开环传递函数为

$$G_K(s) = \frac{5(0.5s+1)}{s(0.5s+1)(\frac{1}{2500}s^2 + \frac{6}{50}s+1)}$$

试绘制开环系统的对数幅频特性。

解 第一步,将开环系统传递函数分解为典型环节的组成形式

$$G_K(j\omega) = 5 \cdot \frac{1}{j\omega} \cdot \frac{1}{0.5j\omega+1} \cdot (0.1j\omega+1) \cdot \frac{1}{\frac{1}{2500}(j\omega)^2 + \frac{6}{50}(j\omega)+1} \quad (6\text{-}19)$$

式(6-18)中包括比例环节、积分环节、惯性环节、一阶微分环节和振荡环节。

第二步,确定典型环节的转折频率。由式(6-19)可求出三个转折频率分别为:

惯性环节转折频率 $\omega_1 = 2$

一阶微分环节转折频率 $\omega_2 = 10$

振荡环节转换频率 $\omega_3 = 50$

第三步,因为有一个积分环节,所以低频段的斜率为 -20dB/dec。比例环节 $K=5$,由此可求出 $\omega=1$ 时的分贝值为 $20\lg K = 20\lg 5 = 14\text{dB}$。

第四步,由低频向高频延伸,依次确定斜率变化为

起始 $\rightarrow \omega_1: -20\text{dB/dec}, \omega_1 \rightarrow \omega_2: -40\text{dB/dec}, \omega_2 \rightarrow \omega_3: -20\text{dB/dec}, \omega_3 \rightarrow \infty: -60\text{dB/dec}$

根据以上四步可绘制出伯德图的近似折线图,如图 6-22 所示的实线;虚线部分为根据转折频率附近的误差作适当修改后的曲线。

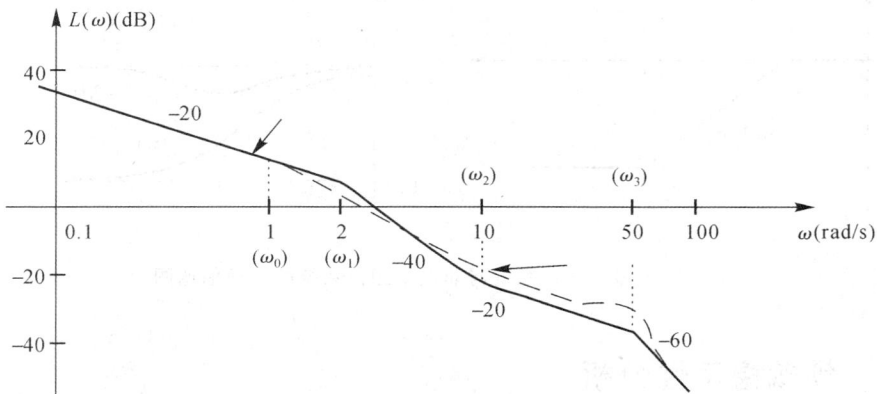

图 6-22 例 6-3 中开环系统对数幅频特性曲线

6.4.2 最小相位系统与非最小相位系统

首先解释一下最小相位系统的概念。根据零、极点的不同,一般可分为以下两种系统:

(1)最小相位系统:系统传递函数 $G(s)$ 的所有极点、零点均位于 s 左半平面;

(2)非最小相位系统:系统传递函数 $G(s)$ 有开环零点或极点位于 s 右半平面。

"最小相位"的概念源于网络理论。在具有相同幅频特性的一些环节中,其相移最小的环节称为最小相位环节,相移大于最小相移的环节称为非最小相位环节。最小相位系统中的各典型环节均为最小相位环节。下面举例进行比较。假设两个系统的开环传递函数为

$$G_{1K}(s) = \frac{\tau s + 1}{Ts + 1}, \quad G_{2K}(s) = \frac{-\tau s + 1}{Ts + 1} \quad (0 < \tau < T)$$

求出两开环系统的对数幅频特性和对数相频特性为

$$L_1(\omega) = L_2(\omega) = \frac{\sqrt{(\tau\omega)^2 + 1}}{\sqrt{(T\omega)^2 + 1}}$$

$$\varphi_1(\omega) = \arctan \tau\omega - \arctan T\omega$$

$$\varphi_2(\omega) = -\arctan \tau\omega - \arctan T\omega$$

可见,这两个系统的开环对数幅频特性相同,而对数相频特性不一样。从绘制的伯德图来看(见图 6-24),由于 $G_{2K}(s)$ 的零点位于 s 右半平面,产生了附加的相位之后位移,因而其相位变化范围较大,在 $0° \sim -180°$,为非最小相位系统;而 $G_{1K}(s)$ 为最小相位系统,相位变化范围最小,为 $0°, \sim -90°$。

最小相位系统具有以下规律:

(1)最小相位系统的对数相频特性和对数幅频特性是一一对应的,知道了对数幅频特性就可以得到系统的对数相频特性,而且两者的变化趋势相同。

(2)对数幅频特性低频渐近线的斜率为 $-20\upsilon dB/dec$ 的斜线,对数相频为 $\varphi(\omega) = -90\upsilon°$,可见,对数频率特性与积分环节的个数 υ 相关。

(3)在高频段 $\omega \to \infty$ 时,由于 $n > m$,其渐近线斜率为 $-20(n-m)dB/dec$,对数相频特性 $\varphi(\omega) = -90(n-m)°$,高频段的对数幅频特性与相频特性均与 $n-m$ 有关。

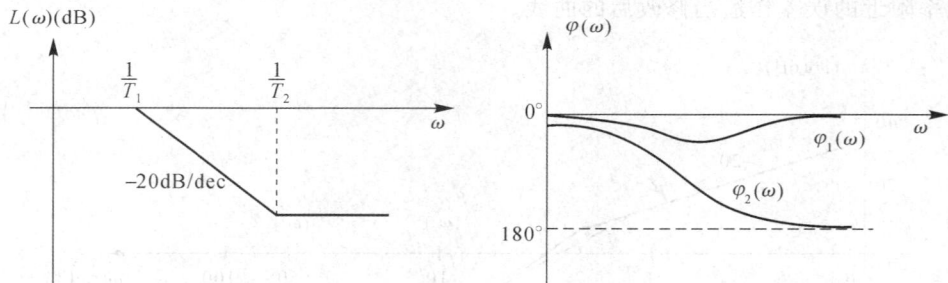

图 6-23　最小相位系统与非最小相位系统的开环伯德图

6.5　频域稳定性分析

稳定性是指控制系统在受到扰动作用使平衡状态被破坏后,经过调节能重新达到平衡状态的性能。

系统稳定的充要条件是系统闭环特征根都具有负实部。在时域中,判断特征根是否具有负实部可采用两种方法,即求出全部根和劳斯判据。这两种方法都不便于研究系统参数、结构对稳定性的影响,而且不能利用开环特性来分析。

6.5.1　奈奎斯特稳定判据

奈奎斯特稳定判据可以根据开环频率响应和开环极点,确定闭环系统的稳定性。如图 6-24 所示的闭环系统,其闭环传递函数为

$$\frac{Y(s)}{X(s)} = \frac{G(s)}{1 + G(s)H(s)}$$

为了保证系统的稳定性,特征方程

$$1 + G(s)H(s) = 0$$

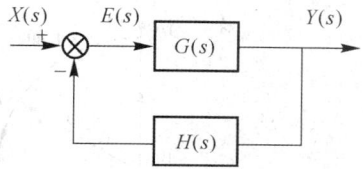

图 6-24 闭环系统

的全部根,都必须处于 s 左半平面。奈奎斯特稳定判据是一种将开环频率响应 $G(\mathrm{j}\omega)H(\mathrm{j}\omega)$ 与 $1 + G(s)H(s)$ 在 s 右半平面内的零点数和极点数联系起来的判据。该判据是由 H. Nyquist 首先提出来的。由于系统的稳定性可以由开环频率响应曲线的图解获得,绕过了求解闭环极点的麻烦,因此该判据在控制工程中得到了广泛的应用。此外,由解析的方法或者实验的方法得到的开环频率响应曲线,都可以用来分析系统的稳定性。

1. 辅助函数

构造辅助函数 $F(s) = 1 + G(s)H(s)$,这是系统的闭环特征式,则有

$$F(s) = 1 + \frac{M(s)}{N(s)} = \frac{N(s) + M(s)}{N(s)} \tag{6-20}$$

式中:$M(s)$ 是阶次为 m 的多项式,$N(s)$ 是阶次为 n 的多项式,且 $n \geqslant m$。

$F(s)$ 具有以下特征:

(1) $F(s)$ 的极点是系统的开环极点;

(2) $F(s)$ 的零点是系统的闭环极点;

(3) $F(s)$ 与开环传递函数 $G(s)H(s)$ 仅相差常数 1。

2. 奈氏稳定判据

为了使辅助函数 $F(s)$ 在 s 平面上的零、极点分布及在 F 平面上的映射情况与控制系统稳定性分析联系起来,需要在 s 平面上选择适当的封闭曲线 L,L 定义为包括整个 s 右平面的封闭曲线,称为奈氏轨迹。

设系统的奈氏轨迹为封闭曲线 L,它不经过 $G(s)H(s)$ 的极点(对 0 型系统,$G(s)H(s)$ 不存在于虚轴上的极点),且顺时针包围整个 s 右半平面。

(1) s 平面虚轴无开环极点的情况(0 型系统)

该情况下,曲线 L 由以下各段组成:

① 正虚轴:$s = \mathrm{j}\omega$,ω 由 $0 \to \infty$;

② 半径无限大的右半圆:$s = R\mathrm{e}^{\mathrm{j}\theta}$,$-90° < \theta < 90°$,顺时针方向,$R \to \infty$;

③ 负虚轴:$s = \mathrm{j}\omega$,ω 由 $-\infty \to 0$。

图 6-25(a) 所示为 s 平面上绘制的奈氏路径 L,映射到 $F(s)$ 平面上的像 L'。如图 6-25(b) 所示,其由以下几部分组成:

① 当 s 沿正虚轴变化时,则有 $F(s)\big|_{s=\mathrm{j}\omega} = 1 + G(\mathrm{j}\omega)H(\mathrm{j}\omega)$,这对应系统的开环频率特性向右平移一个单位,$s = \mathrm{j}\omega$,$\omega$ 由 $0 \to \infty$。

② 当 s 沿右半圆顺时针旋转时,已知开环传递函数的分母多项式次数高于分子多项式,则 $F(s) = 1 + G(s)H(s) \to 1$,即对应的 L' 是点 $(1, 0)$。

③ 当 s 沿负虚轴变化时,对应的 L' 与沿正虚轴变化时的曲线是关于实轴对称的。

如果在 s 右半平面上存在 $F(s)$ 的 Z 个右零点和 P 个右极点,而 L 是包围了 $F(s)$ 所有的右零极点的封闭曲线,则当 s 沿曲线 L 顺时针移动一周时,L 在 $F(s)$ 平面上的映射曲线

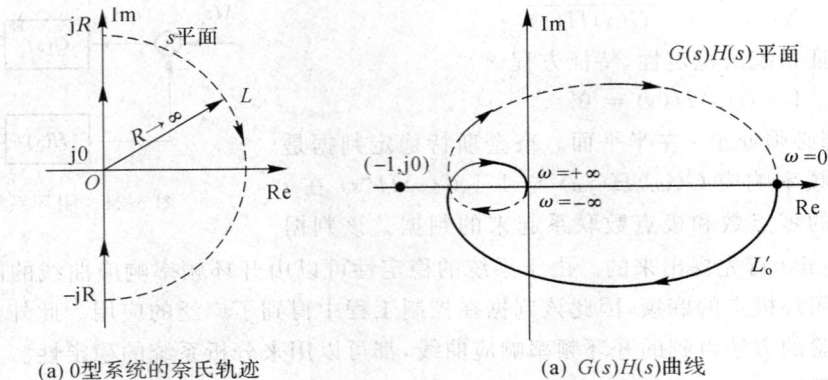

(a) 0型系统的奈氏轨迹   (a) $G(s)H(s)$曲线

图 6-25 s 平面虚轴无开环极点的情况

L'_0。将顺时针方向绕 $F(s)$ 平面的原点旋转 N 圈,其中 Z、P、N 的关系为:$Z=N+P$

(2)s 平面的原点处有开环极点的情况(Ⅰ 或 Ⅱ 型系统)

如果在 s 平面的原点处有 $v(v\geqslant1)$ 个开环极点,则系统开环传递函数可表示为

$$G(s)H(s) = \frac{K\prod\limits_{i=1}^{m}(\tau_i s+1)}{s^v \prod\limits_{j=1}^{n-v}(T_j s+1)} \qquad (6\text{-}21)$$

若此时仍走 0 型系统的奈氏轨迹,则与奈氏轨迹不经过任何开环极点的条件不符。这时对 0 型系统的奈氏轨迹做适当修改,修改后的奈氏轨迹避开了原点处的极点,同时又顺时针包围了整个 s 右半平面,由正虚轴、半径为无限大的右半圆、负虚轴、半径无限小的右半圆等四部分组成。

当 s 沿着无限小半圆 abc 移动时,满足:

$$s = \lim_{R\to 0}Re^{j\theta}$$

当 ω 沿小半圆从 0^- 变化到 0^+ 时,θ 按逆时针方向旋转 π,$G(s)H(s)$ 在 $F(s)$ 平面上的映射为

$$G(s)H(s)\Big|_{s=\lim\limits_{R\to 0}Re^{j\theta}} = \frac{K\prod\limits_{i=1}^{m}(\tau_i s+1)}{s^v \prod\limits_{j=1}^{n-v}(T_j s+1)}\Bigg|_{s=\lim\limits_{R\to 0}Re^{j\theta}} = \lim^{R\to 0}\frac{K}{R^v}e^{-jv\theta} = \infty e^{-jv\theta} \quad (6\text{-}22)$$

由式(6-22)分析可知,s 沿小半圆 abc 移动时,映射在 $F(s)$ 平面上的曲线为半径无穷大的一段圆弧,圆弧旋转角度为 $v\pi$。

当 s 平面的原点处有 v 个开环极点时,系统的完整开环奈氏图要在奈氏图及其镜像曲线的基础上增补 $\omega = 0^- \to 0^+$ 频段上半径为无穷大、顺时针转过 $v\pi$ 的一段圆弧,如图 6-26 (b)所示。

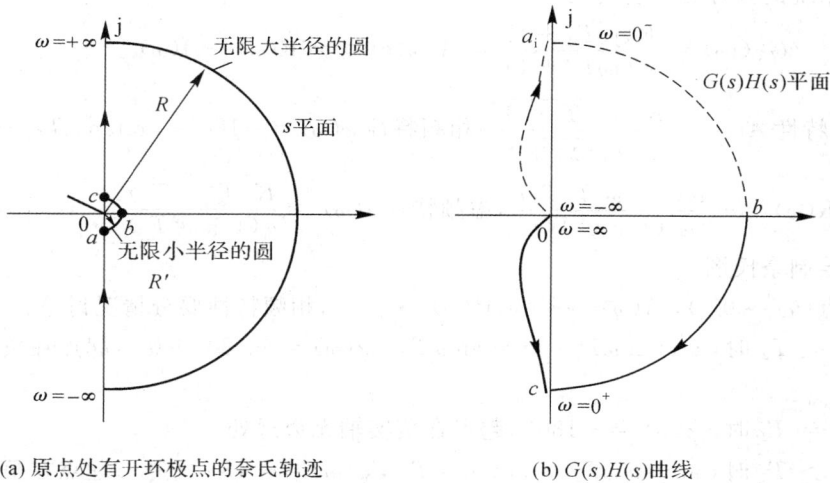

(a) 原点处有开环极点的奈氏轨迹　　　　　(b) $G(s)H(s)$ 曲线

图 6-26　s 平面原点处有开环极点的情况

（3）奈氏稳定判据

如果系统完整的开环奈氏图在 $G(s)H(s)$ 平面逆时针包围点 $(-1,j0)$ P 次，则闭环系统稳定，其中 P 为系统在 s 右半平面的开环极点数目。这就是奈氏稳定判据。

下面根据奈氏稳定判据作几点讨论：

①开环奈氏图不包围点 $(-1,j0)$，如果系统在 s 右半平面内无开环极点，则系统稳定；反之系统不稳定；

②开环奈氏图逆时针包围点 $(-1,j0)$ P 次，如果系统在 s 右半平面内有 P 个开环极点，说明系统稳定；反之系统不稳定；

③开环奈氏图顺时针包围点 $(-1,j0)$，说明系统不稳定；

④开环奈氏图经过点 $(-1,j0)$，说明系统有闭环极点位于虚轴。

【例 6-4】　系统开环传递函数为 $G(s)H(s) = \dfrac{K}{s(Ts+1)}$，试判断闭环系统的稳定性

解　首先绘制系统的开环奈氏曲线（实线部分），如图 6-27 所示，并绘制出 ω 在 $-\infty \to 0^-$ 范围内奈氏曲线的镜像（与实线关于实轴对称的虚线部分）。以正虚轴无穷远处为起点，绕原点顺时针转到负虚轴，画出无限大的右半圆弧，圆弧将 $\omega \to 0^-$ 与 $\omega \to 0^+$ 的特性曲线连接起来，组成封闭曲线。

根据奈氏稳定判据，系统的开环奈氏图未包围点 $(-1,j0)$，且由系统的开环传递函数可知系统无右极点，即 $P=0$。故 $Z=N+P=0$，闭环系统稳定。

【例 6-5】　已知控制系统的开环传递函数为

$$G_K(s) = \frac{K(T_2 s + 1)}{s^2(T_1 + 1)}$$

试讨论其闭环系统的稳定性。

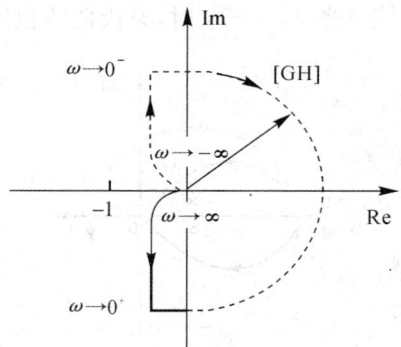

图 6-27　例 6-4 系统开环奈氏图

解　系统的开环频率特性为

$$G_K(j\omega) = \frac{K(j\omega T_2 + 1)}{s^2(j\omega T_1 + 1)} = A(\omega)e^{j\varphi(\omega)} = R(\omega) + jI(\omega)$$

其中，幅频特性 $A(\omega) = \dfrac{K\sqrt{\omega^2 T_2^2 + 1}}{\omega^2 \sqrt{\omega^2 T_1^2 + 1}}$；相频特性 $\varphi(\omega) = -180° + \arctan \omega T_2 - \arctan \omega T_1$；

实频特性 $R(\omega) = -\dfrac{K(1 + \omega^2 T_1 T_2)}{\omega^2(1 + \omega^2 T_1^2)}$，虚频特性 $I(\omega) = \dfrac{K(T_1 - T_2)}{\omega(1 + \omega^2 T_1^2)}$。

下面绘制奈氏图：

①起点（$\omega \to 0^+$），$A(\omega) \to +\infty$，$R(\omega) \to -\infty$，相频特性要分情况讨论：

当 $T_1 < T_2$ 时，$\arctan \omega T_1 < \arctan \omega T_2$，$\varphi(\omega) = -180° + 0^+$，起点在负实轴下方无穷远处。

当 $T_1 = T_2$ 时，$\varphi(\omega) = -180°$，起点在负实轴无穷远处。

当 $T_1 > T_2$ 时，$\arctan \omega T_1 > \arctan \omega T_2$，$\varphi(\omega) = -180° + 0^-$，起点在负实轴上方无穷远处。

②终点（$\omega \to +\infty$），$A(\omega) \to 0$，所以终点在原点。进入原点的角度要分情况讨论：

当 $T_1 < T_2$ 时，$\varphi(\omega) \to -180° + 0^+$，曲线从负实轴下方趋于坐标原点。

当 $T_1 = T_2$ 时，$\varphi(\omega) = -180°$，曲线沿负实轴趋于坐标原点。

当 $T_1 > T_2$ 时，$\varphi(\omega) \to -180° + 0^-$，曲线从负实轴上方趋于坐标原点。

③与负实轴的交点，由 $I(\omega) = \dfrac{K(T_1 - T_2)}{\omega(1 + \omega^2 T_1^2)}$ 可知，只有当 $\omega \to +\infty$ 时，$I(\omega) = 0$，所以

当 $T_1 < T_2$ 时，$\varphi(\omega) \to -180° + \theta$，且 $\theta > 0$，与负实轴无交点。

当 $T_1 = T_2$ 时，$\varphi(\omega) = -180°$，曲线与负实轴重叠。

当 $T_1 > T_2$ 时，$\varphi(\omega) \to -180° + \theta$，$(\theta > 0)$，与负实轴无交点。

④ $0^- \to 0^+$。ω 从 $0^- \to 0^+$ 时，奈氏曲线从 π 顺时针变化到 $-\pi$。由此得到结论为最小相位系统无开环右极点，故

当 $T_2 > T_1$ 时，奈氏曲线不包围点（-1, j0），闭环系统稳定，如图 6-28(a)所示。

当 $T_2 = T_1$ 时，奈氏曲线穿过点（-1, j0），闭环系统临界稳定，如图 6-28(b)所示。

当 $T_2 < T_1$ 时，奈氏曲线包围点（-1, j0）两次，闭环系统不稳定，如图 6-28(c)所示。

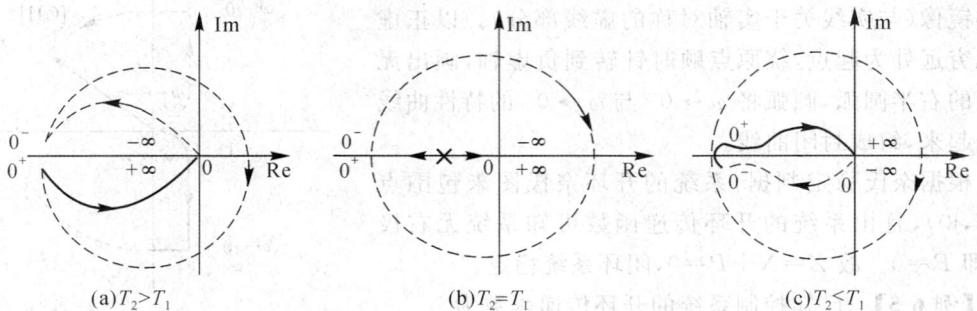

图 6-28　例 6-5 奈氏图的三种情况

(4)在伯德图上使用奈氏稳定判据

1)穿越的概念

如果完整的开环奈氏图比较复杂,采用"包围次数"来判断系统的稳定性比较麻烦。为此引入了正、负穿越的概念,利用"穿越"的次数来计算 $G(j\omega)H(j\omega)$ 包围点 $(-1,j0)$ 的圈数。

开环系统幅相频率特性 $G(j\omega)H(j\omega)$ 通过 GH 平面点 $(-1,j0)$ 以左的负实轴,称为穿越。沿着 ω 增加的方向,$G(j\omega)H(j\omega)$ 自下而上穿过 GH 平面点 $(-1,j0)$ 点以左的负实轴,称为正穿越,穿越时伴随相角 $\angle G(j\omega)H(j\omega)$ 的增加;反之,沿着 ω 增加的方向,$G(j\omega)H(j\omega)$ 自上而下穿过 GH 平面上的点 $(-1,j0)$ 以左的负实轴时称为负穿越,穿越时伴随相角 $\angle G(j\omega)H(j\omega)$ 的减少。

下面以图 6-29 来说明穿越的计算方法。

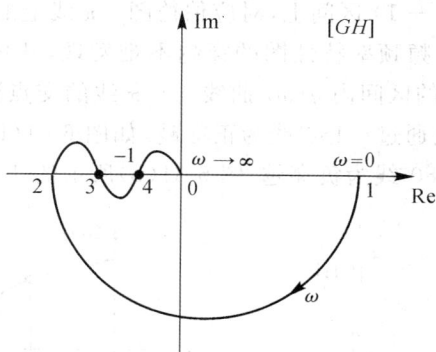

图 6-29　穿越的图示

当 ω 由 0 变化到 ∞ 时,$G(j\omega)H(j\omega)$ 曲线从 1 点出发,到 2 点时由下而上穿过,发生 1 次正穿越,到 3 点时由上而下穿过,发送 1 次负穿越,到 4 点时虽然由下而上穿过,但是穿过的点位置不在负实轴的 $(-\infty,-1)$ 区间,所以不统计该穿越次数。

正穿越 1 次对应 $G(j\omega)H(j\omega)$ 曲线逆时针绕点 $(-1,j0)$ 1 周,负穿越 1 次对应 $G(j\omega)H(j\omega)$ 曲线顺时针绕点 $(-1,j0)$ 点 1 周。开环系统幅相频率特性包围点 $(-1,j0)$ 点的周数可表示为

$$N=正穿越数-负穿越数$$

还有一种半次穿越的情况,如图 6-30 所示。如果 $G(j\omega)H(j\omega)$ 曲线起始或者终止于负实轴的 $(-\infty,-1)$ 区间上时,穿越次数为半次,根据曲线的走向可统计为 $+\frac{1}{2}$ 或 $-\frac{1}{2}$ 次穿越。

2)伯德图分析系统的稳定性

在由奈氏图和伯德图表示的开环频率响应 $G(j\omega)H(j\omega)$ 之间存在如下对应关系:奈氏图中的单位圆 $|G(j\omega)H(j\omega)|=1$(虚线圆)与伯德图中的幅频特性图的横轴相对应,因为此时 $20\lg|G(j\omega)H(j\omega)|=0dB$;单位圆之外的部分,即 $|G(j\omega)H(j\omega)|>1$ 对应伯德图中 $20|G(j\omega)H(j\omega)|>0dB$,即幅频特性横轴以上区域;奈氏的负实轴,与伯德图中相频特性图的 $-\pi$ 线相对应。

如图 6-31 所示,奈氏图中的 3 点在单位圆上,对应伯德图的 3 点在横轴上,奈氏图中的

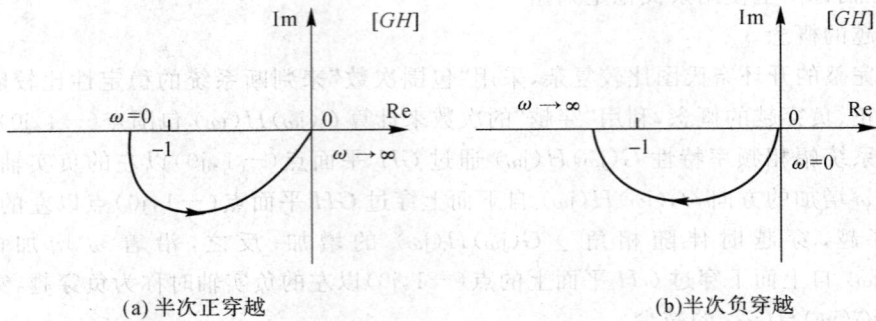

(a) 半次正穿越　　　　　　　　　(b) 半次负穿越

图 6-30　半次穿越的情况

1、2、4 点在负实轴的 $(-\infty,-1)$ 区间上,对应伯德图 $-\pi$ 线上的几次穿越点。对比奈氏图中的穿越和伯德图中对数相频频率特性图的穿越不难发现,开环频率响应 $G(j\omega)H(j\omega)$ 的穿越数可以根据 $L(\omega)>0$ 的区间内 $\varphi(\omega)$ 曲线与 $-\pi$ 线的交点数来计算。即在 $L(\omega)>0$ 的区间,$\varphi(\omega)$ 曲线自下向上通过 $-180°$ 线为正穿越,如图 6-31(b) 所示的 2 点即为正穿越;$\varphi(\omega)$ 曲线自上向下通过 $-180°$ 线为负穿越,图 6-31(b) 所示的 1 点即 $\varphi(\omega)$ 为负穿越。

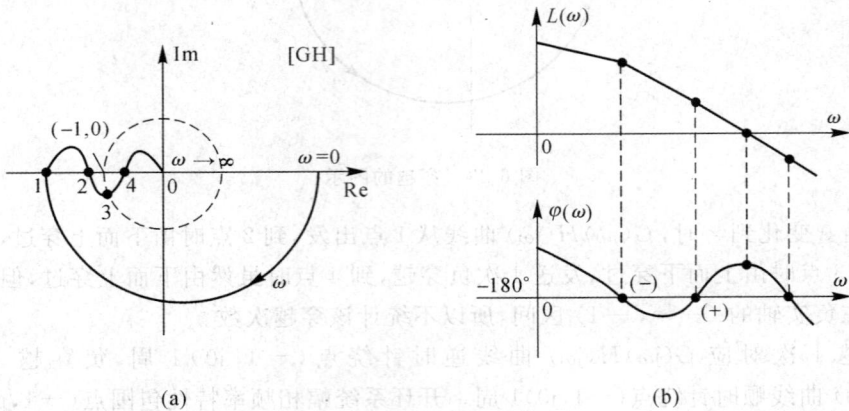

(a)　　　　　　　　　　　　　(b)

图 6-31　奈氏图与伯德图的对应关系

综述分析,设图 6-31 所示的系统开环传递函数 $G(s)H(s)$ 的右极点数为 P,对数相频特性图的正穿越与负穿越之差为 N,则闭环系统在 s 右半平面的极点数 $Z=P-2N$。当 $Z=0$ 时,系统是稳定的;当 $Z\neq 0$ 时,系统不稳定。

若开环传递函数 $G(s)H(s)$ 含串联积分环节,比如 $G(s)H(s)=\dfrac{1}{s^v}\cdot G_1(s)$,其中 $G_1(s)$ 不含积分环节 v 为串联积分环节数目,则伯德图的相频特性 $\angle G(j\omega)H(j\omega)$ 在 $\omega=0^+\rightarrow\infty$ 过程中由 $-v90°\rightarrow-v90°+\angle G_1(j\omega)$。此时,在利用伯德图分析系统稳定性时,应该先作辅助线,即将相频特性由 $\omega=0^+$ 时的 $-v90°$ 像 $\omega=0$(位于横轴负无穷远处)的 $0°$ 延长,从而获得增补频率特性。

【例 6-6】　已知系统的开环传递函数为

$$G(s)H(s)=\frac{K}{s^2(Ts+1)}$$

试用奈氏判据判断闭环系统的稳定性。

解　方法一

系统的开环频率特性为

$$G(j\omega)H(j\omega) = \frac{K}{\omega^2 \sqrt{T^2\omega^2+1}} \angle(-180° - \arctan T\omega)$$

可知 $\omega \to 0^+$ 点和 $\omega \to +\infty$ 点的幅相特性分别为 $G(j0^+)H(j0^+) = \infty\angle(-180°-0^+)$ 和 $G(+j\infty)H(+j\infty) = 0\angle(-270°+0^+)$，据此可绘制系统的开环幅相频率特性，如图 6-32 所示。由图可知开环幅相频率特性曲线顺时针包围点 $(-1,j0)$ 两圈，而开环系统 s 平面右极点数 $P=0$，因此闭环系统不稳定。

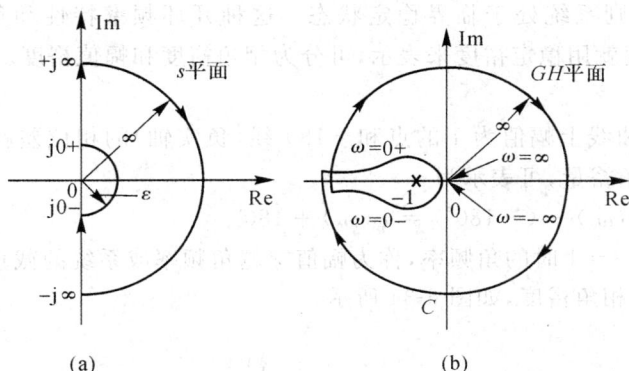

图 6-32　例 6-6 的 s 平面闭合曲线和系统 GH 平面幅相频率特性

方法二：

首先绘制开环系统的伯德图，如图 6-33 所示，因为在开环传递函数中有两个积分环节，当 $\omega=0$ 时的相角为 $0°$，所以在相频特性曲线上要增加辅助线，如图 6-33 中虚线部分。在 $L(\omega)>0$ 的区间内，相频特性曲线发生 1 次负穿越，0 次正穿越，由开环传递函数可得 $P=0$，即开环系统无右极点。又因为 $N =$ 正穿越数 $-$ 负穿越数 $=-1$，$Z = P - 2N = 2$，$Z \neq 0$，所以闭环系统不稳定。

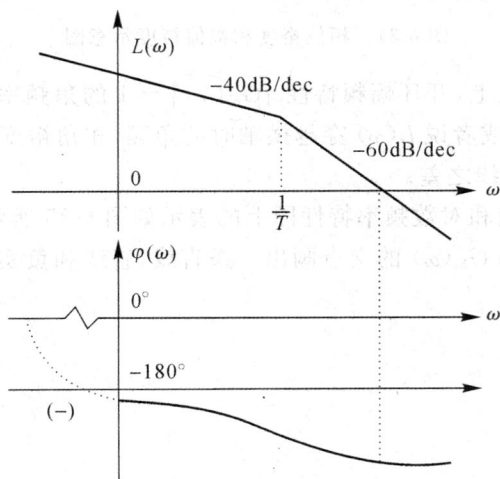

图 6-33　例 6-8 系统开环伯德图及穿越

6.5.2　控制系统的稳定裕度

在工程设计中,必须保证系统是稳定的,控制系统是否稳定是一个绝对的概念。对于同一个控制系统,由于参数的变化,系统可能由稳定变成不稳定,所以系统不仅要稳定还必须具备一定的相对稳定性要求,常用稳定裕度作为衡量闭环系统稳定程度的指标,这是系统的频域指标。

对于一个最小相位系统,即系统在 s 右半平面内无极点。闭环系统稳定的必要条件是开环系统幅相频率特性不包围点(−1,j0),系统开环奈氏曲线与负实轴的交点应该在点(−1,j0)的左侧,交点越靠近点(−1,j0),系统阶跃响应的振荡越强,相对稳定性也越差。若穿过点(−1,j0),则系统处于临界稳定状态。这种开环频率特性和负实轴的交点与点(−1,j0)的接近程度就用稳定裕度来表示,可分为相角裕度和幅值裕度。

1. 相角裕度

开环幅相特性曲线上幅值为 1 的点和−180°线(负实轴)的相位差就是相角稳定裕度,简称相角裕度或相角裕量,可表示为

$$\gamma = \varphi(\omega_c) - (-180°) = \varphi(\omega_c) + 180° \tag{6-22}$$

式中:ω_c 为 $|G_K(\omega)| = 1$ 时的角频率,称为幅值穿越角频率或系统的截止角频率,还可称为剪切角频率;γ 表示相角裕度,如图 6-34 所示。

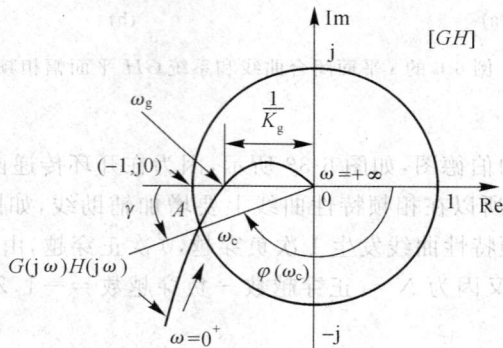

图 6-34　相位裕度和幅值裕度示意图

在开环对数频率特性上,开环幅频特性 $|G_K(\omega)| = 1$ 的角频率对应开环对数幅频特性 $L(\omega)$ 曲线与 0dB 线交点或者说 $L(\omega)$ 穿越横轴时的角频,相角裕度则对应截止频率 ω_c 处的相频特性 $\varphi(\omega_c)$ 与−180°线之差。

相角裕度在极坐标图和对数频率特性图上的表示如图 6-35 所示。在极坐标图中,从原点到单位圆与开环奈氏图 $G_K(\omega)$ 的交点画出一条直线,直线和负实轴之间的夹角就是相角裕度。

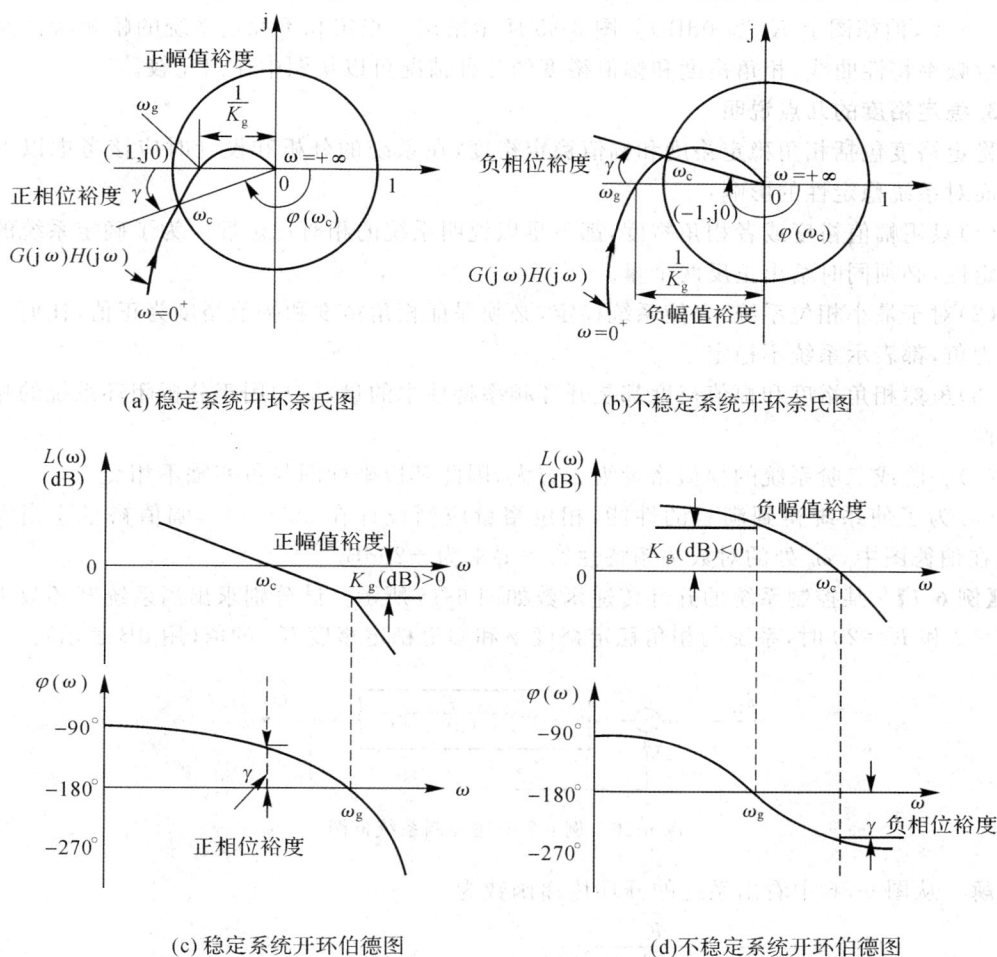

图 6-35　稳定系统和不稳定系统的相位裕度与幅值裕度

2. 幅值裕度

开环幅相特性曲线与负实轴相交处幅值 $|G_K(\omega)|$ 的倒数定义为幅值稳定裕度,简称幅值裕度或幅值裕量,可表示为

$$K_g = \frac{1}{|G_K(\omega_g)|}, \quad \varphi(\omega_g) = -180°$$

式中: ω_g 是开环幅相特性的相位等于 $-180°$ 时的角频率,称为相位穿越角频率。

在开环对数频率特性中,幅值稳定裕度定义为相频特性 $\varphi(\omega)$ 穿越 $-180°$ 线时的角频率对应的对数幅频特性 $L(\omega)$ 的幅值,即 $K_g = -|G_K(\omega_g)|$。幅值裕度在极坐标图和对数频率特性图上的表示如图 6-37 所示。

稳定裕度可以定量的反映控制系统的相对稳定性。相角裕度表示使系统达到临界稳定状态时,系统开环频率特性的相角 $\varphi(\omega) = \angle G_K(\omega)$ 需要增加或减少的数值;幅值裕度表示使系统达到临界稳定状态时,开环频率特性幅值 $A(\omega) = |G_K(\omega)|$ 需要增加或减少的倍数。

为了使最小相位系统稳定,必须满足相角裕度 $\gamma > 0$,幅值裕度 K_g 为正值(在极坐标图上 $K_g > 1$,伯德图上 $K_g > 0\text{dB}$)。图 6-35 所示给出了稳定和不稳定系统的幅相特性曲线和对数频率特性曲线,相角裕度和幅值裕度的几种情况可以从图中作出比较。

3. 稳定裕度的几点说明

稳定裕度包括相角稳定裕度和幅值稳定裕度,在系统的分析和设计时应该考虑以下几个方面对系统稳定性的影响:

(1)只用幅值裕度或者相角裕度,都不足以说明系统的相对稳定性。为了确定系统的相对稳定性,必须同时给出正反两个量。

(2)对于最小相位系统,要使系统稳定,必须保证相角裕度和幅值裕度为正值,任何一个裕度为负,都表示系统不稳定。

(3)虽然相角裕度和幅值裕度都是开环频率特性中的量,但却用于分析闭环系统的相对稳定性。

(4)一阶或二阶系统的幅值裕量为无穷大,因此其极坐标图与负实轴不相交。

(5)为了使系统得到满意的性能,相位裕量应当设计在 $30° \sim 60°$,幅值裕量应当大于 6dB,在伯德图中,ω_c 处的对数幅频特性斜率要求为 -20dB。

【例 6-7】 某控制系统的开环传递函数如图 6-36 所示。试分别求出当系统开环放大倍数 $K=2$ 和 $K=20$ 时,系统的相角稳定裕度 γ 和幅值稳定裕度 K_g 的值(用 dB 表示)。

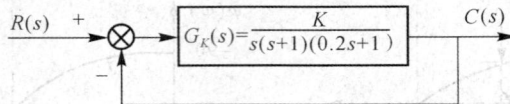

$$R(s) \xrightarrow{\ +\ } \bigotimes \xrightarrow{\ -\ } \boxed{G_K(s) = \dfrac{K}{s(s+1)(0.2s+1)}} \xrightarrow{\ } C(s)$$

图 6-36 例 6-7 所述控制系统框图

解 从图 6-36 中看出系统的开环传递函数为

$$G_K(s) = \frac{K}{s(s+1)(0.2s+1)}$$

方法一:用奈氏图解法求 γ 和 K_g。

先绘出系统的开环幅相频率特性曲线,求出开环系统的起点、终点和交点,如下:

当 $\omega = 0$ 时,$G_K(0) = -1.2K - \text{j}\infty$,曲线从第三象限平行于负虚轴方向的无穷远处开始;当 $\omega \to \infty$ 时,$G_K(\infty) = -0 + \text{j}0$,曲线从第二象限进入原点,进入的角度是 $-270°$;当 $\omega = \sqrt{5}$ 时与虚轴相交,交点为 $G_K(\sqrt{5}) = -\dfrac{K}{6} - \text{j}0$。

现在可以画出奈氏图,如图 6-37 所示。当 $K=2$ 和 $K=20$ 时画出的开环幅相特性曲线如图中所示的 $G_K(\text{j}\omega)|_{K=2}$ 和 $G_K(\text{j}\omega)|_{K=20}$,两曲线与单位圆的交点与原点的连线和负实轴的夹角分别为 $\gamma_1 = 30°$ 和 $\gamma_2 = -25°$,即所要求的系统相角裕度;曲线与负实轴的交点分别为 $(-\dfrac{1}{3}, \text{j}0)$ 和 $(-\dfrac{10}{3}, \text{j}0)$,可得系统的幅值裕度分别为 $K_{g1} = 9.54\text{dB}$ 和 $K_{g2} = -10.46\text{dB}$。

方法二:伯德图法求 γ 和 K_g。

画出系统的开环对数幅频特性 $L(\omega)$ 和相频特性曲线 $\varphi(\omega)$,如图 6-38 所示。开环对数幅频特性曲线图中的曲线 A、B 分别对应 $K=2$ 和 $K=20$ 两种情况。

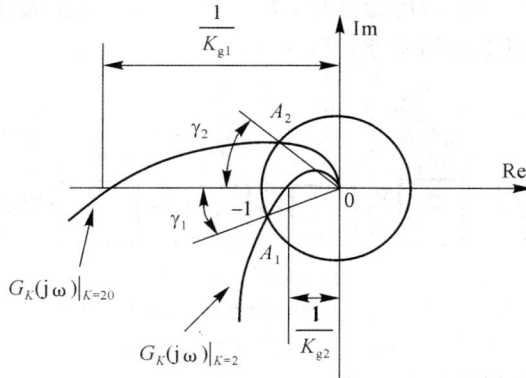

图 6-37　例 6-7 的极坐标图

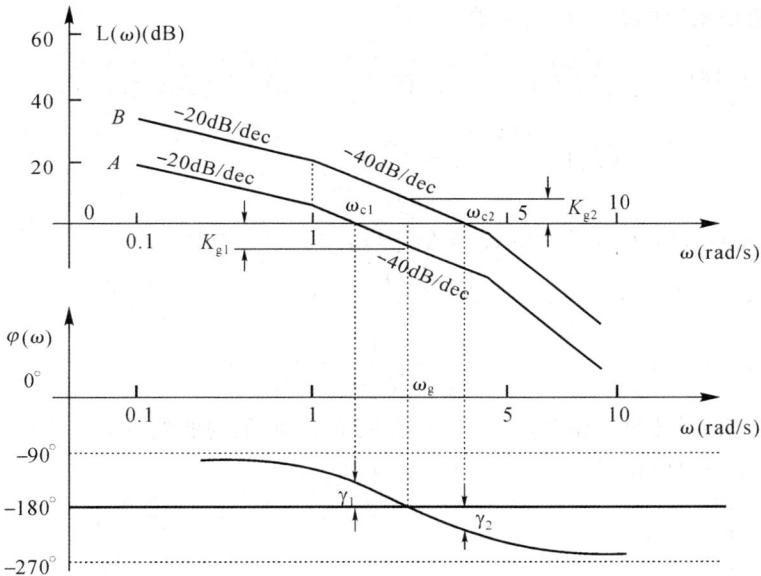

图 6-38　例 6-9 的伯德图

由开环对数幅频特性曲线 $L(\omega)$ 和横轴（0dB 线）的交点可得到穿越角频率 $\omega_{c1} =$ 1.4rad/s 和 $\omega_{c2} = 4.5$rad/s，计算相频特性曲线在 ω_{c1} 和 ω_{c2} 两频率上的相位与 $-180°$ 的相位差，得到两个相角裕度分别为 $\gamma_1 = 23°$ 和 $\gamma_2 = -30°$。由相频特性曲线与 $-180°$ 线的交点可以得到相位穿越角频率 $\omega_g = 2.3$rad/s，根据 $K = 2$ 和 $K = 20$ 两种不同情况求出在角频率为 ω_g 时的幅值，得到两个幅值裕度分别为 $K_{g1} = 8$dB 和 $K_{g2} = -12$dB。

例 6-7 中介绍了两种图示方法求解稳定裕度，两种方法相比较，伯德图法更加简单，可以方便地从图中得到各项参数。工程实践中伯德图法较常用。简单系统的稳定裕度也可用解析方法来求取，但是求解系统阶次较高（3 阶以上）的情况时，解析法计算过程相当繁琐，建议采用图解法，不过图解法也有不足之处，通常存在一定的误差。

【**例 6-8**】　如图 6-39 所示的随动系统，图中：K_1 为自整角机常数，$K_1 = 0.1$V/(°)$=$ 5.73V/rad，K_2 为电压放大器增益，$K_2 = 2$，K_3 为功率放大器增益，$K_3 = 25$，K_4 为电动机

增益常数，$K_4 = 4$ rad/V，K_5 为齿轮速比，$K_5 = 0.1$，T_x 为输入滤波器时间常数，$T_x = 0.01$ s，T_m 为电动机的机电时间常数，$T_m = 0.2$ s。

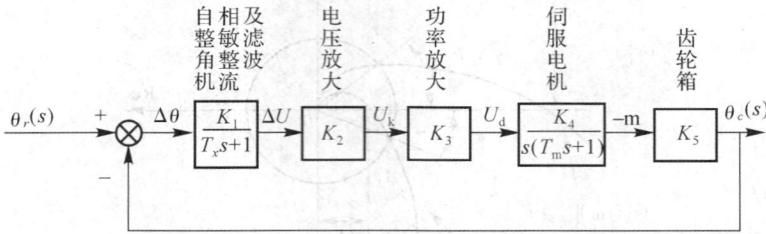

图 6-39　位置随动系统结构图

求：(1)该随动系统的相位稳定裕量；

(2)当系统的放大增益 K_2 降为原来的 $\dfrac{1}{4}$ 时，再求相位稳定裕量。

解　(1)随动系统的开环传递函数为

$$G_K(s) = \frac{K_1 K_2 K_3 K_4 K_5}{s(T_x s + 1)(T_m s + 1)} = \frac{5.73 \times 2 \times 23 \times 4 \times 0.1}{s(0.01s + 1)(0.2s + 1)}$$

$$= \frac{114.6}{s(0.01s + 1)(0.2s + 1)}$$

可得

$$K = 114.6, \qquad 20\lg K = 20\lg 114.6 = 41.2\text{dB}$$

$$T_m = 0.2s, \qquad \omega_1 = \frac{1}{T_m} = \frac{1}{0.2} = 5 \text{ rad/s}$$

$$T_x = 0.01s, \qquad \omega_2 = \frac{1}{T_x} = \frac{1}{0.01} = 100 \text{ rad/s}$$

　　绘制该系统的开环对数幅频特性曲线，如图 6-40 所示的曲线 A，由图可得 $\omega_c = \sqrt{K\omega_1}$ $= 24$，代入系统的相位裕量计算公式得

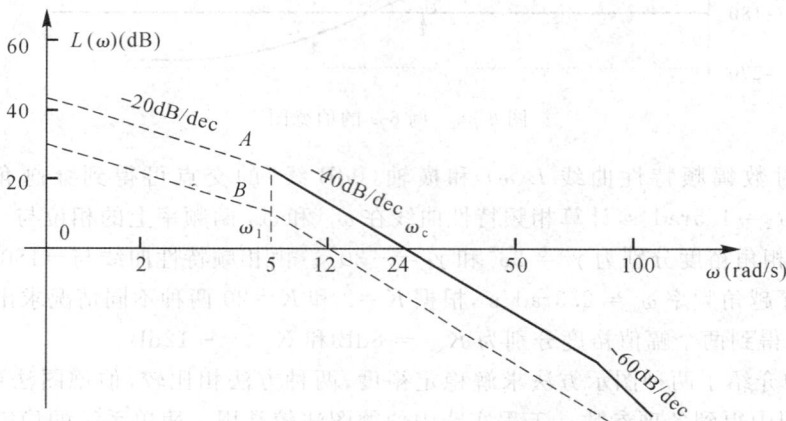

图 6-40　随动系统开环伯德图

$$\gamma = \varphi(\omega_c) + 180° = 180° - 90° - \tan^{-1} T_x \omega_c - \tan^{-1} T_m \omega_c \qquad (6\text{-}23)$$

$$= 180 - 90° - \tan^{-1} 0.01 \times 24 - \tan^{-1} 0.2 \times 24$$

$$= -2°$$

可见，$\gamma < 0$，系统不稳定。

（2）$K_2 = 0.5$ 时，$K = 28.6$，$20\lg K = 29.1\mathrm{dB}$，由式 $\omega_c = \sqrt{K\omega_1} = \sqrt{28.6 \times 5} = 12\ \mathrm{rad/s}$

此时系统的伯德图如图 6-40 所示的曲线 B，将 $\omega_c = 12$ 代入式（6-23），可得系统的相位裕量 $\gamma' = 15.8°$，这时系统成为稳定系统，但其相位裕度不够大，因此系统相对稳定性不是很好。但若继续降低 K_2，又会影响系统的稳态精度，这时可把比例调节器改为 PID 调节器，即系统矫正的方法加以改进。关于系统矫正的方法可参考相关文献。

【例 6-9】 液面控制系统稳定性分析：某液面控制系统如图 6-41(a)所示，图 6-41(b)所示给出了对应的框图。假设液体流速为 $5\mathrm{m}^3/\mathrm{s}$，管子截面积为 $1\mathrm{m}^2$，距离 d 为 $5\mathrm{m}$，分析该系统的稳定性。

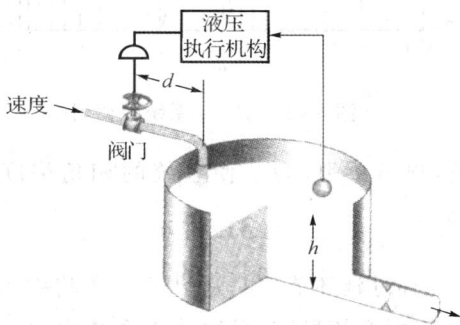

(a) 液面高度控制系统

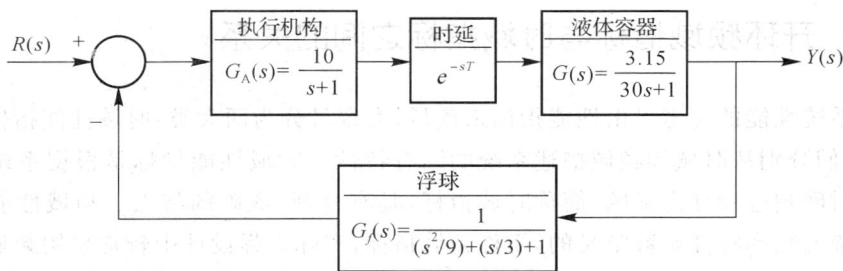

(b) 框图

图 6-41 例 6-9 图

解 根据系统框图写出系统的开环传递函数为

$$G_K(s) = G_A(s)G(s)G_f(s)\mathrm{e}^{-sT}$$
$$= \frac{31.5}{(s+1)(30s+1)[(s^2/9) + (s/3) + 1]}\mathrm{e}^{-sT}$$

延时环节的时延 $T = \dfrac{d}{v} = 1\mathrm{s}$，绘制开环系统伯德图如图 6-42 所示，作为比较，图中同时给出了无延时系统的伯德图。它们的幅频特性曲线相同，但相频特性曲线各不相同，从中可以看出，幅频特性曲线在 $\omega = 0.8$ 处穿过 0dB 线，因此无时延系统的相角裕度为 $40°$，有时延系统的相角裕度为 $-3°$。

可见，时延因子导致了系统的不稳定。为了得到合适的相角裕度，保持系统的稳定，必

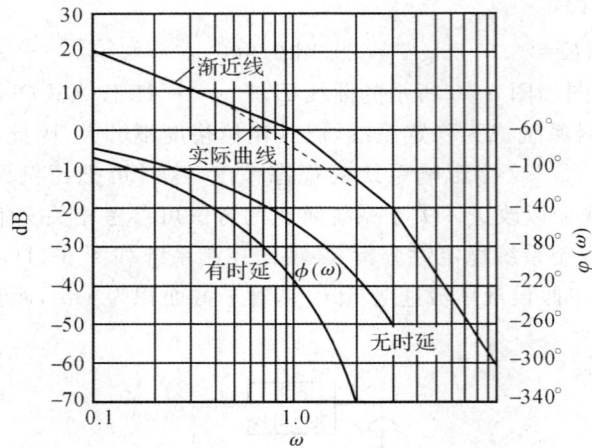

图 6-42　例 6-9 系统伯德图

须进一步减小系统的增益,例 6-9 中,为了使系统的相角裕度达到 30°,必须将增益减少 5dB,即应有 $K=\dfrac{31.5}{1.78}=17.7$。

实际的反馈系统常常含有时延环节。时延因子 e^{-sT} 将引入附加的滞后相角,从而会降低系统的稳定性,因此为了确保系统稳定,必须减小系统增益,而这又以增加系统的稳态误差作为代价。

6.6　开环频域指标与时域指标之间的关系

控制系统性能的优劣可由性能指标来衡量,大致可分为两大类:时域性能指标和频域性能指标,它们分别从时域和频域描述系统的固有特性。时域性能指标是根据系统对外部输入信号的时间响应特性定义的,简称时域指标,具有直观、准确的特点。频域性能指标是根据控制系统的频率特性函数定义的,简称频域指标,实际工程设计中较常采用频域指标作为分析的依据。开环系统对数频率特性在工程设计中得到广泛应用,因此本节以伯德图为分析手段,建立开环频域指标与时域指标之间的联系。

6.6.1　控制系统的主要性能指标

1. 开环频域指标

控制系统的开环频域性能指标有相角裕度 γ、幅值裕度 K_g、相角相交角频 ω_g、截止角频率 ω_c(幅值穿越角频率)和中频宽度 h。对于稳定的最小相位系统,经常使用的频域性能指标是相角裕度 γ 和截止角频率 ω_c。

2. 时域指标

控制系统的时域性能指标包括稳态指标和动态指标,常用的时域指标如下。

(1)稳态性能指标:系统型别 v、开环比例系数 K 和稳态误差 e_{ss}。

(2)动态性能指标:超调量 σ_p、调整时间 t_s、上升时间 t_r 和峰值时间 t_p 等。

6.6.2　开环频域指标和时域指标的关系

一般实际系统的对数幅频特性都有如图 6-43 所示的基本特征,整个频域还可划分成低频段、中频段和高频段三个频段,而这个划分只是一个大概的范围。低频段是第一个转折点之前的频段,中频段则是 ω_c 附近的频段,高频段则远远高于 ω_c。由于频段不同,对系统性能的影响也有差异,因此可分开讨论。

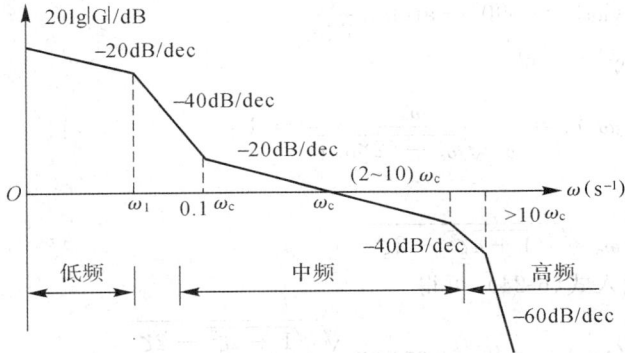

图 6-43　开环系统近似对数幅频特性曲线

1. 开环幅频特性低频特性与时域指标

低频段反应频率特性和稳态误差之间的关系。低频段的频率特性由开环传递函数含有的串联积分环节数 v 和开环比例系数 K 决定。在开环系统伯德图的绘制中,已经提到过开环对数幅频特性 $20\lg|G_K(j\omega)|$ 最左端渐近线斜率为 $-20v\mathrm{dB/dec}$,渐近线或其延长线在 $\omega=1$ 频率时的分贝值等于 $20\lg K$。通过系统型别 v 和开环比例系数 K 可对控制系统的稳态性能进行分析。

低频段对数幅频特性图如图 6-44 所示。可见,低频段越陡,积分环节数就越多,低频段所处位置越高,开环增益就越大,系统的稳态误差也越小。

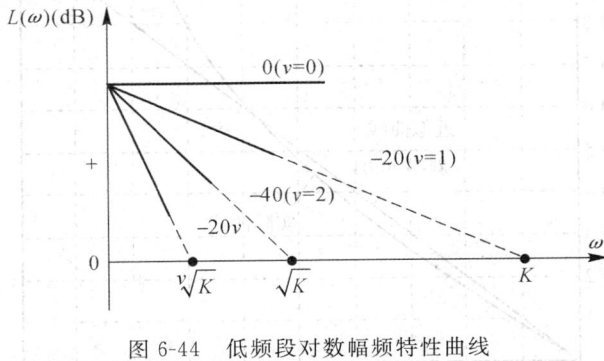

图 6-44　低频段对数幅频特性曲线

2. 二阶系统的开环频域响应与时域指标

系统的动态性能通常用时域指标 σ_p 和调整时间 t_s 来描述。而系统开环频率指标则主要由对数幅频特性的幅值穿越频率 ω_c 和相角裕量 γ 来描述。中频段的斜率与宽度反映系统动态响应中的平稳性,而幅值穿越频率 ω_c 的大小反映系统的快速性。

设二阶系统的开环传递函数为

$$G_K(s) = \frac{\omega_n^2}{s(s+2\zeta\omega_n)}$$

其频率特性为

$$G_K(j\omega) = \frac{\omega_n^2}{j\omega(j\omega + 2\zeta\omega_n)}$$

求出开环幅频特性及相频特性为

$$|G_K(j\omega)| = \frac{\omega_n^2}{\omega\sqrt{\omega^2 + (2\zeta\omega_n)^2}}$$

$$\angle G_K(j\omega) = -90° - \arctan\frac{\omega}{2\zeta\omega_n} \tag{6-24}$$

由截止角频率的定义

$$|G_K(j\omega_c)| = \frac{\omega_n^2}{\omega_c\sqrt{\omega_c^2 + (2\zeta\omega_n)^2}} = 1$$

可得截止角频率为

$$\omega_c = \omega_n\sqrt{\sqrt{1 + 4\zeta^2} - 2\zeta^2} \tag{6-25}$$

将求得的 ω_c 的值代入式(6-24)，可得

$$\angle G_K(j\omega_c) = -90° - \arctan\frac{\sqrt{\sqrt{1 + 4\zeta^2} - 2\zeta^2}}{2\zeta}$$

由相位裕度的定义有

$$\gamma = 180° + \varphi(\omega_c) = 90° - \arctan\frac{\sqrt{\sqrt{1 + 4\zeta^2} - 2\zeta^2}}{2\zeta} = \arctan\frac{2\zeta}{\sqrt{\sqrt{1 + 4\zeta^2} - 2\zeta^2}}$$

可见，相位裕量 γ 和阻尼比 ζ 之间存在一一对应关系($\zeta \approx 0.01\gamma$)，这种关系可近似地用一条直线来表示，如图 6-45 所示是 $\gamma - \zeta$ 曲线。

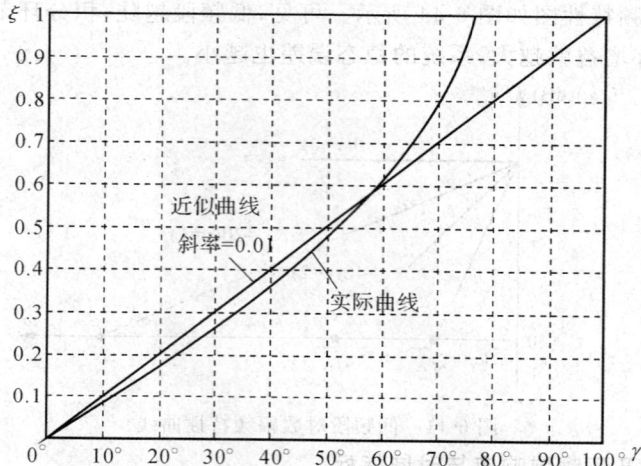

图 6-45　二阶系统的 $\gamma - \zeta$ 曲线

描述二阶系统的闭环时域响应的另外几个重要特征量为

$$\sigma_p = e^{-\frac{\zeta}{\sqrt{1-\zeta^2}}\pi} \times 100\%$$

$$t_s = \frac{1}{\zeta\omega_n}\ln\frac{1}{\Delta\sqrt{1-\zeta^2}}$$

$$t_p = \frac{\pi}{\omega_n \sqrt{1-\zeta^2}}$$

可见,超调量 σ_p、调整时间 t_s 以及峰值时间 t_p 都是阻尼比 ζ 的函数,t_s 和 t_p 都是表征二阶系统响应速度的时域性能指标,而超调量 σ_p 则反映系统响应的平稳性。

5. 高阶系统开环频域指标与时域指标的关系

(1)超调量 σ_p 与相角裕度 γ 的关系

在描述高阶系统阻尼程度的频域指标与时域指标之间无法用简单的关系式来表示,但在控制工程实践中,通过大量系统的研究,总结出以下经验公式来估算:

$$\sigma_p = 0.16 + 0.4(M_r - 1) \qquad (1 \leqslant M_r \leqslant 1.8)$$

式中:M_r 为高阶系统闭环幅频特性的相对谐振峰值,可近似表示为 $M_r \approx \dfrac{1}{\sin \gamma}$。于是可以得到频域指标 γ 与时域指标间的关系式 σ_p 为

$$\sigma_p = 0.16 + 0.4\left(\frac{1}{\sin \gamma} - 1\right) \qquad (34° \leqslant \gamma \leqslant 90°) \tag{6-26}$$

(2)调整时间 t_s 和相角裕量 γ 的关系

高阶系统的调整时间与相角裕度的关系通常用以下经验公式来近似:

$$t_s = \frac{\pi}{\omega_c}\left[2 + 1.5\left(\frac{1}{\sin \gamma} - 1\right) + 2.5\left(\frac{1}{\sin \gamma} - 1\right)^2\right] \qquad (34° \leqslant \gamma \leqslant 90°) \tag{6-27}$$

式中:t_s 单位为秒(s)。

图 6-46 所示是根据式(6-26)和式(6-27)绘制而成的。可以看出,随着相角裕量 γ 的增加,调整时间 t_s(ω_c 一定)和超调量 σ_p 就会降低。

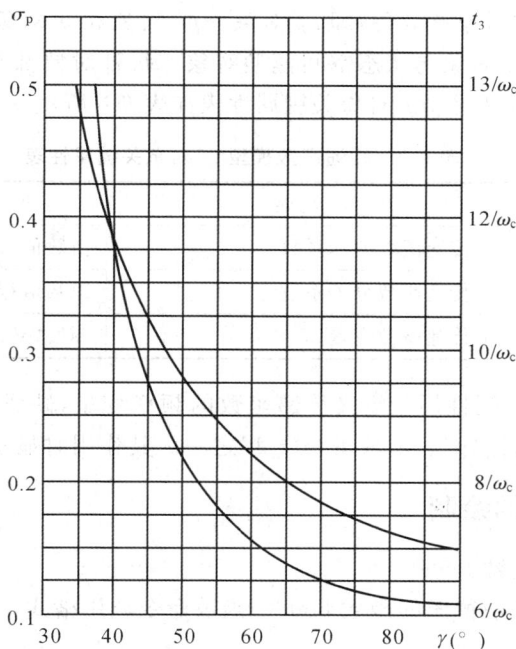

图 6-46　高阶系统 t_s、γ 和 σ_p 的关系曲线

6.高频段

高频段的转折频率远远高于截止角频率 ω_c，开环频率特性对系统动态性能 t_s 和 σ_p 影响较小。但从系统抗干扰能力来看，要求高频段具有较大的斜率。以单位负反馈系统为例，闭环频率特性为

$$G(j\omega) = \frac{G_K(j\omega)}{1 + G_K(j\omega)}$$

式中：$G_K(j\omega)$ 为开环频率特性。

在高频段一般 $20\lg|G_K(j\omega)| \ll 0$，即 $|G_K(j\omega)| \ll 1$，因此可近似为

$$|G(j\omega)| = \left| \frac{G_K(j\omega)}{1 + G_K(j\omega)} \right| \approx |G_K(j\omega)|$$

可见，在高频段的闭环幅频特性近似等于开环幅频特性。高频段大的斜率对高频信号有很强的衰减能力，因此系统抗高频干扰能力强。

6.7 MATLAB 在系统频域分析中的应用

在判断系统稳定性的时候，经常用到图解方法，而手工绘制奈氏图和伯德图难以保证图像的精确性，因此得到的判断准确性会有一定偏差。MATLAB 则提供了对控制系统分析和设计所必须的工具箱函数，利用 MATLAB 的函数可以快速、精确地绘制奈氏图和伯德图，并计算出频域性能指标，方便对系统进行分析和设计。

6.7.1 传递函数模型 tf 对象

线性时不变系统的对象有 3 种，即 tf 对象、zpk 对象和 ss 对象，它们分别为传递函数模型对象、零极点增益模型对象与状态空间模型对象。每种对象都有各自特有属性。下面介绍一下传递函数模型 tf 对象，tf 对象关键属性表如表 6-3 所示。

表 6-3 传递函数模型 tf 对象关键属性表

属性名	功能	属性值类型
den	传递函数分母系数	由数值行向量组成的单元阵列
num	传递函数分子系数	由数值行向量组成的单元阵列
Variable	传递函数变量	's'、'p'、'z'、'q'或者'z⁻1'之一

tf 对象的 Variable 属性用于定义传递函数的频率变量，缺省时，连续系统为 's'；离散时间系统为 'z'；也可选择 'p'、'q' 或者 'z⁻1' 之一。其作用时显示不同传递函数的形式。

6.7.2 伯德图的绘制

1.伯德图的绘制函数 bode( )

绘制连续时间系统伯德图的函数 bode()函数命令调用格式：

bode(sys)

bode(sys,w)

[mag,phase,w]=bode(sys)

说明：bode(sys)用于绘制精确的伯德图，sys 是由函数 $tf(\quad)$、$zpk(\quad)$、$ss(\quad)$ 中任意一个函数建立的系统开环模型。

bode(sys,w)用于显示绘制的系统伯德图，输入参数 w 定义绘制伯德图时的频率范围或者频率点。若定义范围，w 必须为[wmin,wmax]格式；若定义频率点，则 w 为由需要频率点频率构成的向量。

[mag,phase,w]=bode(sys)或者[mag,phase,w]=bode(sys,w)函数为带有输出变量引用的函数，可计算系统的相位 $phase$（°）和幅值 mag，幅值通过公式

$$Mag = 20\lg(mag)$$

转换为对数幅值，单位是 dB。

2. 频域响应的相角裕度和幅值裕度绘制

求系统相角裕度或幅值裕度的函数为 marg in(　)，其调用格式为

　　　　marg in(sys)

　　　　[Gm,Pm,Wcp,Wcg]=marg in(sys)

　　　　[Gm,Pm,Wcp,Wcg]=marg in(map,phase,w)

说明：marg in(　)函数可以从频域响应的数据中计算出相角裕度和幅值裕度以及对应的角频率。输入参数 sys 一般用系统的开环传递函数描述系统的模型。marg in(map,phase,w)函数可以在当前窗口中绘制出带有系统相角裕度和幅值裕度的伯德图，其中 map、phase、w 分别为幅值裕度、相角裕度和对应的角频率。

【例 6-10】 典型二阶系统开环传递函数为

$$G_K(s) = \frac{\omega_n^2}{s^2 + 2\zeta\omega_n s + \omega_n^2}$$

试绘制阻尼比 ζ 取不同值时的伯德图。

解 令 $\omega_n = 6$，ζ 取 0.1、0.3、0.6、1.0 四个不同的值。

MATALAB 程序如下：

```
wn=6;
num=wn^2;
zuni=[0.1,0.3,0.6,1.0];
figure(1)
hold on
for i=1：4
    den=[1,2 * zuni(i) * wn,wn^2];
    grid on
    bode(num,den)
end
gtext('ζ=0.1')
gtext('ζ=1.0')
hold off
```

以上指令在 MATALAB 中运行后，绘制的伯德图如图 6-47 所示。

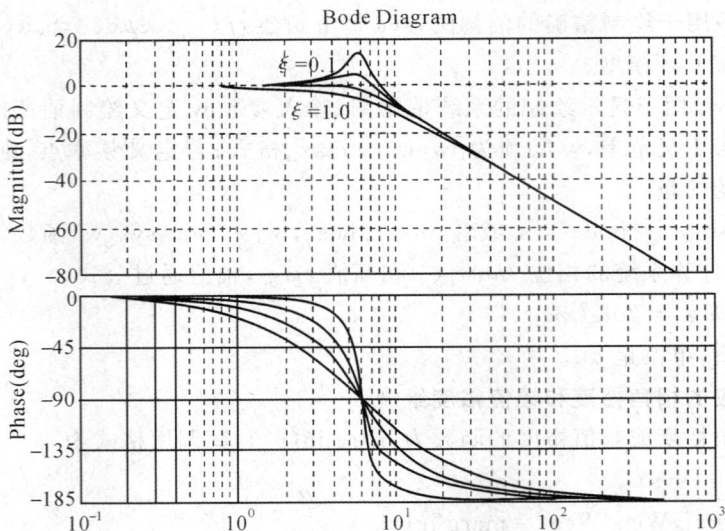

图 6-47　例 6-10MATLAB 绘制的伯德图

6.7.3　奈氏图的绘制

绘制连续时间系统 Nyquist 曲线的函数调用格式：

　　Nyquist(sys)

　　Nyquist(sys,w)

　　[re,im,w]＝Nyquist(sys)

说明：Nyquist(sys)函数用来绘制系统的 Nyquist 曲线。sys 是函数 $tf(\ )$、$zpk(\ )$、$ss(\ )$ 中任意一个函数建立的系统开环模型。Nyquist(sys,w)用于显示绘制的系统 Nyquist,函数中输入参数 w 的定义参照上面伯德图绘制中的定义。

　　[re,im,w]＝Nyquist(sys)或[re,im,w]＝Nyquist(sys,w)函数为带输出变量应用的函数,可计算系统在频率 w 出的频率响应输出数据,不绘制曲线。Re 为频率响应的实部,Im 为频率响应的虚部,两者都是 3 维向量。

【例 6-11】　某控制系统的开环传递函数为

$$G_K(s) = \frac{75(0.2s+1)}{s(s^2+16s+100)}$$

试绘制系统该环节的伯德图和奈氏图,并用两种方法判别系统的稳定性。

　　解　(1)绘制伯德图 MATALAB 程序如下：

　　num＝75 ∗ [0.2 1];

　　den＝conv([1 0],[1 16 100]);

　　s＝tf(num,den);

　　margin(s)

运行程序后可得系统的伯德图如图 6-50 所示。系统的性能指标为：幅值穿越频率 ω_c ＝ 0.75rad/s,相角裕度 $\gamma = 180° - 88.4° = 91.6°$

相位穿越角频 $\omega_g \to \infty$rad/s,幅值裕度 $K_g \to \infty$dB。

由此可见,系统闭环不仅稳定,而且频域指标优良。

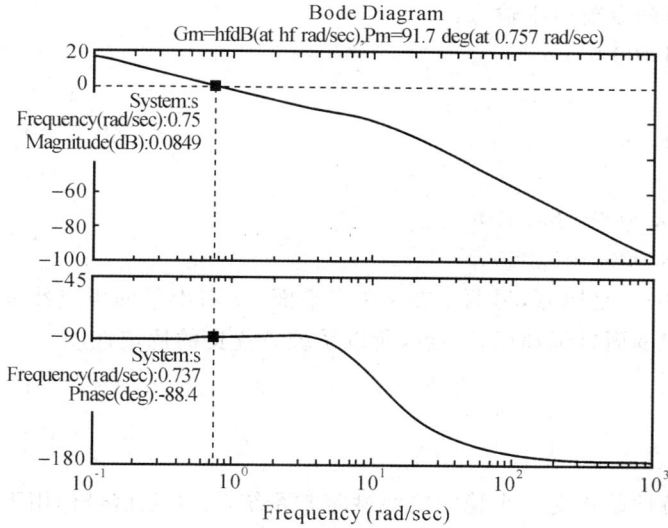

图 6-50　系统伯德图

（2）绘制奈氏图

MATALAB 程序如下：

```
num＝75 * [0. 2 1];
den＝conv([1 0],[1 16 100]);
s＝tf(num,den);
nyquist(s)
```

运行结果可得系统的奈氏图如图 6-51 所示。再求系统开环极点。

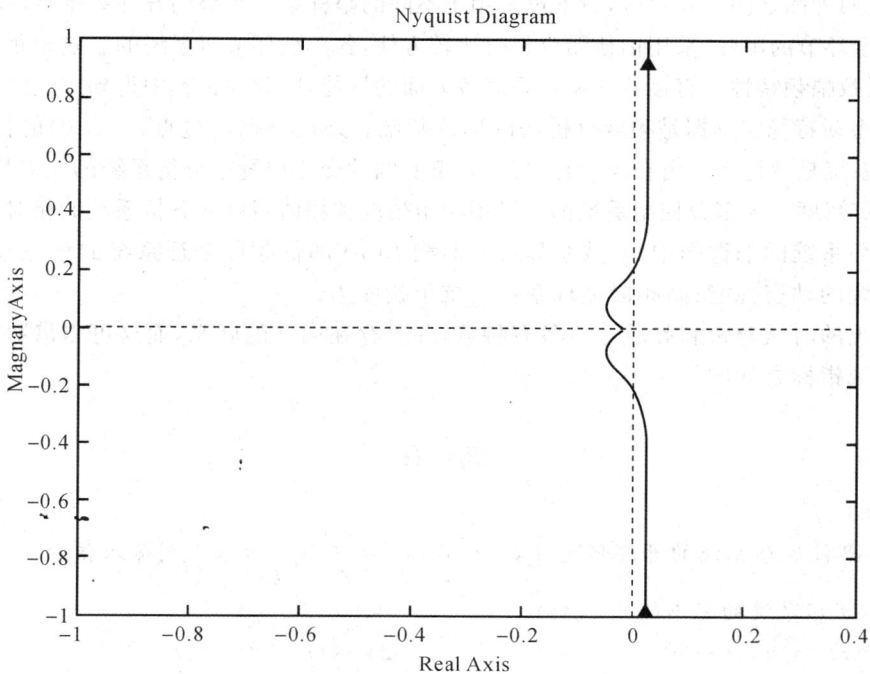

图 6-51　系统奈氏图

在 MATLAB 命令窗口中输入：

　　p=[1 16 100 0];

　　roots(p)

运行后计算得

　　ans=0

　　　　−8.0000+6.0000i

　　　　−8.0000−6.0000i

有三个极点，一个是原点，另两个在 s 左半平面。s 右半平面极点数 $p=0$。而系统的奈氏曲线不仅没有包围而且远离$(1,j0)$点，所以系统有优良的稳定性能。

本章小结

系统的频率特性是指对一个稳定的线性定常系统，在正弦信号作用下，系统频率响应与输入正弦信号的复数比，它包括幅频特性和相频特性。频域分析法是研究控制系统的一种经典方法，主要研究系统的性能，即稳定性、快速性和稳态精度几个方面。其分析的特点是不必求解系统的微分方程，只要运用开环系统的频率特性曲线，就能分析闭环系统的性能。本章讨论的核心是从频域的角度分析系统的稳定性，分析的手段为开环系统的奈奎斯特图和伯德图，主要内容包括：

1. 首先介绍频率特性的概念及两种图示方法，即奈氏图和伯德图。在此基础上分析了典型环节的频率特性。

2. 开环系统频率特性图的绘制是频域分析的基础。本章主要介绍了奈奎斯特图和伯德图的绘制，这两种图之间相互对应，只不过采用了不同的坐标系。系统的开环频率特性一般可分成多个典型环节的串联，采用伯德图分析时比较方便，各典型环节对系统的影响也很直观。同时，通过对数幅频特性可直接获取闭环系统各方面的性能，因此在工程中得到广泛的应用。

3. 奈奎斯特稳定判据是频域分析法的理论基础。奈氏判据通过点$(−1,j0)$的包围情况，可以判断系统是否稳定。由奈氏图与单位圆、负实轴的交点位置来分析系统的相对稳定性，即系统的稳定裕度。大多数控制系统都可以用相角裕度和幅值裕度来分析系统的相对稳定性。

4. 开环系统的伯德图中，对数幅频特性曲线 $L(\omega)$ 的低频段表征系统的稳态性能；中频段表征系统的动态性能；高频段体现系统的抗干扰能力。

5. 系统的时域分析和频域分析各有特点，并且存在内在的联系，而这可以借助开环频域指标与时域指标之间的关系来分析。

习　题

6-1　单位反馈系统的开环传递函数为 $G_K(s) = \dfrac{10}{s+1}$，试求下列输入信号 $x(t)$ 作用于该系统时，闭环系统的稳态输出 $c_{ss}(t)$。

（1）$x(t) = \sin(t+30°)$　　　　　　　（2）$x(t) = 2\cos(2t-45°)$

（3）$x(t) = \sin(t+30°) + 2\cos(2t-45°)$

6-2　画出下列传递函数对数幅频特性的渐近线和相频特性曲线。

(1) $G(s) = \dfrac{2}{(2s+1)(8s+1)}$　　　　(2) $G(s) = \dfrac{50}{s^2(s^2+s+1)(6s+1)}$

(3) $G(s) = \dfrac{10(s+0.2)}{s^2(s+0.1)}$　　　　(4) $G(s) = \dfrac{8(s+0.1)}{s^2(s^2+s+1)(s^2+4s+25)}$

6-3　已知各单位反馈系统的开环幅相频率特性曲线如题 6-3 图所示。图中 P 为开环系统在右半平面的极点个数。试用奈奎斯特稳定判据分别判断对应闭环系统的稳定性。

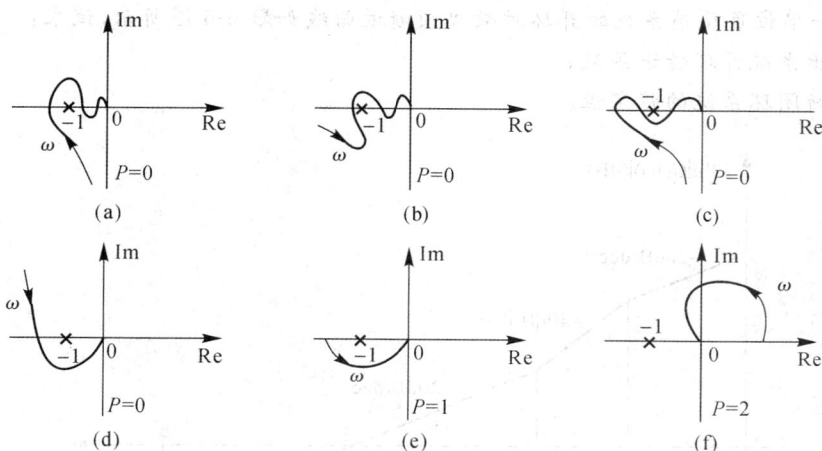

题 6-3 图　系统开环幅相曲线

6-4　某单位负反馈系统的开环传递函数分别如下。试用奈氏判据或伯德图判断闭环系统的稳定性。

(1) $G_K(s) = \dfrac{100}{s(0.2s+1)}$　　　　(2) $G_K(s) = \dfrac{50}{(s+2)(0.2s+1)(s+0.5)}$

(3) $G_K(s) = \dfrac{100}{s(0.8s+1)(0.25s+1)}$　　　　(4) $G_K(s) = \dfrac{10}{s(0.2s+1)(s-1)}$

6-5　实验测得最小相位系统的开环对数幅频特性如题 6-5 图所示,试求各系统的相角稳定裕度 γ 和幅值穿越角频率 ω_c。

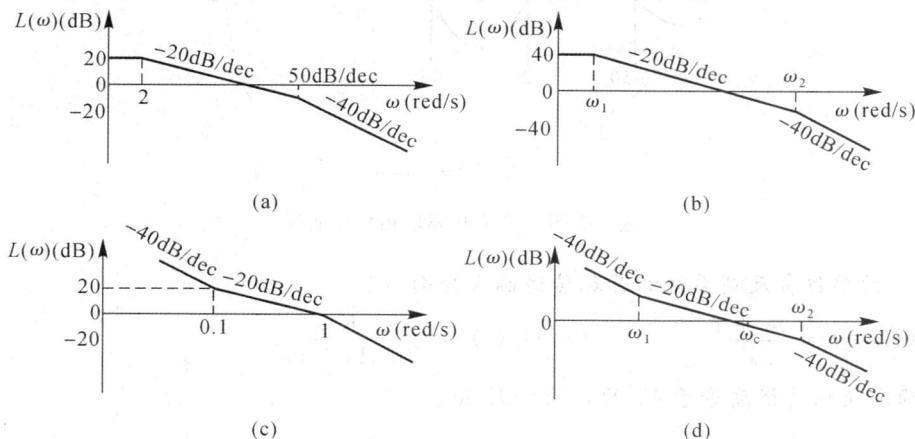

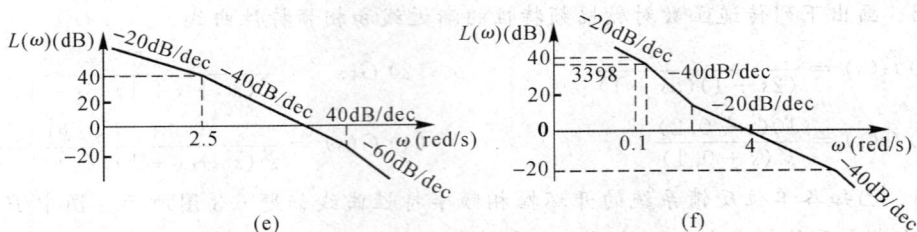

题 6-5 图　系统对数幅频特性图

6-6　一单位负反馈系统的开环对数幅频渐近曲线如题 6-6 图所示,试求:

(1) 写出系统开环传递函数;

(2) 判断闭环系统的稳定性。

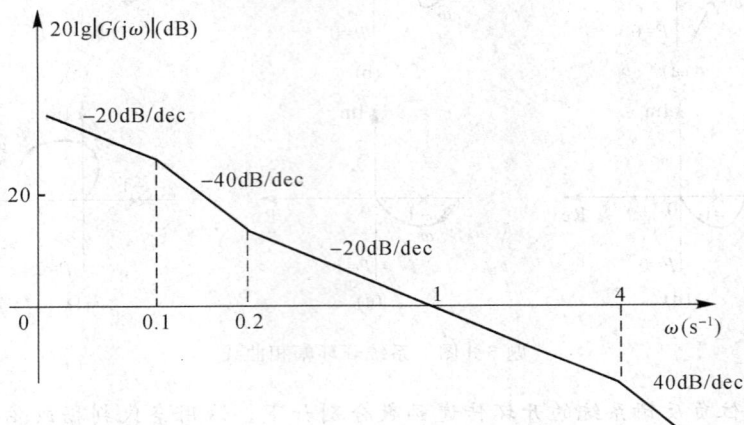

题 6-6 图　系统对数幅频特性

6-7　题 6-7 图所示为一负反馈系统开环传递函数的幅相特性,开环增益 $K = 500$, $p = 0$。试确定使系统稳定的 L 值范围。

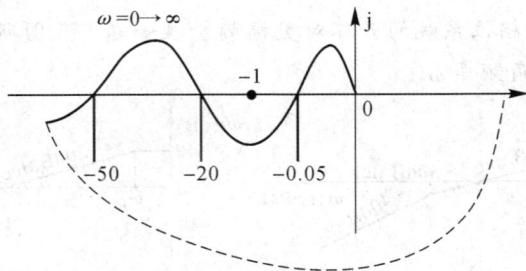

题 6-7 图　系统开环幅相特性曲线

6-8　设单位负反馈系统的开环传递函数分别为

(1) $G_K(s) = \dfrac{as+1}{s^2}$；　(2) $G_K(s) = \dfrac{K}{(0.01s+1)^3}$

试确定使相角裕度等于 $45°$ 的 a 值和 K 值。

6-9　某系统的结构图和幅相曲线如题 6-9 图所示,图中 $G(s) = \dfrac{1}{s(s+1)^2}$,$H(s) = \dfrac{s^3}{(s+1)^2}$,试判断闭环系统的稳定性,并确定闭环特征方程正实部根的个数。

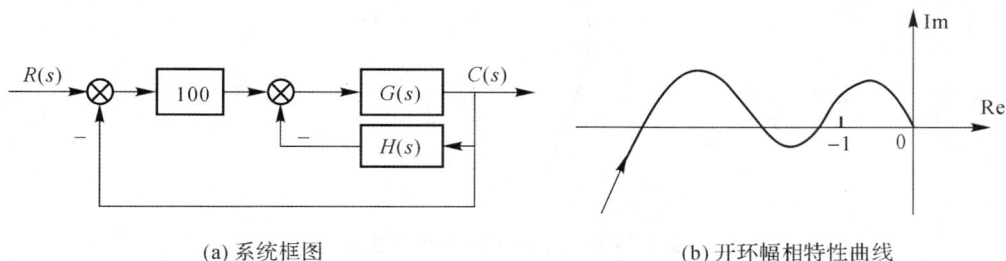

(a) 系统框图　　　　　　　　　　　(b) 开环幅相特性曲线

题 6-9 图　结构图和幅相曲线

6-10　某系统结构框图如题 6-10 图所示,试按照开环频域指标 ω_c 和 γ 的值,估算闭环系统的时域指标 σ_p 和 t_s。

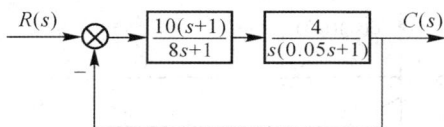

题 6-10 图　系统结构图

6-11　已知 $G(s) = \dfrac{K}{s(T_1 s + 1)(T_2 s + 1)}$,求:

(1) 频率特性 $G(j\omega)$;

(2) $G(j\omega)$ 的实部和虚部;

(3) $\left| G(j\omega) \right|$;

(4) $\angle G(j\omega)$ 。

6-12　已知系统的开环传递函数为

$$G(s) = \frac{10}{s(s+1)(s^2+1)}$$

试用 MATLAB 绘制系统开环奈氏图,并判断系统的稳定性。

6-13　已知系统开环传递函数为

$$G_K(s) = \frac{K(T_1 s + 1)}{s^2(T_1 s + 1)(T_2 s + 1)}$$

试用奈奎斯特判据判断闭环系统的稳定性。

6-14　题 6-14 图所示为负反馈系统开环传递函数的幅相特性,开环增益 $K=500$, $p=0$。试确定使系统稳定的 K 的取值范围。

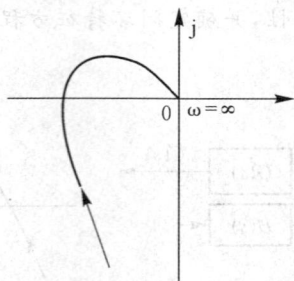

题 6-14 图　系统开环幅相特性曲线

6-15　已知 $G_1(s)$、$G_2(s)$、$G_3(s)$ 均为最小相角传递函数,渐近对数幅频特性曲线如题 6-15 图所示,试求:

$$G_4(s) = \frac{G_1(s)G_2(s)}{1+G_2(s)G_3(s)}$$

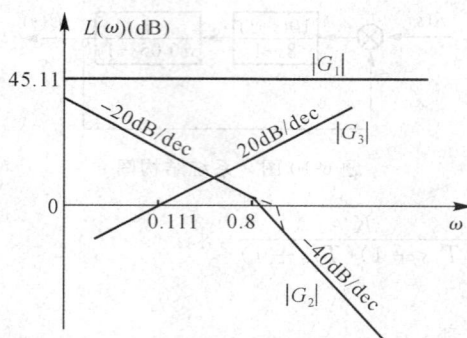

题 6-15 图

6-16　某集成电路可以用作反馈系统,以便调节电源的输出电压。该电路的伯德图如题 6-16 图所示,试求其幅值裕度和相角裕度。

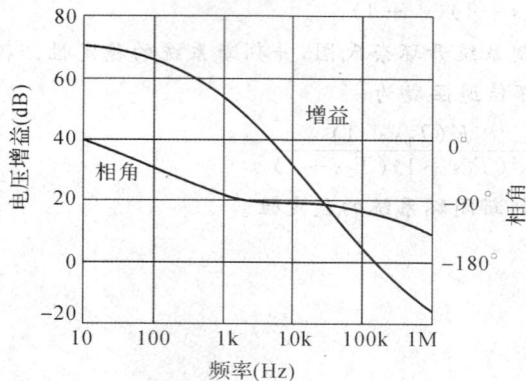

题 6-16 图　电路系统伯德图

6-17　已知负反馈系统的开环系统的幅相频率特性曲线如题 6-17 图所示。设开环增益 $K=500$，在 s 平面右半部开环极点数 $p=0$。试确定使闭环系统稳定的 K 的取值范围。

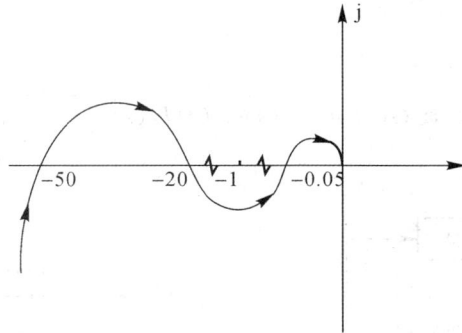

题 6-17 图　系统开环幅相频率特性曲线

$K=25$ 或 $K=10000$ 或 $K=10$ 时，闭环系统临界稳定。

6-18　单位反馈控制系统的开环传递函数为

$$G_0(s) = \frac{K}{s(0.1s+1)(0.25s+1)}$$

试：(1)确定使该系统为闭环稳定的 K 的取值范围；

(2)若要求系统的全部闭环极点都位于 $s=-1$ 垂直线的左侧，确定 K 的取值范围。

6-19　某化学浓度控制系统如题 6-19 图所示，该系统接收颗粒状的进料，并通过调节进料阀来控制进料量，以便保持恒定的产品浓度。假设容器和输出阀的传递函数为 $G(s)=5/(5s+1)$，控制器的传递函数为 $G_c(s)=K_1+K_2/s$，传递的时延 $T=1.5s$。试求：

(1)当 $K_1=K_2=1$ 时，画出系统的开环伯德图，并判断闭环系统的稳定性；

(2)当 $K_1=0.1$，$K_2=0.04$ 时，画出系统的开环伯德图，并判断闭环系统的稳定性；

(3)当 $K_1=0$ 时，利用奈氏判据，求出使系统稳定的增益 K_2 的最大值。

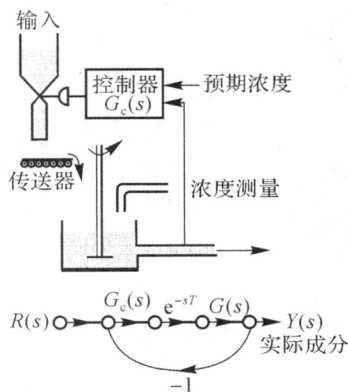

题 6-19 图　化学浓度控制

6-20　控制密闭仓的压力控制系统如题 6-20 图所示，其测量环节的传递函数为

$$H(s) = \frac{100}{s^2+15s+100}$$

调节阀的传递函数为

$$G_1(s) = \frac{1}{(0.1s+1)(s/15+1)}$$

控制器的传递函数为

$$G_c(s) = s+1$$

试绘制系统开环传递函数 $G(s) = G_c(s)G_1(s)H(s) \cdot \left[\frac{1}{s}\right]$ 的频率响应伯德图。

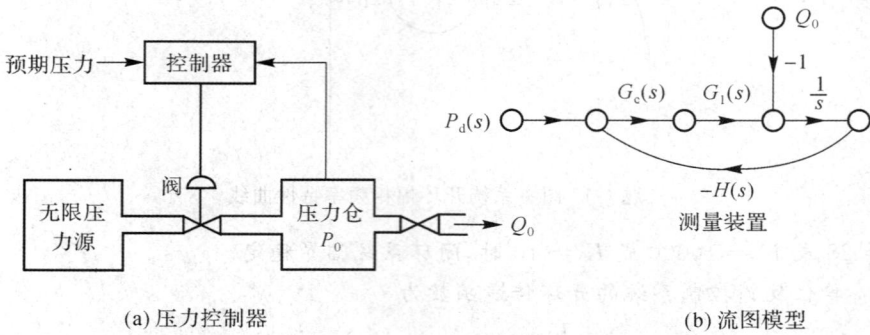

(a) 压力控制器　　　　　　　　　(b) 流图模型

题 6-20 图

第7章 线性控制系统的校正方法

7.1 引言

前面各章节分别从时域和频域两个方面,针对客观对象进行了系统分析。本章将根据实际工程中的被控对象及给定的技术指标设计自动控制系统,也就是说本章将完成系统设计的任务。

实际工程技术中使用的自动调节系统多是闭环结构,这种闭环结构总可以划分为被控对象、控制环节、反馈环节三个部分(见图7-1)。

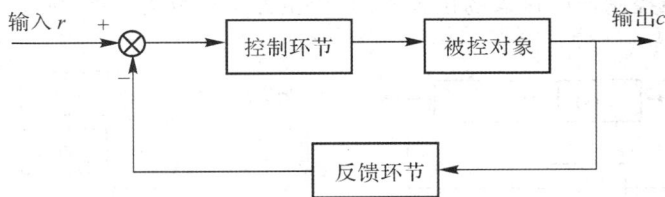

图 7-1 闭环自动调节系统

实践表明,在大多数情况下,通过前期结构设计由上述三个部分连接起来的实际系统都不可能完全理想运行。工业革命时期,瓦特利用蒸汽机离心飞摆调速器控制轮速中出现的振荡问题就是一个明显的例子。限于当时的科技水平,瓦特直到临终,也没有解决这个问题。

根据第4章中对稳态误差的讨论,我们知道提高系统增益可以减小系统稳态误差,换句话说,提高系统增益可以改善系统稳态性能;但是根据第6章中利用 Nyquist 曲线和 Bode 图对系统稳定性的分析可知,提高系统增益将使系统稳定裕度减小,从而导致系统动态性能变坏甚至导致系统不稳定。

控制系统的性能指标通常包括静态和动态两方面。静态性能指标用于反映控制系统的稳态响应情况,动态性能指标用于反映控制系统的瞬态响应情况,它一般可用时域性能指标和频域性能指标表示:(1)时域性能指标有调整时间 t_s、上升时间 t_r、峰值时间 t_p 和最大超调量 σ_p 等;(2)频域性能指标:开环指标(包括相位裕量 γ、增益裕量 K_g)、闭环指标(包括谐振峰值 M_r 和谐振频率 ω_r)等。

要想使系统在满足静态、动态技术指标的情况下理想运行,最可行的办法就是对控制环节重新设计。因为被控对象和反馈环节一般是根据实际需要而事先确定了的具体模型,通常情况下,这些都是不可更改的。所以,系统设计的任务,确切地说,就是控制环节的设计。设计时,若所使用的指标是时域指标,则一般宜用根轨迹法进行设计,使闭环系统的极点重新配置;若所使用的指标是频域指标,宜用频率法进行设计。

工程自动控制系统的静态、动态性能指标要求经常是互相矛盾的,在系统设计中只能去寻找它们的折中方案。控制环节的设计就是通过综合运用数学和控制理论知识,寻找一个最佳的折中方案的过程。

控制环节设计的实质是,当系统的静态、动态性能指标(一个或数个)偏离要求时,在系统的适宜位置加入适宜的特殊机构(校正装置),通过调节它们的参数,从而使系统的整体特性发生改变,最终达到符合要求的性能指标,这种设计校正装置的过程就叫做系统校正。

本章只研究线性系统的校正方法。非线性控制系统的校正方法可参阅其他相关文献。

在工程应用中,根据被控对象的实际工作条件,必然对系统性能有一定的要求,如最大超调量、调整时间、增益裕度、相位裕度、稳态误差等。实际校正过程就是设计和利用校正装置,改善系统性能,使系统达到期望的性能指标。校正装置的设计在整个校正过程中尤为重要。

校正装置分为电气、机械、液压和气动等类型。本书分析的是电气控制系统,所以,以下各章节均以电气校正装置作为控制器的一个组成部分,详述有源和无源校正装置的工作原理和设计方法。

按校正装置在控制器中接入的位置不同,校正方法可分为三类,如图 7-2 所示。

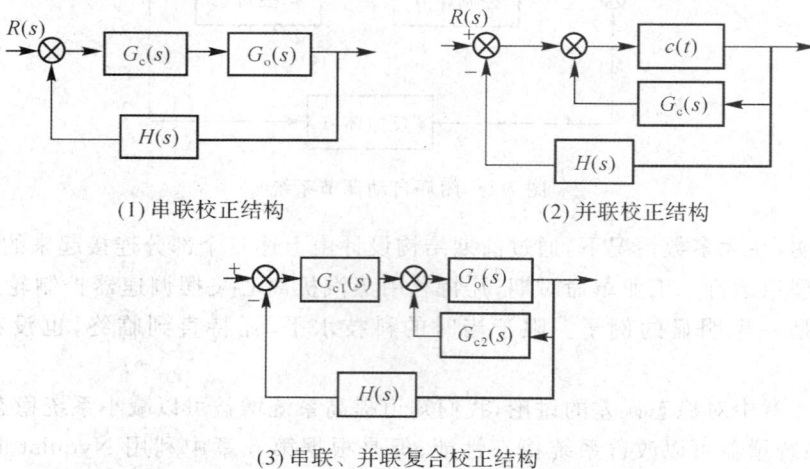

(1) 串联校正结构   (2) 并联校正结构

(3) 串联、并联复合校正结构

图 7-2 控制哭的几种校正方式

1. 串联校正

串联校正就是将校正装置 $G_c(s)$ 与待校正的系统 $G_o(s)$ 在主调节回路里串联连接。$G_c(s)$ 通常可以用无源 RC 电路构成。因为结构简单、经济,所以常用在小功率系统中,在工艺复杂的中大功率的某些中间区段也经常采用。串联校正的缺点是抗干扰能力不如并联校正。

2. 并联校正

并联校正是将校正装置 $G_c(s)$ 并联在包括部分待校正系统 $G_o(s)$ 的反馈回路中,因此也被称为反馈校正。并联校正的优点是稳定性高、抗干扰能力强。其缺点是装置费用相对昂贵,通常还要求系统有较高的放大系数。

3. 串联、并联复合校正结构

同时采用串联、并联校正可充分利用各自的优点。但是这种校正装置的设计和调试难度稍大,而且造价高,多用于要求较高的复杂系统中。

本章重点介绍串联校正。

按校正设计的原理不同,校正方法可分为频率校正法和根轨迹校正法。频率校正法的实质是将校正装置的频率特性配置到原系统频率特性中频段附近的适当位置,从而得到符合系统性能要求的频率特性。根轨迹法校正的实质是利用校正装置的零、极点引入相角差来改变原系统根轨迹的形状,从而使新的根轨迹能够通过期望主导极点的位置。本章仅介绍工程设计中最常用的频率校正法。

7.2　串联校正

串联校正装置有三种类型,本节将分别介绍它们的结构、性能和设计方法。

7.2.1　超前校正

根据第 4 章中关于稳态误差的讨论,我们知道,为了满足控制系统的静态性能要求,最直接的方法是增大控制系统的开环增益,但是另一方面,当增益增大到一定数值时,系统有可能变为不稳定,或即使能稳定,其动态性能一般也不会理想。这样就直接造成了控制系统设计中,动态性能和稳态性能同时完善的冲突。为此,可采用在系统的前向通道中串联一个相位超前校正装置,以实现在开环增益不变的前提下,系统的动态性能亦能满足设计的要求。

1. 超前校正装置

超前校正装置可分为无源和有源两类,具体如图 7-3 所示。

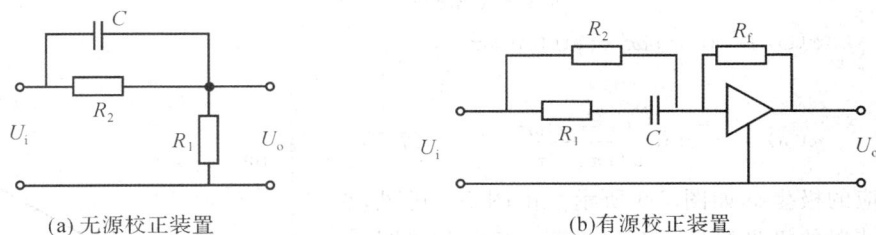

(a) 无源校正装置　　　　　　　　(b) 有源校正装置

图 7-3　超前校正装置

由前面所学知识,不难求出图 7-3(a)装置的传递函数。

$$G_c(s) = \alpha \frac{1+\tau s}{1+\alpha\tau s} = \frac{s+\dfrac{1}{\tau}}{s+\dfrac{1}{\alpha\tau}} = \frac{s-(-\dfrac{1}{\tau})}{s-(-\dfrac{1}{\alpha\tau})} \overset{\triangle}{=} \frac{s-z_c}{s-p_c} \qquad (7\text{-}1)$$

式中：$\alpha = \dfrac{R_1}{R_1+R_2} < 1$ ， $\tau = R_2 C$ ，$z_c = -\dfrac{1}{\tau}$ ，$p_c = -\dfrac{1}{\alpha\tau}$ 。

对于有源校正装置（见图 7-3(b)），其对应的传递函数为

$$G_c(s) = \frac{U_o(s)}{U_i(s)} = -k \frac{1+(R_1+R_2)Cs}{1+R_1 Cs} = -k \frac{1+\beta\tau s}{1+\tau s} \qquad (7\text{-}2)$$

式中：$k = \dfrac{R_f}{R_2}$，$\tau = R_1 C$，$\beta = \dfrac{R_1+R_2}{R_1} > 1$ 。负号由负反馈运算放大器引起，如果再串联一只反相器即可消除负号。

2. 超前校正装置的极点及频率特性

由式(7-1)可知，无源超前校正装置的零点为 $-\dfrac{1}{\tau}$ 、极点为 $-\dfrac{1}{\alpha\tau}$ ，在复平面上的分布如图 7-4 所示。由于 $\alpha = \dfrac{R_1}{R_1+R_2} < 1$ ，故 $G_c(s)$ 的零点总在其极点的右侧。

式(7-1)还表明，在采用无源超前校正装置时，系统的开环增益会下降（$\alpha < 1$），这将导致系统静态性能受损，具体体现为稳态误差增大。

对此，可采用附加放大器予以补偿。补偿放大系数设计为 $\beta = \dfrac{1}{\alpha}$ 。这样，无源超前校正装置的传递函数修正为

$$G_c(s) = \frac{1+\tau s}{1+\alpha\tau s} \qquad (7\text{-}3)$$

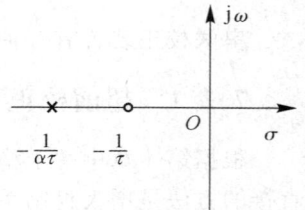

图 7-4 零、极点分布

由式(7-3)可得校正系统频率特性为

$$G_c(j\omega) = \frac{1+j\omega\tau}{1+j\alpha\omega\tau} \qquad (7\text{-}4)$$

对应的幅频、相频特性的表达式分别为

$$A(\omega) = |G_c(j\omega)| = \sqrt{\frac{1+(\omega\tau)^2}{1+(\alpha\omega\tau)^2}} \qquad (7\text{-}5)$$

$$\varphi(\omega) = \arctan\omega\tau - \arctan\alpha\omega\tau \qquad (7\text{-}6)$$

或

$$\varphi(\omega) = \arctan\frac{(1-\alpha)\omega\tau}{\alpha(\omega\tau)^2+1} \qquad (7\text{-}7)$$

其相应的极坐标如图 7-5 所示。由图 7-5 可见，超前校正装置的极坐标是一个位于第一象限的半圆，圆心坐标为 $\left[\dfrac{1}{2}\left(\dfrac{1}{\alpha}+1\right), j0\right]$，半径为 $\dfrac{1}{2}\left(\dfrac{1}{\alpha}-1\right)$ 。从坐标原点到半圆作切线，它与正实轴的夹角即为超前校正装置的最大超前角 φ_m 。

对式(7-5)的幅频特性取对数坐标，有

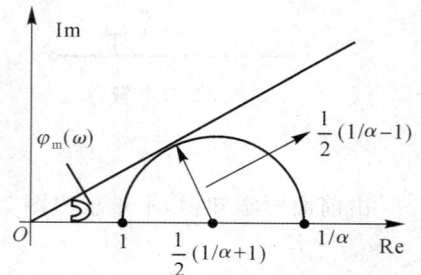

图 7-5 极坐标图（奈奎斯特图）

$$L(\omega) = 20\lg |G_c(j\omega)|$$

$$= 20\lg \sqrt{1 + \left[\frac{\omega}{\left(\frac{1}{\tau}\right)}\right]^2} - 20\lg \sqrt{1 + \left[\frac{\omega}{\left(\frac{1}{\alpha\tau}\right)}\right]^2} \tag{7-8}$$

取 $\alpha = 0.1, \tau = 1$，根据式(7-3)作出无源相位超前装置的伯德图，如图 7-6 所示。

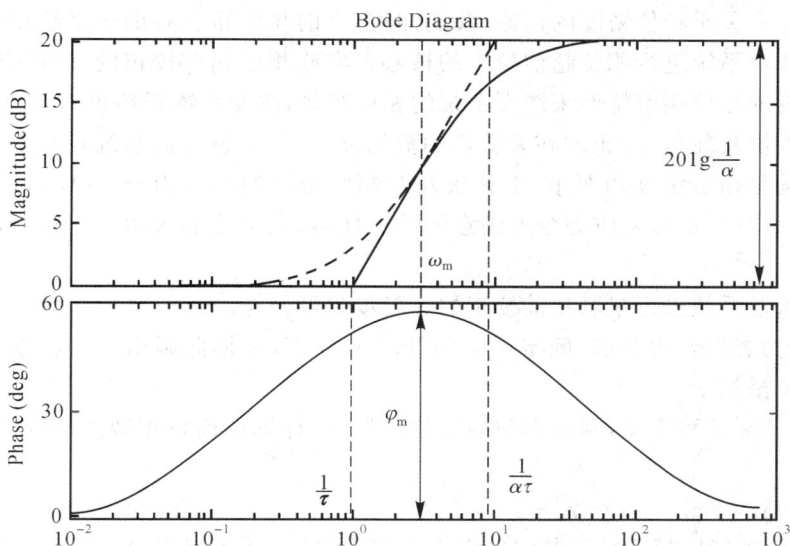

图 7-6　超前校正装置的伯德图

由图 7-6 知，由于 $\alpha < 1$ 且反三角函数 $y = \arctan x$ 为单调增函数，故当 $\omega \in (0, +\infty)$ 时，$\arctan\omega T > \arctan\omega\alpha T$。这样，超前校正网络的相位 $\varphi(\omega) = \arctan\omega T - \arctan\omega\alpha T$ 恒为正。这表明输出信号在相位上总超前于输入信号一个角度，这就是为什么该校正网络为相位超前校正网络的原因。

同时，当 $\omega \to 0$ 时，$L(\omega) \to 0$；当 $\omega \to +\infty$ 时，$L(\omega)$ 的最大值 $\to 20\lg\frac{1}{\alpha}$，可见相位超前校正装置从另外一个角度看又是一个高通滤波器。

由图 7-6 可知，采用附加补偿放大器后，相位超前校正网络静态性能不受损——低频增益为零。另外，由于相位超前的效果，相位超前装置可使系统相位裕度变大，从而改善系统动态性能（时域上可体现为调整时间 t_s、峰值时间 t_p 和最大超调量 σ_p 等值的改变；系统性质上可体现为阻尼比 γ 等参量的变化）。

为了求出最大超前相角，令 $\dfrac{\mathrm{d}\varphi(\omega)}{\mathrm{d}\omega} = 0$，得

$$\omega_m = \frac{1}{\sqrt{\alpha\tau}} = \sqrt{\left(\frac{1}{\tau}\right)\left(\frac{1}{\alpha\tau}\right)} \tag{7-9}$$

可见，相位超前校正装置的最大超前角位于频率特性的两个交接频率 $\dfrac{1}{\tau}$ 与 $\dfrac{1}{\alpha\tau}$ 的几何中心 ω_m 处。将式(7-9)代入式(7-7)，得最大超前角为

$$\varphi_m = \sin^{-1}\frac{1-\alpha}{1+\alpha} \tag{7-10}$$

在系统设计中,理论上最大相位超前角不大于 φ_m ,但实际上一般超前校正网络的最大相位超前角不大于 $65°$,否则 α 太小,物理实现难度太大。如果一定要得到大于 $65°$ 的相位超前角,可用两个超前校正网络相串联来实现,并在串联的两个网络之间加一隔离放大器,以消除它们之间的负载效应。为了保持系统具有较高的信噪比,实际选用的 α 应大于 0.07 。

3. 超前校正设计

根据第 6 章关于相位裕度的讨论,我们知道,大的相位裕度有助于系统稳定性的增加。这是用频率法对系统进行相位超前校正的核心。实施相位超前校正的基本策略是:通过所加的校正装置的相位超前特性来增大系统的相位裕量,改变系统开环频率特性,并要求校正网络最大的相位超前角 φ_m 出现在系统新的剪切频率处,使校正后系统具有如下特点:低频段的高增益满足稳态精度的要求;中频段对数幅频特性的斜率为 $-20dB/dec$,并具有较宽的频带,使系统具有快速响应等令人满意的动态性能;高频段要求幅值迅速衰减,以减少噪声的影响。

用频率法对系统进行串联超前校正的一般步骤可分为:

(1)根据稳态误差的要求,确定系统的开环增益 K ,并据此画出未校正系统的伯德图,得出系统相位裕量 γ_1 。

(2)根据实际工程需要,确定期望的相位裕量 γ ,计算超前校正装置应提供的相位超前量 φ_0 ,即

$$\varphi_0 = \varphi_m = \gamma - \gamma_1 + \varepsilon$$

式中: ε 是用于补偿因超前校正装置的引入而使系统的剪切频率增大,导致未校正系统相角滞后量的增加。 ε 的估计方法为:如果未校正系统的开环对数幅频特性在剪切频率处的斜率为 $-40dB/dec$,一般取 $\varepsilon = 5° \sim 10°$;如果该频段的斜率为 $-60dB/dec$,则取 $\varepsilon = 15° \sim 20°$ 。

(3)根据所确定的最大相位超前角 φ_m ,按式(7-8)算出相应的 α 值,即

$$\alpha = \frac{1 - \sin \varphi_m}{1 + \sin \varphi_m}$$

(4)计算校正装置在 ω_m 处的幅值 $10\lg \dfrac{1}{\alpha}$ (见图 7-6)。由未校正系统的对数幅频特性图,求得其幅值在 $-10\lg \dfrac{1}{\alpha}$ 处的频率,则该频率 ω_m 就是校正后系统的开环剪切频率 ω_c ,即 $\omega_c = \omega_m$ 。

(5)确定校正网络的转折频率 ω_1 和 ω_2 。

$$\omega_1 = \frac{1}{\tau} = \omega_m \sqrt{\alpha}, \quad \omega_2 = \frac{1}{\alpha\tau} = \frac{\omega_m}{\sqrt{\alpha}}$$

(6)画出校正后系统的伯德图,并验算相位裕量是否满足要求。如果不满足,则需增大 ε 值,从步骤(3)开始重新进行计算,直到满足要求。

【例 7-1】 设一单位反馈系统的开环传递函数为

$$G_o(s) = \frac{2K}{s(0.1s+1)}$$

引入一超前校正装置,使校正后系统的静态速度误差系数 $K_v \geqslant 100s^{-1}$,相位裕量 $\gamma \geqslant 40°$,试确定校正装置的传递函数。

解 (1)根据对静态速度误差系数的要求,确定系统的开环增益 K 。

由 $K_v = \lim\limits_{s \to 0} s \times G_o(s) = \lim\limits_{s \to 0} s \times \dfrac{2K}{s(0.1s+1)} = 100$ ，得

$$K = 50$$

这样，校正前系统的开环频率特性为

$$G(j\omega) = \frac{100}{j\omega(0.1j\omega+1)} = \frac{100}{j\omega(1 + j \times 0.1\omega)}$$

绘制校正前系统的伯德图，如图 7-7 中的虚线所示。由该图可得未校正系统的幅值裕量为无穷大，相位裕量约为 17.6°。

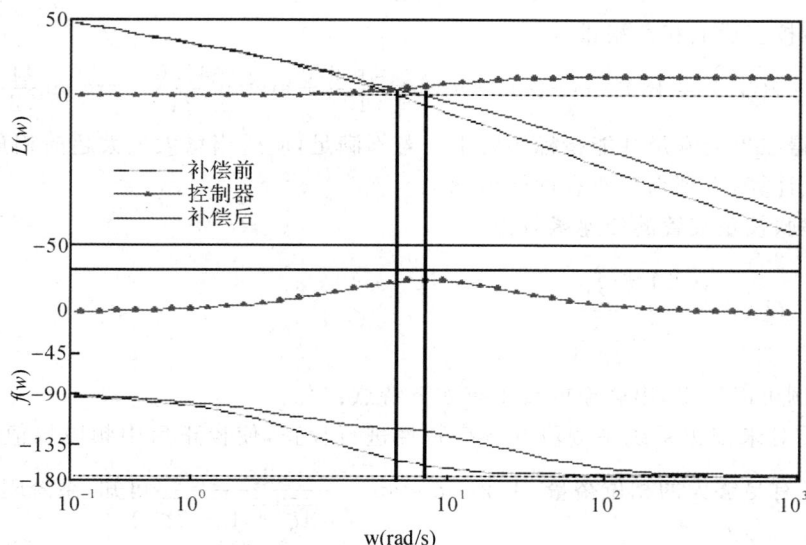

图 7-7　相位超前校正前后系统的频率特性图

（2）为了使系统相位裕量满足要求，引入串联超前校正网络。确定超前校正网络应提供的相位超前角为

$$\varphi_0 = \gamma - \gamma_1 + \varepsilon = 40° - 17.6° + 7.6° = 30°$$

（3）由 $\varphi_0 = \varphi_m$ 及式(7-8)可得

$$\alpha = \frac{1 - \sin\varphi_m}{1 + \sin\varphi_m} = \frac{1 - \sin 30°}{1 + \sin 30°} = 3$$

（4）确定校正装置的转折频率 $\dfrac{1}{\tau}$ 和 $\dfrac{1}{\alpha\tau}$。为了最大限度发挥校正装置的超前校正作用，应使 ω_m 出现在校正后的开环截止频率 ω_{c2} 处，即校正装置斜率为 20dB/dec 段的中点处的频率 ω_m 应与 ω_{c2} 重合。故有

$$L(\omega_{c2}) = 20\lg A(\omega_{c2}) = -\frac{1}{2} \times \lg a$$

可得 ω_{c2} 处在校正前的开环幅频特性值为

$$A(\omega_{c2}) = \frac{1}{\sqrt{a}} = \left| \frac{100}{j\omega_{c2}(1 + \omega_{c2}/10)} \right| \approx \frac{100}{\omega_{c2}\,\omega_{c2}/10}$$

求得

$$\omega_{c2} = \omega_m = 41.6$$

代入 $\alpha = 3$，可得

$$\omega_2 = \frac{1}{T} = \sqrt{\alpha \omega_m} = 72.1(\text{s}^{-1}), \quad \omega_1 = \frac{1}{\alpha T} = 24.0(\text{s}^{-1})$$

（5）校正后系统的开环传递函数为

$$G(s)G_c(s) = \frac{100\left(1 + \dfrac{s}{24}\right)}{s\left(1 + \dfrac{s}{10}\right)\left(1 + \dfrac{s}{72.1}\right)}$$

（6）校验校正后的相角裕量

$$\gamma(\omega_{c2}) = 180° + \left(-90° - \arctan\frac{41.6}{10} + \arctan\frac{41.6}{24} - \arctan\frac{41.6}{72.1}\right) = 43.6°$$

上式所得结果能满足性能指标的要求。若不满足，应适当增大最大超前相角位移 φ_m 的值，重复以上计算，直到满足所有性能指标。

所以，串联校正装置的传递函数为

$$G_c(s) = \frac{1 + \dfrac{s}{24}}{1 + \dfrac{s}{72.1}}$$

通过上例可以看出，串联超前校正有如下特点：

（1）主要对未校正系统中频段的频率特性进行校正，使校正后中频段幅值的斜率为一20dB/dec，且有足够大的相位裕量，由 $\gamma = \arctan\dfrac{2\zeta}{\sqrt{\sqrt{4\zeta^4 + 1} - 2\zeta}}$ 可知，系统阻尼比也增加了，从而降低了系统的超调量。

（2）超前校正会使系统瞬态响应的速度变快。由例 7-1 可知，校正后系统的剪切频率增大，这表示校正后系统的频带变宽，瞬态响应的速度变快；但由于校正系统的高通滤波作用，系统抗高频噪声的能力也变差，不利于抑制高频噪声。

（3）虽然超前校正一般能较有效地改善系统的动态性能，但当未校正系统的相频特性曲线在剪切频率 ω_c 附近急剧地下降时，若用单级的超前校正网络去校正，收效不大。因为校正后系统的剪切频率向高频段移动。在新的剪切频率处，由于未校正系统的相角滞后量过大，因而用单级的超前校正网络难以获得较大的相位裕量，此时可采用多级串联校正。

7.2.2　滞后校正

与相位超前校正相反，串联相位滞后校正装置多用于当某控制系统的动态性能满足期望要求，而静态性能指标不甚理想的场合。如静态误差较大时，希望减少静态误差，这时可引入串联相位滞后校正装置提高系统低频增益，同时又基本保持系统的动态性能不变。

相位滞后校正的具体实现机制是：增加一对相互邻近且靠近坐标原点的开环零、极点，使系统开环放大倍数提高 β 倍，而不影响对数频率特性的中、高频段——这样既能使系统的开环增益有较大幅度的增加，而且又可使校正后的系统动态指标保持原系统的良好状态，从而完成系统校正的任务。

1. 滞后校正装置

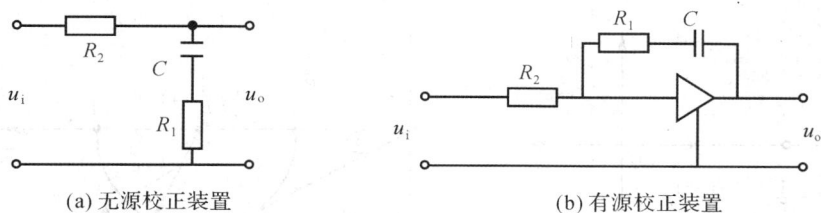

(a) 无源校正装置　　　　　　　(b) 有源校正装置

图 7-8　滞后校正装置

无源相位滞后校正装置如图 7-8(a)所示。由图可得该校正装置的传递函数为

$$G_c(s) = \frac{U_o(s)}{U_i(s)} = \frac{1 + R_1 Cs}{1 + (R_1 + R_2)Cs} \overset{\triangle}{=} \frac{1 + \tau s}{1 + \beta \tau s} = \frac{1}{\beta} \frac{s - \left(-\dfrac{1}{\tau}\right)}{s - \left(-\dfrac{1}{\beta \tau}\right)} \overset{\triangle}{=} \frac{1}{\beta} \frac{s - z_c}{s - p_c}$$

$$(7\text{-}11)$$

式中：$\beta = \dfrac{R_1 + R_2}{R_1} > 1$，$\tau = R_1 C$，$z_c = -\dfrac{1}{\tau}$，$p_c = -\dfrac{1}{\beta \tau}$。

有源相位滞后校正装置如图 7-8(b)所示。其传递函数为

$$G_c(s) = \frac{U_o(s)}{U_i(s)} = -k\left(1 + \frac{1}{T_i s}\right)$$

$$(7\text{-}12)$$

式中：$T_i = R_1 C$，$k = \dfrac{R_1}{R_2}$。同相位超前网络的原理——等式右边的负号可通过串联一反相器加以抵消。

2. 滞后校正装置的极点及频率特性

由式(7-11)可知，无源相位滞后校正装置有零点 $-\dfrac{1}{\tau}$、极点 $-\dfrac{1}{\beta \tau}$，零、极点在复平面上的分布如图 7-9 所示。由于 $\beta = \dfrac{R_1 + R_2}{R_1} > 1$，故 $G_c(s)$ 的零点总在其极点的左侧。

由式(7-11)，得到相位滞后校正系统频率特性为

$$G_c(j\omega) = \frac{1 + j\omega\tau}{1 + j\beta\omega\tau}$$

$$(7\text{-}13)$$

对应的幅频、相频特性的表达式分别为

$$A(\omega) = |G_c(j\omega)| = \sqrt{\frac{1 + (\omega\tau)^2}{1 + (\beta\tau)^2}}$$

$$(7\text{-}14)$$

$$\varphi(\omega) = \arctan\omega\tau - \arctan\beta\omega\tau$$

$$(7\text{-}15)$$

这样，可得该滞后校正装置的极坐标图如图 7-10 所示。由图 7-10 可见，相位滞后校正装置的极坐标是一个位于第四象限的半圆，圆心坐标为 $\left[\dfrac{1}{2}\left(\dfrac{1}{\beta} + 1\right), j0\right]$，半径为 $\dfrac{1}{2}\left(1 - \dfrac{1}{\beta}\right)$。从坐标原点到半圆作切线，与正实轴的夹角即为穴位滞后校正装置的最大滞后角 φ_m。

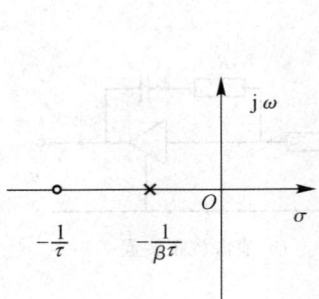

图 7-9 零、极点分布

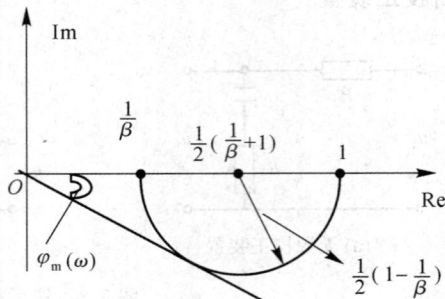

图 7-10 奈奎斯特图

对幅频特性取对数坐标,有

$$L(\omega) = 20\lg |G_c(j\omega)| = 20\lg \sqrt{1 + \left[\dfrac{\omega}{\frac{1}{\tau}}\right]^2} - 20\lg \sqrt{1 + \left[\dfrac{\omega}{\frac{1}{\alpha\tau}}\right]^2} \tag{7-16}$$

类似超前校正装置的分析,我们可以画出滞后校正装置的伯德图如 7-11 所示。

由图 7-11 可知,由于 $\beta > 1$ 且 $y = \arctan x$ 为单调增函数,故当 $\omega \in (0, +\infty)$ 时,$\arctan \omega T < \arctan \beta \omega T$。这样滞后校正网络的相位 $\varphi(\omega)$ 恒为负。这表明输出信号在相位上总滞后于输入信号一个角度,这就是为什么该校正网络为相位滞后校正网络的原因。

同时,当 $\omega \to 0$ 时,$L(\omega)$ 的最大值 $\to 20\lg\beta$;当 $\omega \to +\infty$ 时,$L(\omega) \to 0$,可见相位滞后校正装置又是一个低通滤波器。

如图 7-11 所示,为了求出最大滞后相角,令 $\dfrac{\mathrm{d}\varphi(\omega)}{\mathrm{d}\omega} = 0$,得

$$\omega_m = \frac{1}{\sqrt{\beta}\tau} = \sqrt{\left(\frac{1}{\tau}\right)\left(\frac{1}{\beta\tau}\right)} \tag{7-17}$$

可见,与相位超前网络类似,相位滞后网络的最大滞后角位于频率特性的两个交接频率 $\dfrac{1}{\tau}$ 与 $\dfrac{1}{\beta\tau}$ 的几何中心 ω_m 处。

类似超前校正装置的分析,对于滞后系统:

$$\varphi(\omega) = \arctan\omega\tau - \arctan\beta\omega\tau = \arctan \frac{(1-\beta)\omega\tau}{\beta(\omega\tau)^2 + 1} \tag{7-18}$$

将式(7-17)代入式(7-18),可得最大滞后角度为

$$\varphi_m = \frac{1 - \sin\dfrac{1}{\beta}}{1 + \sin\beta}$$

比较相位超前校正装置和相位滞后校正装置可以发现,滞后校正装置具有如下特点:

(1)它是一个低通滤波器,具有高频率衰减的作用,可用于高频噪声的抑制。β 值越大,抑制噪声的能力就越强。通常取 $\beta = 10$ 较为适宜。

(2)采用相位滞后装置改善系统的暂态性能时,主要是利用其高频部分的幅值衰减作用(当 $\omega > \dfrac{1}{\tau}$),降低系统剪切频率 ω_c,从而提高相位裕量,以改善系统的稳定性和其他动态

性能。

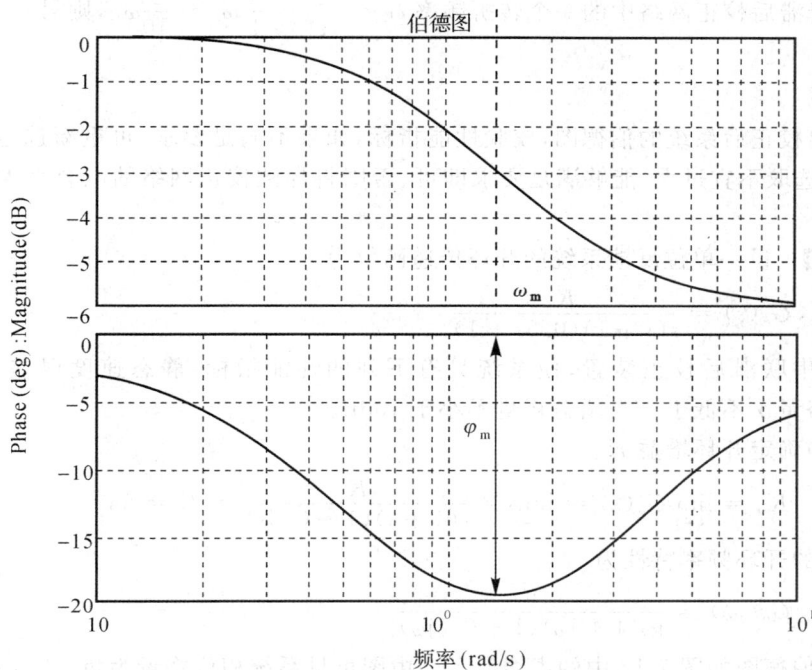

图 7-11   滞后校正装置的伯德图

3. 滞后校正设计

滞后校正网络具有低通滤波器的特性,因而当它与系统的不可变部分 $G_o(s)$ 串联时,它对系统的低频段影响甚微,但会降低系统中频段和高频段增益,利用减小剪切频率 ω_c 的机制,使系统获得足够的相位裕量。由此可见,滞后校正在一定的条件下,也能使系统同时满足动态和静态性能的要求。

不难看出,滞后校正的不足之处是:校正后系统的剪切频率 ω_c 会减小,频带变窄,系统对输入信号的响应速度变慢;同时,在剪切频率 ω_c 处,滞后校正网络会产生一定的相角滞后量。为此,应尽可能地减少滞后角。综合考虑到物理实现上的可行性,一般取 $\omega_2 = \dfrac{1}{\tau} = \dfrac{1}{2}\omega_c \sim \dfrac{1}{10}\omega_c$ 为宜。

用频率法对系统进行滞后校正的一般步骤为:

(1)根据给定稳态性能要求确定系统的开环增益 K。

(2)画出待校正系统的伯德图,求出相应的相位裕量和增益裕量。

(3)在已作出的相频曲线上寻找一个频率点,要求在该点处的开环频率特性的相角为
$$\varphi = -180° + \gamma + \varepsilon$$

以这一频率作为校正后系统的剪切频率 ω_c。式中:γ 为系统所要求的相位裕量,ε 是补偿因滞后网络的引入而在剪切频率 ω_c 处产生的相位滞后量,工程上可取 $\varepsilon = 10° \sim 15°$。

(4)设未校正系统在 ω_c 处的幅值等于 $20\lg\beta$,据此确定滞后网络的 β 值。据此可保证在

剪切频率 ω_c 处，校正后开环系统的幅值为 0。

(5)选择滞后校正网络中的一个转折频率 $\omega_2 = \dfrac{1}{\tau} = \dfrac{1}{2}\omega_c \sim \dfrac{1}{10}\omega_c$ ，则另一个转折频率为 $\omega_1 = \dfrac{1}{\beta\tau}$ 。

(6)画出校正后系统的伯德图，校验性能指标，如果不满足要求，可重新选定 τ 值设计。但是 τ 值的选取不宜过大，能够满足要求即可，否则将导致校正网络的电容太大，物理上难以实现。

【例 7-2】 设一单位反馈系统的开环传递函数为

$$G_o(s) = \frac{K}{s(s+1)(0.5s+1)}$$

要求设计一串联滞后校正装置，使系统具有下列的性能指标:静态速度误差系数 $K_v \geqslant 5\mathrm{s}^{-1}$;相位裕量 γ 不低于 $40°$;增益裕量不小于 10dB。

解 (1)确定开环增益 K 。

由 $\quad K_v = \lim\limits_{s\to 0}sG_o(s) = \lim\limits_{s\to 0}s \times \dfrac{K}{s(1+s)(1+0.5s)} = K = 5\mathrm{s}^{-1}$

故系统的开环频率特性为

$$G_o(\mathrm{j}\omega) = \frac{5}{\mathrm{j}\omega(1+\mathrm{j}\omega)(1+0.5\mathrm{j}\omega)}$$

相应的伯德图如图 7-12 中的虚线所示。由图可见系统相位裕量为负，故校正前系统是不稳定的。

(2)在未校正系统的相频特性曲线上，根据下式确定相角:

$$\varphi = -180° + \gamma + \varepsilon = -180° + 40° + 12° = -128°$$

确定校正后系统的剪切频率 ω_c 。在 $\varphi = -128°$ 处，设对应频率为 ω ，根据相频特性有

$$\varphi(\omega) = -90° - \arctan\omega - \arctan(0.5\omega) = -128°$$

$$\arctan\omega + \arctan(0.5\omega) = 38°$$

由 $\tan(\alpha \pm \beta) = \dfrac{\tan\alpha \pm \tan\beta}{1 \mp \tan\alpha\mathrm{tg}\beta}$ ，得

$$\arctan\frac{(1+0.5)\omega}{1-0.5\omega^2} = 28°$$

计算得 $\omega = 0.5\mathrm{s}^{-1}$ ，这就是校正后系统的剪切频率 ω_c 。

(3)计算 β 。

当 $\omega_c = 0.5\mathrm{s}^{-1}$ 时，令未校正系统的开环增益为 $20\lg\beta$ ，从而求出串联滞后校正装置的系数 β 。由于未校正系统的增益在 $\omega = 1\mathrm{s}^{-1}$ 时为 $20\lg 5$ ，故有

$$\frac{20\lg\beta - 20\lg 5}{\lg 0.5 - \lg 1} = -20$$

解方程得

$$\beta = 10$$

(4)取 $\omega_2 = \dfrac{1}{\tau} = \dfrac{\omega_c}{5} = 0.1$ ，则 $\omega_1 = \dfrac{1}{\beta\tau} = 0.01$ 。这样，滞后校正网络的传递函数为

$$G_c(s) = \frac{1(s+0.1)}{10(s+0.01)} = \frac{1+10s}{1+100s}$$

(5)校正后系统的开环传递函数为

$$G(s) = G_c(s)G_0(s) = \frac{5(1+10s)}{s(1+s)(1+0.5s)(1+100s)}$$

对应的伯德图如图 7-12 中的实线所示。由图可知,校正后系统的相位裕量约为 41.6°,增益裕量约为 14dB,满足设计要求。

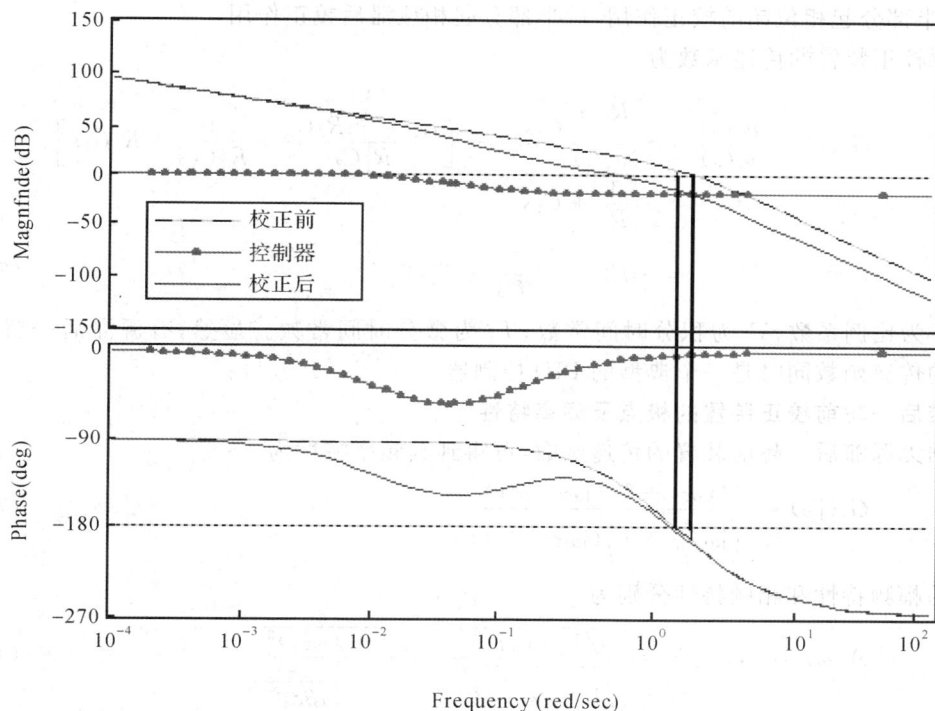

图 7-12　滞后校正前后系统的频率特性

7.2.3　滞后—超前校正

1. 滞后—超前校正装置

如图 7-13 所示为滞后—超前的无源和有源装置。无源校正装置的传递函数为

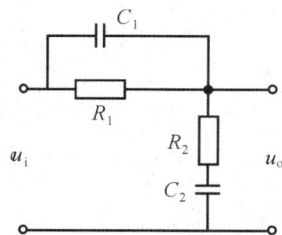

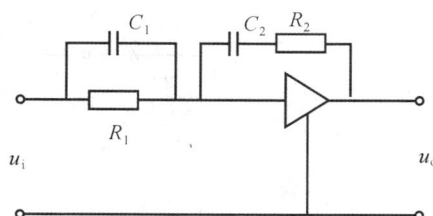

(a) 无源校正装置　　　　　　　　(b)有源校正装置

图 7-13　滞后—超前校正装置

$$G_c(s) = \frac{(R_1 C_1 s + 1)(R_2 C_2 s + 1)}{R_1 R_2 C_1 C_2 s^2 + (R_1 C_1 + R_2 C_2 + R_1 C_2)s + 1} \tag{7-19}$$

式(7-19)中，令 $\tau_1 = R_1 C_1$，$\tau_2 = R_2 C_2$，取 $\beta > 1$ 且 $\tau_2 > \tau_1$，式(7-19)可改写成

$$G_c(s) = \frac{u_o(s)}{u_i(s)} = \frac{\tau_1 s + 1}{\dfrac{\tau_1}{\beta} s + 1} \cdot \frac{\tau_2 s + 1}{\beta \tau_2 s + 1} \tag{7-20}$$

其中，前半部分起相位超前校正作用，后半部分起相位滞后校正作用。

有源校正装置的传递函数为

$$G_c(s) = \frac{u_o(s)}{u_i(s)} = -\frac{R_2 + \dfrac{1}{C_2 s}}{\dfrac{1}{\dfrac{1}{R_1} + C_1 s}} = -\left[\frac{R_1 C_1 + R_2 C_2}{R_1 C_2} + \frac{1}{R_1 C_2 s} + R_2 C_1 s \right]$$

$$= -K_p\left(1 + \frac{1}{T_i s} + T_d s\right) \tag{7-21}$$

式中：K_p 为比例系数；T_i 为积分时间常数；T_d 为微分时间常数。显然，有源滞后—超前校正装置的传递函数同时是一个典型的 PID 控制器。

2. 滞后—超前校正装置的极点及频率特性

根据无源滞后—超前装置的传递函数，可得到其频率特性为

$$G_c(j\omega) = \frac{(j\omega\tau_1 + 1)(j\omega\tau_2 + 1)}{\left(j\omega \dfrac{\tau_1}{\beta} + 1\right)(j\omega\beta\tau_2 + 1)} \tag{7-22}$$

其对应的幅频特性和相频特性分别为

$$A(\omega) = |G_c(\omega)| = \frac{\sqrt{1 + (\omega\tau_1)^2} \times \sqrt{1 + (\omega\tau_2)^2}}{\sqrt{1 + \left(\omega \dfrac{\tau_1}{\beta}\right)^2} \times \sqrt{1 + (\omega\beta\tau_2)^2}} \tag{7-23}$$

$$\varphi(\omega) = \angle G_c(\omega) = \tan^{-1}\frac{\omega\tau_1\left(1 - \dfrac{1}{\beta}\right)}{1 + \left(\dfrac{\omega\tau_1}{\beta}\right)^2} + \tan^{-1}\frac{\omega\tau_2(1 - \beta)}{1 + (\omega\beta\tau_2)^2} \tag{7-24}$$

根据式(7-23)和式(7-24)可分别画出其零、极点分布图和伯德图，如图 7-14 和图 7-15 所示。

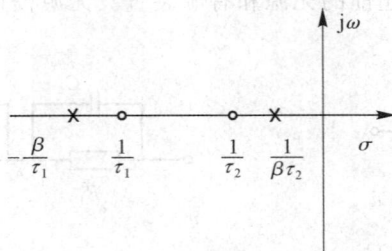

图 7-14 零、极点分布

从图 7-15 中可以看出，当 ω 从 0 变化到 ω_1 时，校正装置起滞后作用；而当 ω 从 ω_1 变化到 $+\infty$ 时，校正装置起超前作用。

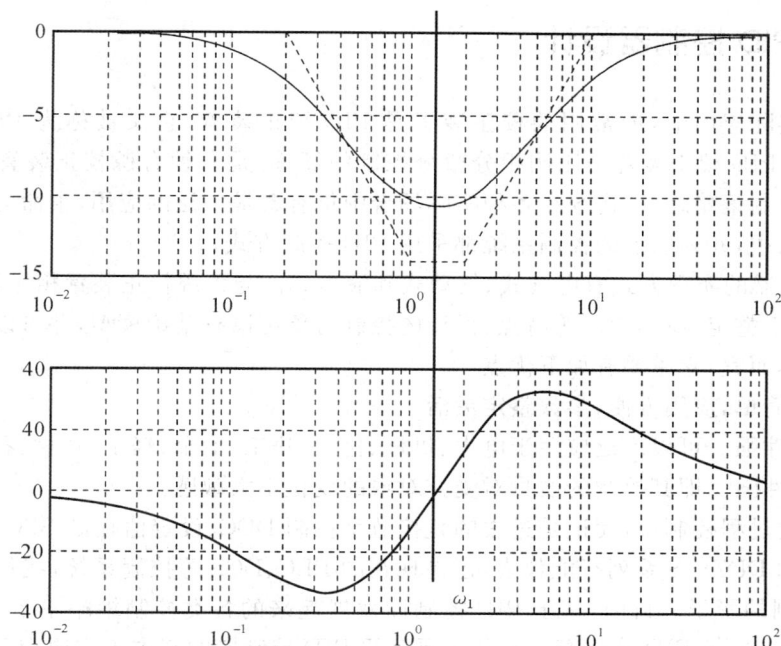

图 7-15 滞后—超前校正网络伯德图

通过计算可得相角为零的频率 ω_1 为

$$\omega_1 = \frac{1}{\sqrt{\tau_1 \tau_2}} \tag{7-25}$$

3. 滞后—超前校正设计

（1）原则

如果未校正系统不稳定，或对校正后系统的动态和静态性能均有较高的要求时，只采用上述的超前校正或滞后校正，难于达到预期的校正效果。此时，宜对系统采用串联滞后—超前校正。

应用频率法设计滞后—超前校正装置，即利用校正装置的超前部分来增大系统的相位裕量，以改善其动态性能，但因加大了带宽，易受高频噪声的影响，降低了系统的抗干扰能力；利用它的滞后部分来改善系统的静态性能，但会恶化系统的动态性能，对系统的相对稳定性不利。因此采用这种校正方式，应合理综合滞后和超前校正各自的优点，克服它们各自的弱点，经多次试探才能成功。

（2）设计实例

本书不介绍滞后—超前校正设计实例，有兴趣的同学可参阅文献《控制理论 CAI 教程》（颜文俊等编著，科学出版社 2002 年出版）。

以上介绍了由无源网络构成的基于频率法的串联控制器的顺向设计方法，即依据指标或设计要求，首先选择三类控制器中的一种方式，然后按设计规则进行设计。事实上，若能根据指标设计出校正后的期望频率特性，则根据 $G(j\omega) = G_c(j\omega)G_o(j\omega)$，由校正前后的幅频特性和相频，亦可得到待定的控制器。此法对于最小相位系统尤其有效。

7.3 PID 控制器设计

在工业实际应用中,最常用的校正装置是 PID 校正装置,它又被称为 PID 控制器或 PID 调节器。PID 校正装置是比例积分微分控制的简称,是一种有源校正装置。它是最早发展起来的控制策略之一,迄今在各种实际场合中仍有着最广泛的应用,生命力极强。目前工业过程控制中,90%以上的控制系统都采用 PID 控制方式。

PID 控制器的实现方式有电气式、气动式和液力式。与无源校正装置相比,它具有结构简单、参数易于整定、应用面广等特点,设计的控制对象可以有精确模型,并可以是黑箱或灰箱系统。总体而言,它主要有如下优点:

(1)原理简单,应用方便,参数整定灵活。

(2)适用性强。可以广泛应用于电力、机械、化工、热工、冶金、轻工、建材、石油等行业。

(3)鲁棒性强。即其控制的质量对受控对象的变化不太敏感。

在自动化过程控制中,无论是过去的直接数字控制 DDC、设定值控制 SPC,到微芯片可编程调节器和 DDZ-S 系列智能仪表,还是现在的 PLC、DCS 等控制系统,我们都能很容易找到 PID 控制的影子。目前,基于 PID 控制而发展起来的各类控制策略不下几十种,比如预测 PID 算法、最优 PID 算法等。本节主要介绍 PID 控制器的基本工作原理及几个典型设计方法。

7.3.1 PID 控制器工作原理

PID 控制器的结构框图如图 7-16 所示。

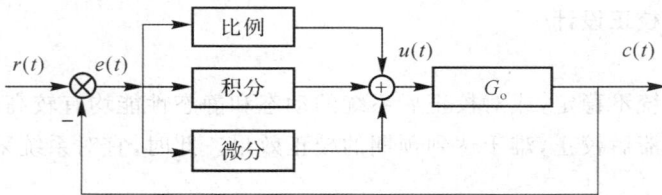

图 7-16 典型 PID 控制结构

PID 控制器的原理如下:

$$u(t) = K_p \left[e(t) + \frac{1}{T_i} \int e(t) \mathrm{d}t + T_d \frac{\mathrm{d}e(t)}{\mathrm{d}t} \right] \qquad (7\text{-}26)$$

式中:$e(t) = r(t) - c(t)$ 为误差信号;$r(t)$ 为输入量;$c(t)$ 为输出量。

根据式(7-26)可知,PID 控制器的实质是通过对误差信号 $e(t)$ 进行比例、积分和微分运算,分别对其结果进行加权,而得到控制器的输出 $u(t)$ 作为控制对象的控制值,通过调节输出 $u(t)$,保证偏差值 $e(t)$ 为零,使系统达到一个预期稳定状态。

本节分别讨论 PID 中比例 P、积分 I、微分 D 和比例—积分—微分 PID 共同调节的规律,从而对比例、微分和积分作用有一个初步的认识。

1. 比例调节器

$r(t)$ 比例调节器的传递函数 $G_c(s) = K_p$,$u(t) = K_p \cdot e(t)$。控制框图如图 7-17 所示。

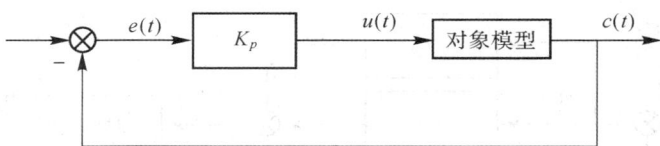

图 7-17　比例控制器结构

　　根据前面所介绍的理论,为了减少系统的静态误差,一个可行的办法就是提高系统的稳态误差系数,即增加系统的开环增益。由于 $G_c(s)$ 的串联接入,显然,若使 K_p 增大,系统总体增益将增大,因此可满足上述要求。但是比例控制器提供的单纯比例作用对改变闭环系统零、极点分布的作用很有限——它不能向系统提供所需的零、极点,因而不具备削弱或抵消系统中不可变部分不良零、极点的作用,无法改变系统型别。换句话说,不能从根本上改变系统的稳态性能。特别地,在 0 型系统跟踪阶跃信号、1 型系统跟踪斜坡信号等场合,只有当 $K_p \to \infty$ 时,系统的输出才能跟踪输入,而这将导致系统相对稳定性降低(如使相角裕度减小),必将破坏系统的动态性能和稳定性。

　　以一个三阶系统为例,我们将说明单纯依靠比例控制器的不足。

　　设某单位反馈系统的开环传递函数为:$G(s) = \dfrac{K_p}{(s+1)^3}$,其根轨迹如图 7-18 所示。

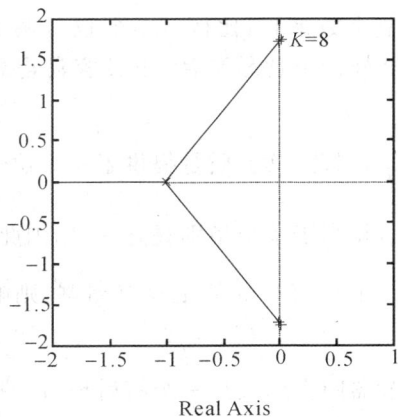

图 7-18　$G(s) = \dfrac{K_p}{(s+1)^3}$ 的根轨迹

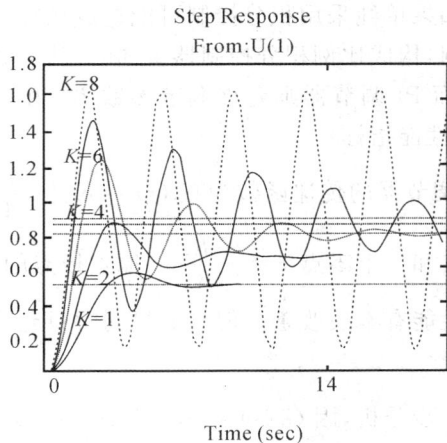

图 7-19　不同 K_p 下的单位阶跃响应

　　利用劳斯判据或根轨迹分析可知,当 $K \geqslant 8$ 时,系统将产生振荡。这在图 7-19 中可以得到验证,当 K_p 增大时,系统稳态输出增大,系统响应速度和超调量也增大,$K_p = 8$ 时,系统产生等幅振荡,处于临界稳定状态。

　　可见,单纯采用 K_p 来改善系统的性能指标是不够完善的——单纯的比例控制难以兼顾系统稳态和暂态两方面的要求。

2. 积分的作用及 PI 控制器

　　为了弥补单纯比例调节器的不足,人们设计了比例积分调节器。

　　其框图如图 7-20 所示。数学模型为:

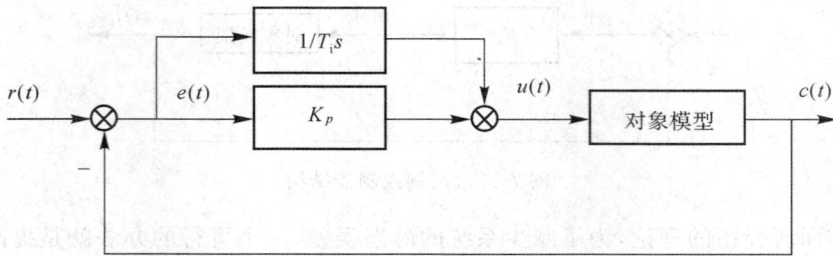

图 7-20 比例积分控制器结构

$$u(t) = K_p e(t) + \frac{1}{T_i}\int e(t)\mathrm{d}t \tag{7-27}$$

首先,通过比较比例调节器和比例积分调节器可以发现,为使 $e(t) \to 0$,在比例调节器中, $K_p \to \infty$,这样若 $|e(t)|$ 存在较大的扰动,则输出 $u(t)$ 也很大,这不仅会影响系统的动态性能,也会使执行器频繁处于大幅振动中。在实际应用中,如果一类被控对象如阀门等频繁地大幅振动,会极大损害执行器性能,降低使用寿命,这是很有害的,需要尽量避免;而若引入积分调节器,即使 $e(t) \to 0$,控制器输出 $u(t)$ 由 $\frac{1}{T_i}\int e(t)\mathrm{d}t$ 仍可得到一个非零常值,从而使输出 $c(t)$ 稳定于期望值,因此积分控制具有"记忆"功能。

而如果单纯采用积分控制可能造成系统不稳定,因此通常在引入积分控制的同时引入比例控制,构成比例积分控制器。同时,从参数调节个数来看,比例调节器仅可调节一个参数 K_p ,而 PI 调节器则允许调节参数 K_p 和 T_i ,这样调节比较灵活,也较容易得到理想的动、静态性能指标。

PI 调节器的传递函数为 $G_c(s) = K_p\left(\dfrac{T_i s + 1}{T_i s}\right)$,因此,其实质是提供了一个位于坐标原点的极点和一个零点 $z = -\dfrac{K_i}{K_p}$ 。原点极点的引入,相当于系统型别提高一级,因此,对系统的稳态性能有本质改善。但是如果同时只允许暂态响应有小的甚至没有超调,则响应时间可能较长。

进一步分析,因 $G_c(s) = K_p\left(\dfrac{T_i s + 1}{T_i s}\right)$,PI 调节器归根到底是一个滞后环节。根据滞后校正原理,要求转折频率 $\dfrac{1}{T_i} < \omega_c$ 且远离 ω_c 。这表明在考虑系统稳定性时, T_i 应足够大。然而,若 T_i 太大,则 PI 调节器中的积分作用变小,会影响系统的静态性能,同时也会导致系统响应速度变慢。此时,可通过合理调节 K_p 和 T_i 的参数使系统的动态性能和静态性能均满足要求。如果 PI 控制器不能兼顾系统暂态和稳态要求,可以考虑采用 PID 控制器,以便充分利用各种控制的最佳性能。

对于 PI 调节器中的示例如图 7-21 所示。可以看到,当 T_i 减少时,系统的稳定性变差;当 T_i 增加时,系统的响应速度变慢。

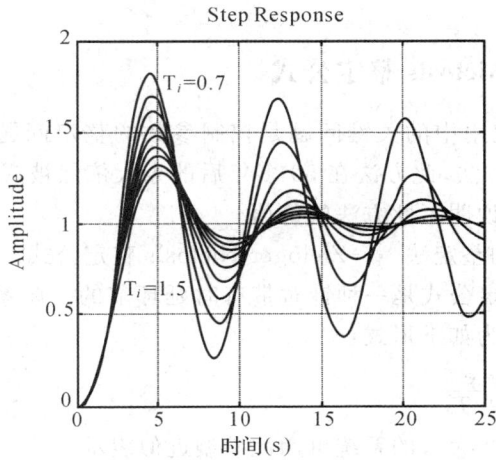

图 7-21

3. 微分的作用——PD 和 PID 调节器

比例微分控制器的框图如图 7-22 所示。

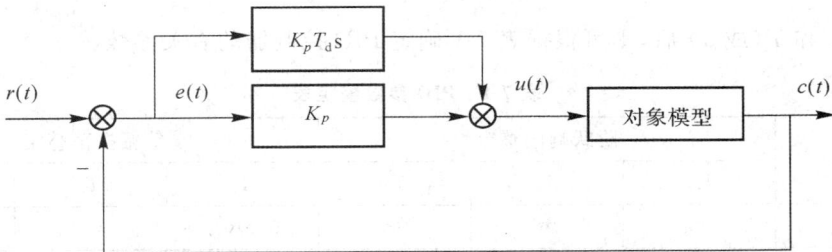

图 7-22　比例微分控制器结构

其数学描述为

$$u(t) = K_p\left[e(t) + T_d\,\frac{\mathrm{d}e(t)}{\mathrm{d}t}\right]$$

显然,PD 控制器的传递函数为

$$G_c(s) = K_p + K_p T_d s$$

上式表明,微分引入后,PD 控制器其实相当于一个相位超前校正装置,可以扩展系统带宽,从而提高系统的响应速度。但在实际的控制系统中,单纯采用 PD 控制的系统较少,其原因有两方面,一是纯微分环节在实际中无法实现;同时,由于 $\dfrac{\mathrm{d}e(t)}{\mathrm{d}t}$ 是 $e(t)$ 随时间的变化率,所以 PD 控制器中的微分控制实质上是一种"预见"型控制。这样,如果阶跃响应 $h(t)$ 或 $e(t)$ 变化率过大,则必然出现大的超调,系统各环节中的任何扰动均将对系统的输出产生较大的波动,因此不利于系统动态性能的真正改善。

实际中采用能够兼顾动态、静态性能的 PID 控制器,其传递函数可表示为

$$G_c(s) = K_p\left(1 + \frac{1}{T_i s} + \frac{T_d s}{1 + s\dfrac{T_d}{N}}\right) \tag{7-38}$$

式中：N 一般大于 10。

7.3.2　Zieloger-Niclosls 整定公式

PID 控制器在实际使用中的关键问题是控制参数的整定问题。Niclosls 在 50 年代提出了一种 PID 参数整定方法，此方法在 50 多年后的今天依然被广泛沿用，这在控制发展历史上是很罕见的，也充分说明了此方法的价值。

本节介绍一种经典的整定法——Zieloger-Niclosls 整定公式。

Zieloger-Niclosls 整定公式是一种针对带有时延环节的一阶系统而提出的实用经验公式。此时，可将系统设定为如下形式：

$$G(s) = \frac{K \cdot e^{-s\tau}}{1 + Ts} \tag{7-39}$$

在实际的控制系统中，大量的系统可用此模型近似表示。

1. 基于时域响应曲线的整定

基于时域响应的 PID 参数整定方法有两种。

第一法：对被控对象开环施加一阶跃输入，通过实验方法，测出其输出响应，如图 7-23 所示，则输出信号可由图中的形状近似确定参数 k、L 和 T（或 a），其中 $a = \dfrac{kL}{T}$。如果获得了参数 k、L 和 T（或 a）后，则可根据表 7-1 确定 PID 控制器的有关参数。

表 7-1　PID 参数整定表

调节器类型	阶跃响应整定			等幅振荡整定		
	K_p	T_i	T_d	K_p	T_i	T_d
P	$1/\alpha$	∞	0	$0.5K'_p$	∞	0
PI	$0.9/\alpha$	$3L$	0	$0.45K'_p$	$0.833P'$	0
PID	$1.2/\alpha$	$2L$	$L/2$	$0.6K'_p$	$0.5P'$	$0.125P'$

第二法：设系统为只有比例控制的闭环系统，则当 K_p 增大时，闭环系统若能产生等幅振荡，如图 7-24，测出其振幅 K'_p 和振荡周期 P'，然后由表 7-1 整定 PID 参数。

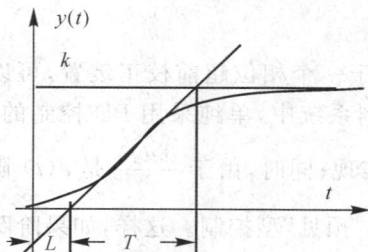

图 7-23　一阶时延系统阶跃响应　　　　　　图 7-24　系统等幅振荡

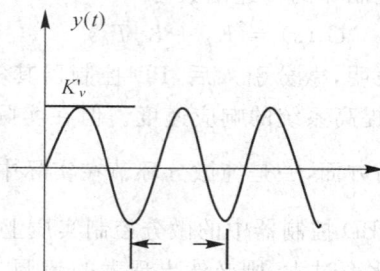

这两种方法在应用中也有约束，因为许多系统并不与上述系统匹配，例如第一法无法应用于开环传递中含积分项的系统，第二法无法直接应用于无时滞的二阶系统（因为无法产生

等幅振荡）。如 $G_0(s) = \dfrac{K}{(s+\alpha)(s+\beta)}$ 就无法利用 Zieloger-Niclosls 法进行整定。

下面举例说明上述整定方法。

【例 7-10】　有一伺服系统的开环传递函数为

$$G_0(s) = \frac{10}{(s+1)(s+2)(s+3)(s+5)}$$

要求设计一个控制器使系统的稳态位置误差为零。

解　采用 Zieloger-Niclosls 整定公式第一法。

(1)根据原开环系统的传递函数,利用 MATLAB 绘制其阶跃响应曲线如图 7-25 所示。

Step Response

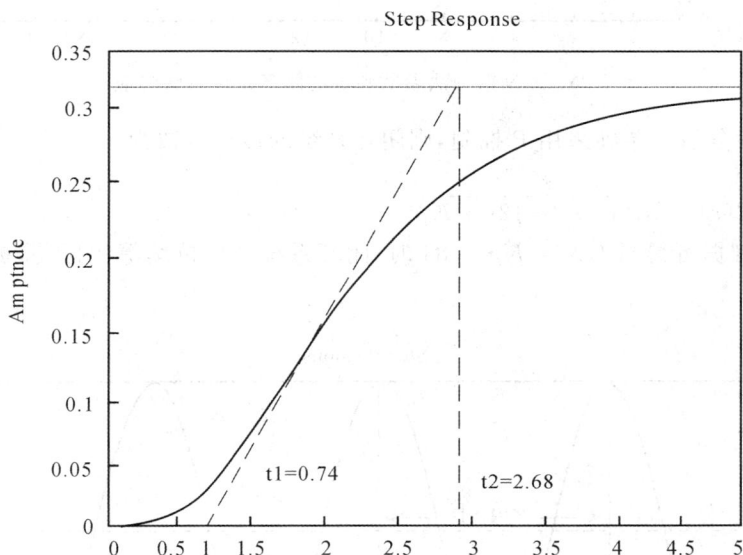

图 7-25　开环系统的阶跃响应曲线图

(2)由图可近似得到一阶延迟系统的参数:

$$k = 0.333, \quad L = 0.74, \quad T = 2.68 - 0.74 = 1.93$$

若由高阶近似一阶的方法,亦可得到 $k = 10/30 = 0.333, T = 61/30 = 2.033$。由此可得到 PID 控制器的参数为

$$K_p = 1.2/\alpha = 9.38, \quad T_i = 2L = 1.48, \quad T_d = L/2 = 0.37$$

其控制器为 $G_c(s) = 9.38\left(1 + \dfrac{1}{1.48s} + 0.37s\right)$

(3)系统闭环传递函数及其阶跃响应如图 7-26 所示。

【例 7-11】　有一系统的开环传递函数为

$$G_0(s) = \frac{1}{s(s+3)(s+4)}$$

要求设计一个控制器使系统的稳态速度误差为零。

解　由于系统开环中存在积分环节,无法采用第一法。因而采用 Zieloger-Niclosls 整定公式第二法。

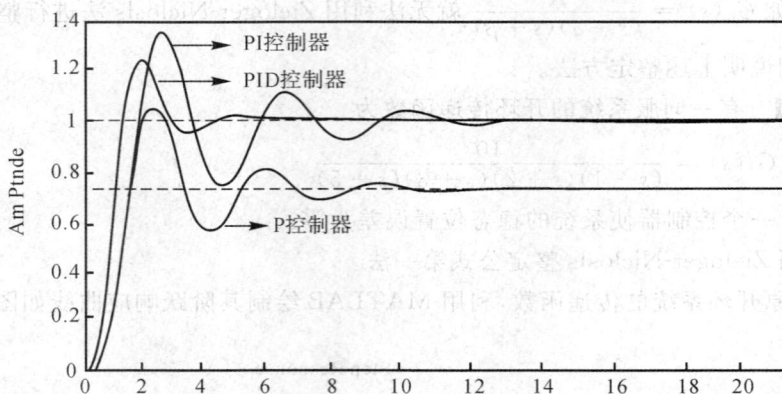

图 7-26　Z-N 第一法参数整定的闭环系统阶跃响应

（1）稳定性分析。单纯采用 P 控制，则闭环系统的传递函数为

$$\frac{C(s)}{R(s)} = \frac{K_p}{s^3 + 7s^2 + 12s + K_p}$$

通过劳斯判据可得当 $K_{p'} = K_p = 84$ 时，闭环系统产生持续等幅振荡，振荡频率 $\omega_c = \sqrt{12}$。

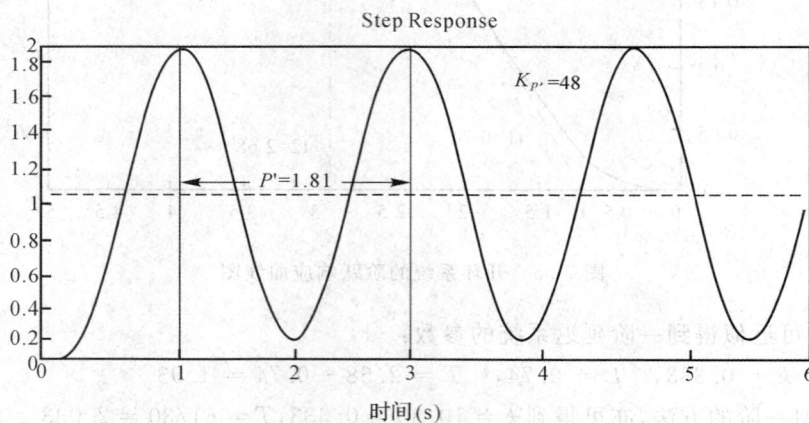

图 7-27　当 $K_p = 48$ 时的单位阶跃响应

（2）根据 Z-N 第二整定法，即可分别得到 PI 和 PID 控制器的参数。

PI 控制器：$K_p = 0.45K_{p'} = 37.8$，　$T_i = 0.833P' = 1.51$

$$G_c(s) = 37.8\left(1 + \frac{1}{1.51s}\right)$$

PID 控制器：$K_p = 0.6K_{p'} = 50.4$，　$T_i = 0.5P' = 0.91$，　$T_d = 0.125P' = 0.23$

$$G_c(s) = 50.4\left(1 + \frac{1}{0.91s} + 0.23s\right)$$

（3）根据上面设计的控制器，分别得到其相应的闭环系统：

$$G_{cl}(s) = \frac{37.8(s + 0.6623)}{(s + 5.931)(s + 0.7766)(s^2 + 0.2921s + 5.435)}$$

$$G_{c2}(s) = \frac{11.592(s^2 + 4.348s + 4.778)}{(s^2 + 5.39s + 7.934)(s^2 + 1.61s + 6.981)}$$

（4）根据校正后的阶跃响应曲线图 7-28 可以发现，对本题采用 PID 效果比 PI 要好。若要得到更好的效果，可在此基础上调整 PID 参数。

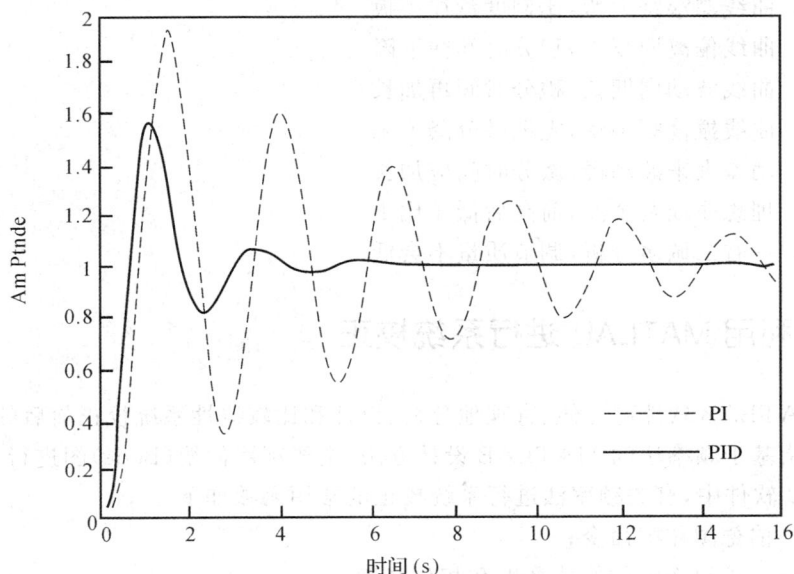

图 7-28　采用 PI 和 PID 的不同控制效果

2. 基于频域法的整定

如果实验数据是由频率响应得到的，则可先画出其对应的奈奎斯特图，如图 7-29 所示。从图中可以得到系统的剪切频率 ω_c 与系统的极限增益 K_c，若令 $T_c = 2\pi/\omega_c$，同样我们从表 7-2 给出的经验公式可以得到 PID 控制器对应的参数。事实上，此法即时域法的第二法。

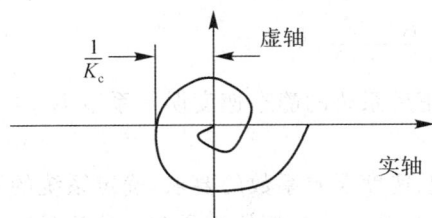

图 7-29　Nyquist 图

表 7-2　Z-N 频域整定法

控制器类型	K_p	T_i	T_d
P	$0.5K_c$	∞	0
PI	$0.4K_c$	$0.8T_c$	0
PID	$0.6K_c$	$0.5T_c$	$0.12T_c$

另，从工程实践出发，特附上如下歌诀。

PID 控制器参数的工程整定口诀(注:需说明口诀中的比例度为比例增益 K_p 的倒数)

参数整定找最佳,从小到大顺序查

先是比例后积分,最后再把微分加

曲线振荡很频繁,比例度盘要放大

曲线漂浮绕大弯,比例度盘往小扳

曲线偏离回复慢,积分时间往下降

曲线波动周期长,积分时间再加长

曲线振荡频率快,先把微分降下来

动差大来波动慢,微分时间应加长

理想曲线两个波,前高后低 4 比 1

一看二调多分析,调节质量不会低

7.4 利用 MATLAB 进行系统校正

利用 MATLAB 软件可方便、直观地分析、设计和比较线性系统校正前后的特性。

本节介绍基于频率法的 MATLAB 设计方法,主要利用伯德(Bode)图进行系统的设计。在 MATLAB 软件中,有关频率法进行系统校正的常用函数如下:

Bode——伯德图作图命令;

Margin——求取系统的幅值裕度和相位裕度;

Semilogx——半对数作图函数;

Logspace——用于在某个区域中产生若干频点;

Nyquist-Nyquist 曲线作图命令;

Phase、Abs——求取复数行矢量的相角和幅值函数。

下面结合示例介绍采用 Matlab 进行设计的具体步骤。

【例 7-4】 对一给定的对象环节:

$$G_o(s) = \frac{K}{s(0.03s + 1)}$$

设计一个补偿器,使校正后系统的静态速度误差系数 $K_v \geqslant 75$,剪切频率大于 60,相位裕量$\geqslant 45°$。

解 (1)首先根据对静态速度误差系数的要求,确定系统的开环增益 $K = 75$。

(2)写出系统传递函数 G_o 并计算其幅值裕量和相位裕量:

```
Go = tf(75, conv([1,0],[0.03,1]));
[Gm, Pm, Wcg, Wcp] = margin(Go);
[Gm, Pm, Wcg, Wcp]
ans =
          Inf    36.6806    Inf    44.7517
w = logspace(-1,3); [m,p] = bode(Go,w);
subplot(211), semilogx(w, 20 * log10(m(:)))
subplot(212), semilogx(w, p(:))
```

可以看到,未校正环节的幅值裕量无穷大,相位裕量 $\gamma = 37°$,剪切频率 $\omega_c = 45$,不满足要求。其伯德图如图 7-30(a)中的虚线所示。

(3)根据系统对动态性能的要求,可试探性引入一个超前补偿器来增加相角裕量,则可假设校正装置的传递函数为

$$G_c(s) = \frac{0.04s + 1}{0.02s + 1}$$

则可通过下列的 MATLAB 语句得到校正后系统的幅值裕量和相位裕量:

Gc=tf([0.04,1],[0.02,1]);bode(Gc,w)

G_o=Gc*Go;[Gm,Pm,Wcg,Wcp]=margin(G_o);[Gm,Pm,Wcg,Wcp]

ans =

　　　　　　　　Inf　　46.0190　　　　Inf　　60.4145

从而可得到补偿器的伯德图如图 7-30(b)所示。可以看出,在频率 $\omega = 60$ 处系统的幅值和相位均增加了。在这样的控制器下,校正后系统的相位裕量增加到 46°,而剪切频率增加到 $\omega = 60$。

(4)绘制校正后系统的伯德图如图 7-28(a)中的实线所示。用如下的 MATLAB 语句绘制校正前后系统的阶跃响应曲线如图 7-30(c)所示。

[m,p]=bode(Go,w);[m1,p1]=bode(G_o,w);

subplot(211),semilogx(w,20*log10([m(:),m1(:)]))

subplot(212),semilogx(w,[p(:),p1(:)])

G_c1=feedback(Go,1);G_c2=feedback(G_o,1);

[y,t]=step(G_c1);y=[y,step(G_c2,t)];

figure,plot(t,y)

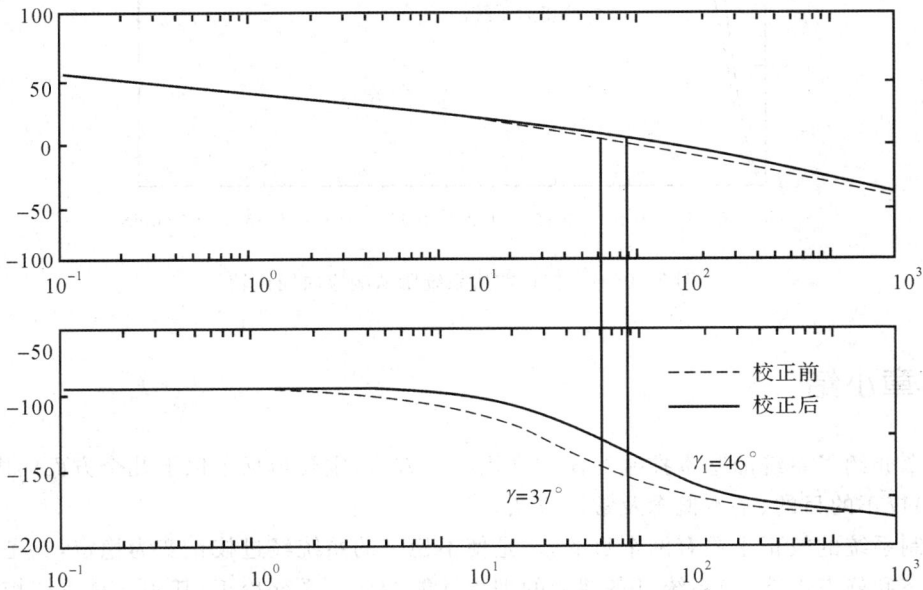

图 7-30(a)　校正前后系统伯德图

Bode Diagram

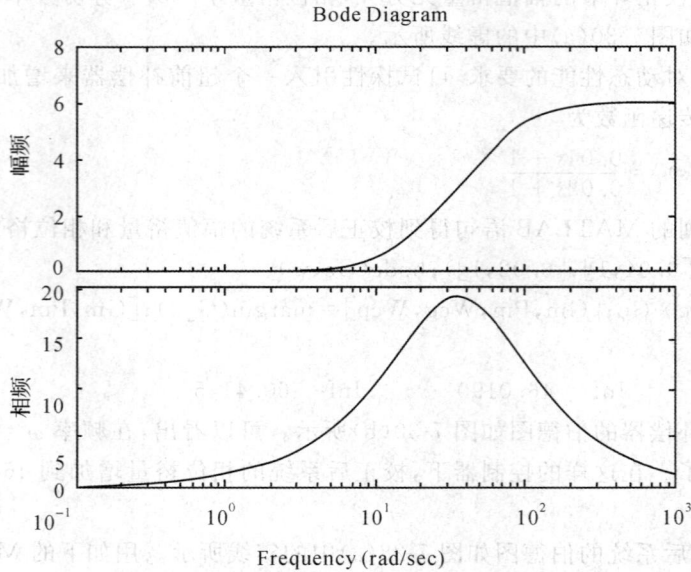

图 7-30(b) 补偿器的伯德图

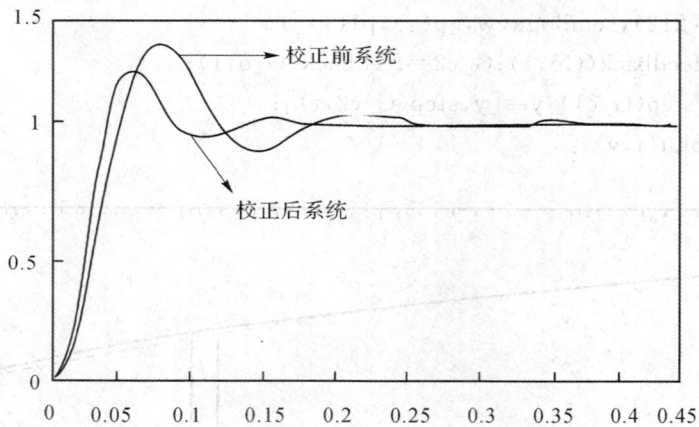

图 7-30(c) 校正前后系统阶跃响应曲线比较

本章小结

本章介绍了系统的基本控制规律和常用校正方法,主要包括了以下几个方面的内容:

(1)校正的目的、基本概念及常用方法。

控制系统的校正主要有两个目的,一是使不稳定的系统经过校正变为稳定,二是改善系统的动态和静态性能,使系统具备期望的理想性能指标。系统校正,其实就是系统控制环节设计的过程。

（2）校正装置的选择和具体实现。

主要介绍了串联校正，包括相位超前校正、相位滞后校正和相位滞后—超前校正的无源和有源装置，需要重点掌握前两者。从校正原理上说，有源和无源校正是相同的，只是实现方式上的差异。

校正的一般步骤是首先针对未校正系统，得出与期望特性相应的指标（动态和稳态指标），然后与期望值比较，在此基础上选择合适的校正装置，按频率法的设计原则进行设计，最后校核设计的效果，进行调整或重新选择校正装置。

（3）PID 控制器的原理、方法和参数整定。

线性控制系统的基本控制规律有比例控制、微分控制和积分控制，这些控制规律的组合即 PID 控制一般可以达到校正控制对象特性的目的。本章重点介绍了基本的 PID 参数整定 Z-N 法，它既可以基于时域也可基于频域，有很好的工业应用价值。

（4）MATLAB 软件的使用

主要介绍了 MATLAB 软件中与频率法进行系统校正有关的内部函数，通过实例说明了 MATLAB 软件在系统校正中的应用。

习　题

7-1　试回答下列问题，着重从物理概念上加以说明：

（1）有源校正装置与无源校正装置有何不同特点，在实现校正规律时的作用是否相同？

（2）如果 I 型系统经校正后希望成为 II 型系统，应采用哪种校正规律才能满足要求，并保证系统稳定？

（3）串联超前校正为什么可以改善系统的暂态性能？

（4）在什么情况下加串联滞后校正可以提高系统的稳定程度？

7-2　设 I 型单位反馈系统原有部分的开环传递函数为

$$G_0(s) = \frac{K}{s(s+1)}$$

要求设计串联校正装置，使系统具有 $K = 12$ 及 $\gamma = 40°$ 的性能指标。

7-3　设一单位反馈控制系统的开环传递函数为

$$G_K(s) = \frac{K}{s(1+0.1s)}$$

现要求系统的稳态误差系数 $K_v = 100 \text{s}^{-1}$，相角裕度 $\gamma = 55°$，幅值裕度 $K_g \geqslant 10$，试确定该系统的校正装置。

7-4　已知未校正系统原有部分的开环传递函数为

$$G_0(s) = \frac{K}{s(s+2)(s+6)}$$

试设计串联滞后校正装置，使系统满足下列性能指标：$K \geqslant 180, \gamma > 40°, 3\text{s}^{-1} < \omega_c < 5\text{s}^{-1}$。

7-5　某单位反馈系统的开环传递函数为

$$G(s) = \frac{K}{s(s+1)(0.22s+1)}$$

试设计串联滞后校正装置，使系统满足下列性能指标：$K \geqslant 5$，$r \geqslant 40°$，$w_c \geqslant 0.4 \text{s}^{-1}$。

7-6　设一单位反馈系统的开环传递函数为

$$G(s) = \frac{2500K}{s(s+25)}$$

现要求相角稳定裕量 $\gamma \geqslant 45°$，$K \geqslant 1$，试确定系统的校正装置。

7-7　单位反馈系统的开环传递函数为

$$G(s) = \frac{K}{s(s/10+1)(s/100+1)}$$

试确定滞后—超前校正装置的传递函数，使系统满足以下性能指标：速度误差系数 K_v = 100，斜坡输入的稳态误差 $\leqslant 1\%$；相角裕度 $\gamma \geqslant 45°$；对大于 $50\mathrm{Hz}$ 的扰动信号，在输出端至少衰减到 0.004。

7-8　已知被控对象传递函数 $G_0(s) = \dfrac{K}{s(s+0.2)}$，试采用 PID 控制方法设计一个控制器 $G_c(s)$，使系统闭环稳定，且具有 $\gamma = 35°$ 的相角裕度，对单位斜坡参考输入的稳态误差 $e_{ss} \leqslant \dfrac{1}{20}$。

第8章　非线性控制系统的一般分析方法

前面各章节讨论了有关线性定常系统的分析与综合。事实上,在工程实际中,理想的线性系统是不存在的,大量存在的是非线性系统,因为组成系统的所有元部件在不同程度上都具有非线性特性。所谓线性系统只是在一定的范围内对非线性系统的非线性特性进行线性化处理后的近似。对绝大多数控制系统而言,系统近似线性化后分析所得的结果,还是能以足够的精度反映系统的实际运动情况。

一个系统中的任何环节如含有非线性,则该系统即为非线性系统。实际系统中,凡不能作线性化处理的非线性特性称为本质型非线性。系统中含有一个或一个以上本质型非线性元部件时,则称该系统为本质型非线性控制系统。由于非线性系统的多样性和复杂性,对非线性系统的分析、设计还没有一种普遍适用的方法。

本章简要介绍两种常用的非线性系统分析方法,即描述函数法和相平面法。在此基础上,介绍 MATLAB 在非线性系统分析中的应用。

8.1　非线性系统概述

非线性系统的运动要用非线性微分方程式去描述。控制系统中元件的非线性特性有很多种,熟悉典型的非线性特性,有助于对非线性系统的理解。

8.1.1　典型非线性特性

1. 饱和特性

饱和特性是一种常见的非线性特性,例如实际的运算放大器就是一种典型的具有饱和非线性的元件。饱和特性的输入、输出关系如图 8-1 所示。由图可知,当输入 $|x| < x_0$ 时,输出 y 与输入 x 呈线性关系;当 $|x| > x_0$ 时,输出 y 为一常量。其数学表达式为

$$y = \begin{cases} kx, & |x| < x_0 \\ M\mathrm{sgn}\, x, & |x| > x_0 \end{cases} \tag{8-1}$$

可见,系统如果存在具有饱和非线性特性的元件,一般情况下它的开环增益就会受到限制,从而导致系统过渡过程时间的增加和稳态误差的变大,使动态性能变差。但同时饱和特性可作为有利因素加以利用,以限制系统输出的幅值,如电机转速的控制等。

2. 死区特性

死区特性也是一种常见的非线性特性。例如在许多控制系统中,测量元件的不灵敏区

和执行机构普遍存在着死区现象。如图 8-2 所示是一种常见的死区非线性特性。当输入信号 $|x| < \Delta$ 时,其输出 y 为零值。当输入信号 $|x| > \Delta$ 时,才有输出信号 y 产生,并与输入信号呈线性关系。其数学表达式为

$$y = \begin{cases} 0, & |x| < \Delta \\ k(x - \Delta\,\mathrm{sgn}\,x), & |x| > \Delta \end{cases}$$

$$\tag{8-2}$$

式中:k 为图 8-2 中线性段的斜率;Δ 为死区的范围。死区特性对控制系统会产生如下影响:

图 8-1 饱和非线性特性

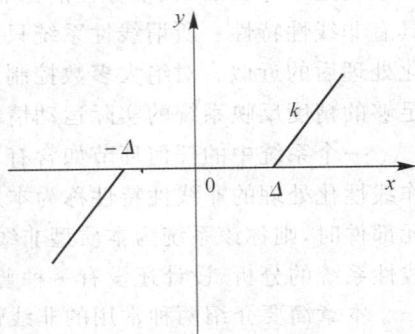

(1)使系统的稳态误差增大,如测量元件的死区对系统稳态性能的影响就很大。

(2)对动态性能的影响有利有弊,如某些系统,死区的存在会抑止其振荡;而另一些系统,死区又能导致其产生自持振荡。

(3)死区能滤去从输入端引入的小幅值干扰信号,提高系统抗扰动的能力。

(4)当系统的输入信号为阶跃、斜坡等函数时,死区的存在会引起系统输出在时间上的滞后。

3. 继电器特性

图 8-3(a)所示为理想的继电器特性。由于实际的继电器存在吸合电压和释放电压,且两者通常又不

图 8-2 死区非线性特性

相等,因此还存在死区、回环等特性。图 8-3(b)所示为具有死区的继电器特性。图 8-3(c)所示为具有回环的继电器特性。综上所述,实际的继电器特性既有死区,又有回环,如图 8-3(d)所示,其数学表达式为

$$y = \begin{cases} 0, & -ma < x < a, & \dot{x} > 0 \\ 0, & -a < x < ma, & \dot{x} < 0 \\ b\,\mathrm{sgn}\,x, & |x| \geqslant a \\ b, & x \geqslant ma, & \dot{x} < 0 \\ -b, & x \leqslant -ma, & \dot{x} > 0 \end{cases} \tag{8-3}$$

式中:a 为继电器的吸合电压;ma 为继电器的释放电压;b 为继电器的饱和输出。

继电器非线性特性一般会对系统的稳定性产生不利影响,也会使系统的稳态误差增大。但如果应用得当,也可改善系统的性能。

4. 间隙特性

间隙特性又称回路特性或回环特性,它一般是由非线性元件的滞后作用引起的。例如铁磁材料的磁滞、齿轮传动中的间隙都会产生回环。图 8-4 所示为磁滞回路的输入、输出特性,其数学表达式为

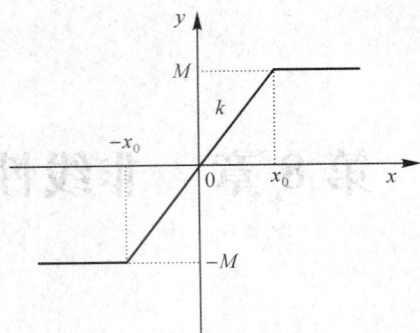

(a) 理想继电器特性　　　　　　　　　(b) 有死区的继电器特性

(c) 有回环的继电器　　　　　　　　　(d) 有死区和回环的继电器特性

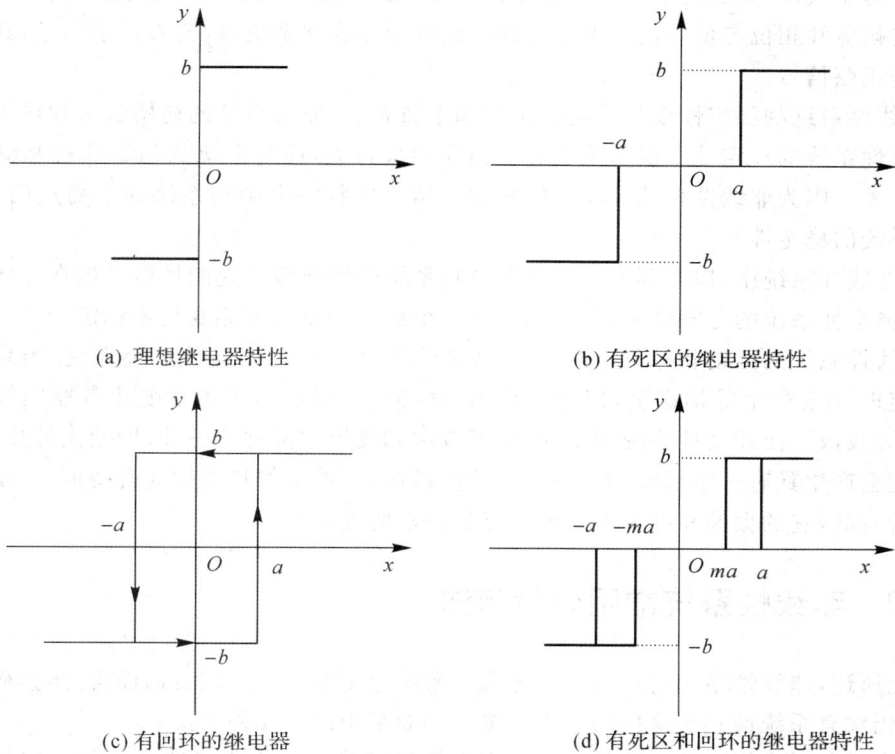

图 8-3　继电器非线性特性

$$y=\begin{cases} k\left(x-\dfrac{b}{2}\right), & \dot{y}>0 \\ k\left(x+\dfrac{b}{2}\right), & \dot{y}<0 \\ M\mathrm{sgn}y, & \dot{y}=0 \end{cases} \qquad (8\text{-}4)$$

由式(8-4)可以看出,如图 8-4 所示的非线性特性是多值的。对于一个给定的输入究竟取哪一个值作为输出不仅与输入有关,也与输出的变化规律有关。

系统中若有回环非线性特性的元件存在,通常会使其输出在相位上产生滞后,从而导致系统稳定裕量的减小和动态性能的恶化,甚至可能使系统产生自持振荡。

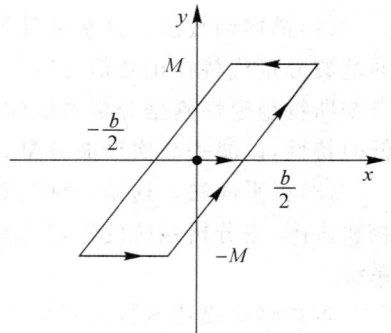

图 8-4　回环非线性特性

8.1.2　非线性系统的特点

与线性系统相比,非线性系统有以下特点,了解并熟悉这些特点,对研究非线性系统是很有帮助的。

(1)线性系统具有叠加性和齐次性,但由于非线性系统的输入输出关系由非线性微分方程式描述,因而叠加性和齐次性不再适用。

(2)线性系统的动态性能与输入信号无关,而非线性系统对输入信号的动态响应可能产生畸变。对于线性系统,若输入信号是正弦信号,则其稳态输出是同频的正弦信号,只是输出信号的幅值和相位与输入信号可能不同。而对于非线性系统,若输入正弦信号,其输出一般都不是正弦信号。

(3)线性系统的稳定性仅与系统的结构和参数有关,而与系统的初始状态和输入信号无关。非线性系统的稳定性不仅与系统的结构和参数有关,还与系统的初始状态和输入信号的性质有关。因为非线性系统的输入信号和初始工作状态会影响系统的平衡点的位置,进而影响系统的稳定性。

(4)在线性系统中,串联环节的互换不影响系统的输出和系统的性能。但在非线性系统中,这可能会使系统的分析结果完全不同,如一个稳定的系统可能变为不稳定。

(5)线性系统的运动状态只有两种,即收敛和发散。因为对线性系统来说,当系统处于临界稳定时才会产生等幅振荡,但这种振荡是暂时的,最后由于参数变化等原因或趋于发散,或变为收敛。而非线性系统则不同,除了收敛和发散这两种状态外,即使无外加信号,系统也可能会产生具有一定幅度和频率的持续性振荡,这种工作状态称为自持振荡,是非线性系统所特有的,它的振幅和频率由系统本身的特性所决定。

8.2　非线性系统常用分析方法

如上所述,非线性系统的运动方式比线性系统要复杂得多。就目前而言,虽然研究方法很多,但仍没有系统性和普遍性的解决方案。一般常用以下几种方法。

(1)李雅普诺夫第二法。这是一种适用于任何线性系统或非线性系统的稳定性分析方法。该方法通过构造合适的李雅普诺夫函数,可分析系统的各类稳定性,但李氏函数的构造较为困难。

(2)描述函数法。这是一种等效线性化方法。在一定条件下,用非线性元件输出信号中的基波分量代替在正弦信号输入时系统的实际输出,从而可应用线性系统频率分析法中的奈奎斯特稳定性判据分析系统的稳定性和自持振荡问题。该方法要求系统的线性部分具有低通特性,以滤去高次谐波分量。

(3)相平面法。这是一种图解法。通过在 $x-\dot{x}$ 平面上绘制非线性系统的运动轨迹,即相轨迹图,去分析系统的稳定性和动态性能。该方法仅适用于任意的二阶及以下的非线性系统。

本章将对描述函数法和相平面法作简要的介绍。

8.2.1　非线性系统的描述函数法

1.描述函数的基本概念

对于许多非线性控制系统,可以通过简化分离,变换成由线性部分和非线性部分串联组成的反馈控制系统。这也是本章研究的主要对象。

设非线性控制系统的一般结构如图 8-5 所示,其中 N 为非线性元件,$G(s)$ 为线性环节。由于描述函数法主要用于研究非线性系统的稳定性和自持振荡问题,因此可令输入信号 $r(t)=0$。若在非线性元件的输入端施加一幅值为 A、频率为 ω 的正弦信号,则其输出端信号 $y(t)$ 一般不是与输入同频的正弦信号,而是一个非正弦的周期函数。为了实现非线性特

性的线性化,进一步假设非线性控制系统具有下列特点:

（1）非线性元件的输入、输出特性是定常的,为非储能元件。

（2）非线性元件的特性对坐标原点是奇对称的,则在正弦输入信号作用下,非线性元件的输出信号中直流分量为零。

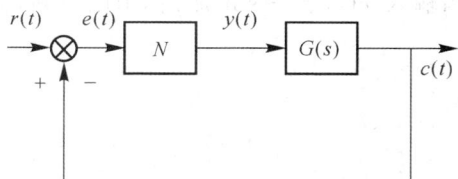

图 8-5　非线性控制系统

（3）非线性系统中的线性部分具有良好的低通特性,即能滤去各项高次谐波。

在满足上述条件下,对周期函数 $y(t)$ 用傅里叶级数表示,可得其描述函数。

设非线性元件的输入为

$$e(t) = A\sin \omega t$$

则

$$y(t) = \frac{A_0}{2} + \sum_{i=1}^{\infty} (A_i\cos \omega t + B_i\sin \omega t) = \frac{A_0}{2} + \sum_{i=1}^{\infty} Y_i\sin(\omega t + \varphi_i) \tag{8-5}$$

其中

$$A_i = \frac{1}{\pi}\int_0^{2\pi} y(t)\cos \omega t \, \mathrm{d}\omega t \quad (i = 0,1,\cdots) \tag{8-6}$$

$$B_i = \frac{1}{\pi}\int_0^{2\pi} y(t)\sin \omega t \, \mathrm{d}\omega t \quad (i = 1,2,\cdots) \tag{8-7}$$

$$Y_i = \sqrt{A_i{}^2 + B_i{}^2}, \quad \varphi_i = \tan^{-1}\frac{A_i}{B_i} \tag{8-8}$$

根据前面的假设,$A_0 = 0$,而非线性元件的输出可近似用基波分量表示,它是与输入同频的正弦信号,其幅值和相位用 Y_1 和 φ_1 表示。经过上述实质上是线性化处理后的非线性元件的输出与输入的关系可用复数比表示为

$$N(A) = |N(A)| \mathrm{e}^{\mathrm{j}\angle N(A)} = \frac{Y_1}{A}\angle \varphi_1 = \frac{Y_1 \mathrm{e}^{\mathrm{j}\varphi_1}}{A} = \frac{B_1}{A} + \mathrm{j}\frac{A_1}{A} \tag{8-9}$$

式中：$N(A)$ 称为非线性特性的描述函数；A 为正弦输入信号的幅值；Y_1 为输出基波分量的幅值；φ_1 为输出的基波分量相对于正弦输入信号的相移。用描述函数代替非线性元件后,图 8-5 所示的非线性控制系统可由图 8-6 所示的结构进行表示。由于图 8-6 所示是一个近似的线性系统,因而可用线性控制理论中的频率法对它进行分析。需要说明的是,线性化处理后的系统,仍具有非线性的基本特征,本质上不同于线性系统。

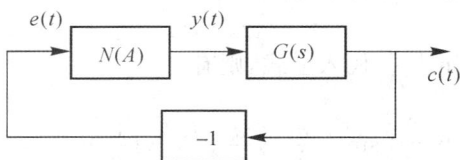

图 8-6　等效的非线性控制系统

在非线性控制系统的描述函数分析法中,常用的是负倒描述函数

$$-\frac{1}{N(A)} = -\frac{1}{|N(A)|}\mathrm{e}^{-\mathrm{j}\angle N(A)} \tag{8-10}$$

及其随 A 变化的轨迹。

下面以典型的饱和特性为例,介绍描述函数求解的基本思路。

饱和非线性的输入输出特性如图 8-7(a)所示,其输入、输出的波形如图 8-7(b)所示。

当输入 $x(t) = A\sin \omega t$ 时,由图可知,输出 $y(t)$ 是一个周期性的奇函数,其数学表达式为

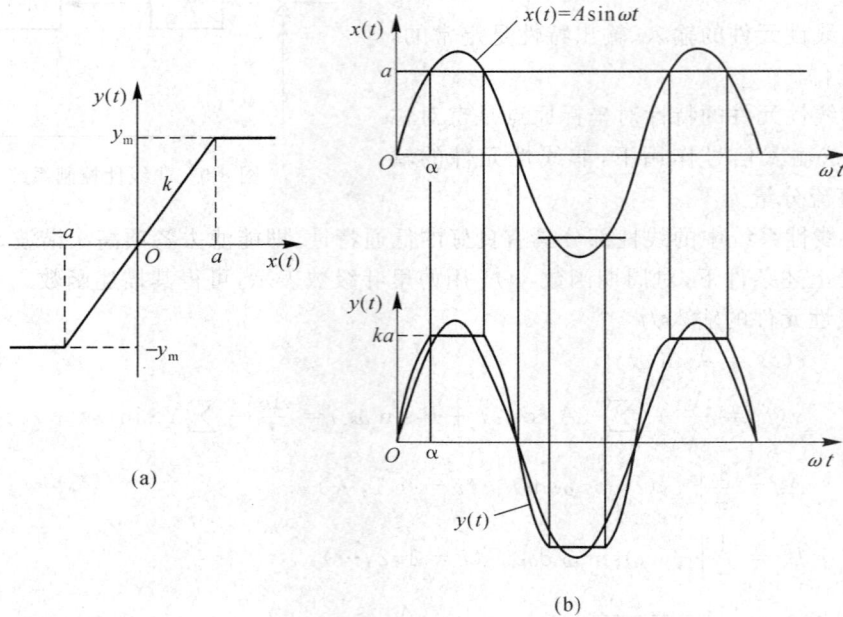

(a)

(b)

图 8-7　饱和非线性系统的输入输出

$$y(t) = \begin{cases} kA\sin t, & \omega t < \alpha \\ ka, & \alpha < \omega t < (\pi - \alpha) \\ kA\sin t, & (\pi - \alpha) < \omega t < \pi \end{cases} \tag{8-11}$$

则由式(8-6)、(8-7)可求得

$$A_1 = 0$$

$$B_1 = \frac{1}{\pi}\int_0^{2\pi} y(t)\sin \omega t\, d\omega t$$

$$= \frac{4}{\pi}\int_0^{\alpha} kA\sin^2 \omega t\, d\omega t + \frac{4}{\pi}\int_{\alpha}^{\frac{\pi}{2}} ka\sin \omega t\, d\omega t$$

$$= kA\,\frac{2}{\pi}(\alpha + \sin \alpha\cos \alpha)$$

由于 $a = A\sin \alpha$,将 $\alpha = \sin^{-1}\dfrac{a}{A}$ 代入上式,则有

$$Y_1 = B_1 = kA\,\frac{2}{\pi}\left[\sin^{-1}\frac{a}{A} + \frac{a}{A}\sqrt{1 - (\frac{a}{A})^2}\,\right] \tag{8-12}$$

$$N(A) = \frac{Y_1}{A} = k\,\frac{2}{\pi}\left[\sin^{-1}\frac{a}{A} + \frac{a}{A}\sqrt{1 - (\frac{a}{A})^2}\,\right] \quad (A > a) \tag{8-13}$$

若 $A < a$,则 $N(A) = k$。

式(8-13)对应的负倒描述函数为

$$-\frac{1}{N(A)} = -\frac{1}{k\,\dfrac{2}{\pi}\left[\sin^{-1}\dfrac{a}{A} + \dfrac{a}{A}\sqrt{1 - (\frac{a}{A})^2}\,\right]} \tag{8-14}$$

若以 $\dfrac{a}{A}$ 为自变量，$\dfrac{N(A)}{k}$ 为因变量，可得对应的函数曲线如图 8-8 所示。该图有助于某些问题的求解。

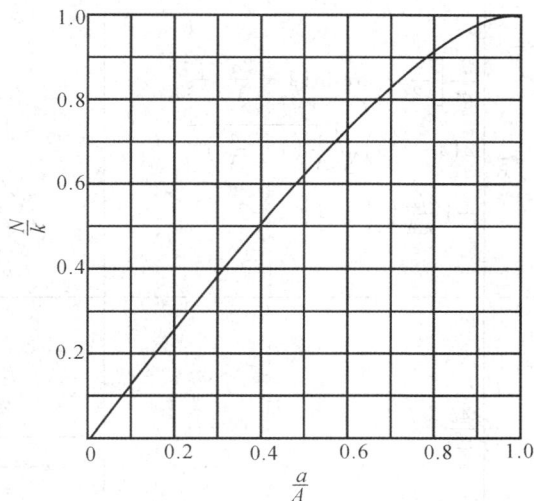

图 8-8　饱和非线性的描述函数

需要注意的是，如果系统中存在两个或多个典型非线性元件的串联或并联，此时其合成的描述函数通常并不是两个或多个元件描述函数的相乘或相加，一般应严格根据合成的等效输入输出特性进行求解。

表 8-1 所示列出了常用的典型非线性特性的描述函数。

表 8-1　典型非线性特性的描述函数

非线性特性	描述函数 $N(A)$ 数学表达式	$-\dfrac{1}{N(A)}$ 轨迹
饱和	$\dfrac{2k}{\pi}\left[\arcsin\left(\dfrac{a}{A}\right)+\dfrac{a}{A}\sqrt{1-\left(\dfrac{a}{A}\right)^2}\right]$	
死区	$\dfrac{2k}{\pi}\left[\dfrac{\pi}{2}-\arcsin\dfrac{a}{A}-\dfrac{a}{A}\sqrt{1-\left(\dfrac{a}{A}\right)^2}\right]$	

续表

非线性特性	描述函数 $N(A)$ 数学表达式	$-\dfrac{1}{N(A)}$ 轨迹
间隙	$\dfrac{k}{\pi}\left[\dfrac{\pi}{2}+\arcsin\left(1-\dfrac{2a}{A}\right)+2\left(1-\dfrac{2a}{A}\right)\sqrt{\dfrac{a}{A}\left(1-\dfrac{a}{A}\right)}\right]+\mathrm{j}\dfrac{4ka}{\pi A}\left(\dfrac{a}{A}-1\right)$	
理想继电器	$\dfrac{4b}{\pi A}$	
有死区的继电器	$\dfrac{4b}{\pi A}\sqrt{1-\left(\dfrac{a}{A}\right)^2}$	
有滞环的继电器	$\dfrac{4b}{\pi A}\left[\sqrt{1-\left(\dfrac{a}{A}\right)^2}-\mathrm{j}\,\dfrac{a}{A}\right]$	
有死区及滞环的继电器	$\dfrac{2b}{\pi A}\left[\sqrt{1-\left(\dfrac{a}{A}\right)^2}+\sqrt{1-\left(\dfrac{ma}{A}\right)^2}\right]+\mathrm{j}\,\dfrac{a(m-1)}{A}$	

2. 非线性控制系统的描述函数分析

由于描述函数法仅表示非线性环节在正弦输入信号的作用下,其输出的基波分量与输入的正弦信号间的关系,因而该法不可能像线性系统的频域分析法一样全面地分析系统的各类性能,只能用于近似地分析系统的稳定性和自持振荡问题。

(1)非线性系统的稳定性分析

由上述分析可见,非线性系统的自持振荡仅与系统的结构和参数有关,而与输入信号和初始条件无关,因而可令 $r(t) = 0$。此时,等效的一般系统框图如图 8-9 所示。图 8-9 中 $G(j\omega)$ 是线性部分的频率特性,$N(A)$ 是非线性部分的描述函数。

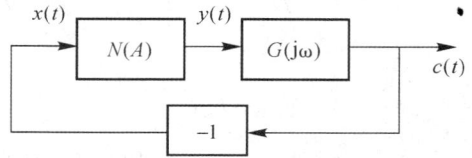

图 8-9　等效的非线性控制系统

当系统产生自持振荡时,设非线性环节的输入端信号 $x(t) = A\sin(\omega t)$,则其输出端的基波信号为

$$y_1(t) = |N(A)|A\sin(\omega t + \angle N(A)) \tag{8-15}$$

系统输出端的基波信号为

$$c_1(t) = |G(j\omega)N(A)|A\sin(\omega t + \angle N(A) + \angle G(j\omega)) \tag{8-16}$$

假设系统存在等幅持续振荡,则系统输出的基波分量与输入的正弦信号间的关系为 $c_1(t) = -x(t)$,即

$$A\sin(\omega t) = -|G(j\omega)N(A)|A\sin(\omega t + \angle N(A) + \angle G(j\omega)) \tag{8-17}$$

则有

$$\begin{cases} |G(j\omega)N(A)| = 1 \\ \angle N(A) + \angle G(j\omega) = \pi \end{cases} \tag{8-18}$$

亦即:$1 + G(j\omega)N(A) = 0$,也可写成

$$G(j\omega) = -\frac{1}{N(A)} \tag{8-19}$$

式(8-19)即为非线性系统产生自持振荡的条件。可以发现,它与线性系统中 $G(j\omega)H(j\omega)$ 曲线穿越点 $(-1,j0)$ 的情况相似,只是相当于线性系统点 $(-1,j0)$ 的是负倒特性 $-\frac{1}{N(A)}$,它是一条曲线。这样,仿照频域法中对线性系统稳定性的分析思路,假设 $G(j\omega)$ 为最小相位系统,则对非线性系统的奈奎斯特判据可叙述为:

①如果 $-\frac{1}{N(A)}$ 轨迹没有被 $G(j\omega)$ 包围,则非线性系统是稳定的,如图 8-10(a)所示;

②如果 $-\frac{1}{N(A)}$ 轨迹被 $G(j\omega)$ 包围,则相应的非线性系统是不稳定的,如图 8-10(b)所示;

③如果 $-\frac{1}{N(A)}$ 轨迹与 $G(j\omega)$ 曲线相交,则非线性系统可能存在自持振荡,但并非所有的交点都能产生自持振荡。如图 8-10(c)所示,$G(j\omega)$ 与 $-\frac{1}{N(A)}$ 分别交于 a、b 两点,下面则以上述说明为依据,分析 a、b 两点处的自持振荡。

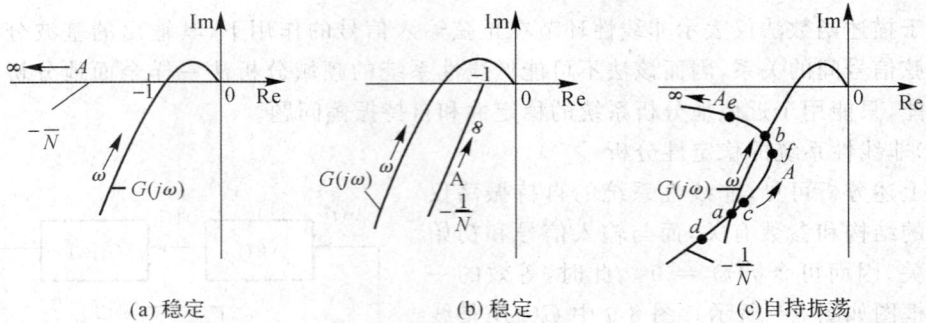

(a)稳定　　　　　　　　(b)稳定　　　　　　　　(c)自持振荡

图 8-10　非线性系统的稳定性和自持振荡

在交点 a 处,若系统的工作状态受到微小扰动,使非线性环节的输入幅值有所增大,则工作点将由 $-\dfrac{1}{N(A)}$ 曲线上的 a 点移向 c 点,由于 c 点被曲线 $G(j\omega)$ 包围,因此相应的系统是不稳定的,从而导致振荡的加剧,振幅不断增大,使 c 点向 b 点移动。反之,若在 a 点的扰动使非线性环节输入的幅值减小,则图中工作点逐渐由 a 点移向 d 点,由于 d 点没有被 $G(j\omega)$ 包围,此时系统稳定,振荡减弱,振幅不断减小,并远离 a 点。可见,在交点 a 处不存在自持振荡。

同理,可以利用非线性的奈奎斯特判据对工作点 b 处的振荡进行分析。可以判别,系统在工作点 b 处产生的自持振荡是稳定的。

(2)自持振荡幅值与频率的确定

自持振荡的幅值和频率是由交点处 $-\dfrac{1}{N(A)}$ 轨迹上的 A 值和 $G(j\omega)$ 曲线上的 ω 值来表示,即非线性系统若存在自持振荡,且其振荡频率为 ω_0,则根据

$$-\frac{1}{N(A_0)} = G(j\omega_0)$$

可求出振幅 A_0。

如果 $N(A)$ 中包含较复杂的函数如反三角函数,则只能用试探法或数值法求之。一般可以使 $-\dfrac{1}{N(A)}$ 和 $G(j\omega)$ 的实部、虚部分别相等,通过求解联立方程求得自持振荡的频率和幅值。但如果 $-\dfrac{1}{N(A)}$ 位于实轴,则只需使 $G(j\omega)$ 的虚部为零,或 $\angle G(j\omega)=-\pi$,即可得到自持振荡频率 ω_0,并进而求得振幅。

一般而言,控制系统不希望存在自持振荡,因为这将损坏控制设备,因此需通过调整原系统的参数或设计控制器予以解决。

【例 8-1】　具有饱和非线性的控制系统如图 8-11 所示,已知饱和非线性特性为

$$N(A) = \frac{2k}{\pi}\left[\arcsin\frac{a}{A} + \frac{a}{A}\sqrt{1-\left(\frac{a}{A}\right)^2}\right] \quad (A \geqslant a)$$

试求:(1)系统临界稳定时的 K 值;

(2)当 $K=15$ 时系统的自由运动状态。若有自持振荡产生,求其频率和振幅。

解　由于已知饱和非线性特性的描述函数,且 $k=2,a=1$,故

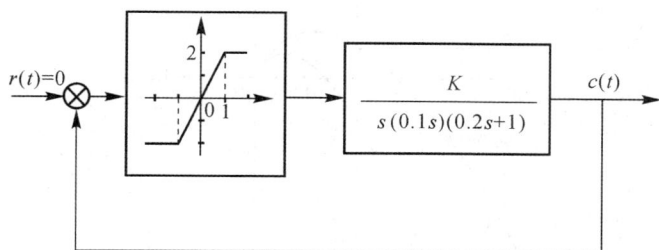

图 8-11　具有饱和放大器的非线性系统

$$-\frac{1}{N(A)} = -\frac{\pi}{4\left[\arcsin\dfrac{1}{A} + \dfrac{1}{A}\sqrt{1-\left(\dfrac{1}{A}\right)^2}\right]}$$

当起点 $A=1$ 时，$-\dfrac{1}{N(A)} = -0.5$；当 $A\to\infty$ 时，$-\dfrac{1}{N(A)} = -\infty$，因此 $-\dfrac{1}{N(A)}$ 曲线位于 $[-0.5, -\infty)$ 上。

系统线性部分的频率特性为

$$G(\mathrm{j}\omega) = \frac{K}{s(0.1s+1)(0.2s+1)}\Big|_{s=\mathrm{j}\omega} = \frac{K[-0.3\omega - \mathrm{j}(1-0.02\omega^2)]}{\omega[0.0004\omega^4 + 0.05\omega^2 + 1]}$$

令 $\mathrm{Im}[G(\mathrm{j})] = 0$，即 $1-0.02\omega^2 = 0$，得 $G(\mathrm{j}\omega)$ 曲线与负实轴交点的频率为

$$\omega = \sqrt{\frac{1}{0.02}} = 7.07(\mathrm{rad/s})$$

将 ω 代入 $\mathrm{Re}[G(\mathrm{j}\omega)]$，可求得 $G(\mathrm{j}\omega)$ 曲线与负实轴的交点为

$$\mathrm{Re}[G(\mathrm{j}\omega)] = \frac{-0.3K}{0.0004\omega^4 + 0.05\omega^2 + 1}\Big|_{\omega=7.07} = -\frac{0.3K}{4.5}$$

（1）由于 $G(s)$ 极点均在 s 左半平面，根据奈氏稳定判据，要想系统稳定地工作，应使 $G(\mathrm{j}\omega)$ 曲线不包围 $-\dfrac{1}{N(A)}$ 曲线，即

$$\mathrm{Re}[G(\mathrm{j}\omega)] = -\frac{0.3K}{4.5} \geqslant -0.5$$

当 $G(\mathrm{j}\omega)$ 曲线通过点 $(-0.5, \mathrm{j}0)$，系统处于临界稳定状态，故 K 的临界稳定值为

$$K = \frac{0.5 \times 4.5}{0.3} = 7.5$$

（2）将 $K=15$ 代入上式，得 $\mathrm{Re}[G(\mathrm{j}\omega)] = -1$。图 8-12 所示绘出了 $K=15$ 时的 $G(\mathrm{j}\omega)$ 与 $-\dfrac{1}{N(A)}$ 曲线，两曲线交于点 $(-1, \mathrm{j}0)$。显然，交点对应的是一个稳定的自持振荡，根据交点处的幅值相等，有

$$-\frac{1}{N(A)} = -\frac{\pi}{4\left[\arcsin\dfrac{1}{A} + \dfrac{1}{A}\sqrt{1-\left(\dfrac{1}{A}\right)^2}\right]} = -1$$

可得　　　　　$N(A) = 1$

则　　　　　$\dfrac{N(A)}{k} = \dfrac{1}{2}$

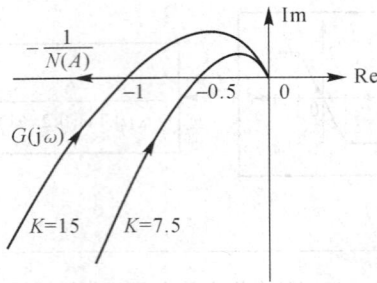

图 8-12   系统的 $G(\mathrm{j}\omega)$ 和 $-\dfrac{1}{N}(A)$ 曲线

通过查表(见图 8-8)或试探法可求得对应的振幅 $A=2.5$。因此,当 $K=15$ 时系统的自由运动状态为自持振荡状态,其振幅和频率分别为 $A=2.5, \omega=7.07\mathrm{rad/s}$ 。

8.2.2   非线性系统的相平面法

相平面法是一种求解二阶及以下线性或非线性微分方程的图解方法。

1. 相平面的基本概念

我们知道,一个实际的二阶系统可用二阶微分方程式来描述,一般可表示为

$$\ddot{x}+f(x,\dot{x})=0 \tag{8-20}$$

式中:x 是状态变量;$f(x,\dot{x})$ 是 $(x,\dot{x})$ 的线性或非线性函数。为了分析方便,下面先介绍有关相平面法的几个基本概念和性质。

(1)相平面与相轨迹

①相平面是以 $x(t)$ 为横坐标、$\dot{x}(t)$ 为纵坐标的直角坐标平面。

②相轨迹是指把表示系统运动状态的 $x(t)、\dot{x}(t)$ 的关系画在相平面上而形成的曲线。每根相轨迹随初始条件的不同而变化。

③相平面图是指一个系统在不同的初始条件下所产生的所有相轨迹组成的曲线族。

(2)奇点或平衡点

令 $x_1(t)=x(t), x_2(t)=\dot{x}(t)$。同时满足 $\dot{x}_1(t)=\dot{x}(t)=0$ 和 $\dot{x}_2(t)=\ddot{x}(t)=f(x,\dot{x})=0$ 的点称为奇点。在该点,由于 $\dot{x}$ 和 $\ddot{x}$ 同时为零,即系统运动的速度和加速度均为零,此时系统处于平衡状态,故又称奇点为平衡点。奇点又分为孤立奇点和非孤立奇点,如果一个奇点附近无其他奇点则称为孤立奇点,否则称为非孤立奇点。相轨迹上除奇点外的所有其他点均称为普通点。

(3)相轨迹的几个重要性质

1)相轨迹斜率

将式(8-20)改写为如下形式:

$$\frac{\mathrm{d}\dot{x}}{\mathrm{d}x}=\frac{\dfrac{\mathrm{d}\dot{x}}{\mathrm{d}t}}{\dfrac{\mathrm{d}x}{\mathrm{d}t}}=\frac{\ddot{x}}{\dot{x}}=-\frac{f(x,\dot{x})}{\dot{x}} \tag{8-21}$$

式(8-21)称为相轨迹的斜率方程,它表示相轨迹上每一点的斜率 $\dfrac{\mathrm{d}\dot{x}}{\mathrm{d}x}$ 都满足这个方程。其解

$\dot{x} = g(x)$ 表示相轨迹曲线方程。

2）相交性

根据微分方程解的唯一性定理，在任何普通点上 $\dfrac{\mathrm{d}\dot{x}}{\mathrm{d}x}$ 都有唯一的值，即在相平面上曲线的斜率是确定的，因而从不同初始条件出发的相轨迹不可能相交。但在奇点上，由于 $\dfrac{\mathrm{d}\dot{x}}{\mathrm{d}x} = \dfrac{0}{0}$ 不确定，因而通过该点的相轨迹就有无数多条，它们离开或逼近奇点。

3）正交性

在 x 轴上的所有点，其 $\dot{x} = 0$，因此只要交点不是奇点，在这些点上的斜率 $\dfrac{\mathrm{d}\dot{x}}{\mathrm{d}x} = \infty$，表示相轨迹与 x 轴垂直相交。

4）相轨迹走向

在相平面的上半平面上，$\dot{x} > 0$，表示随着时间的变化，相轨迹的运动方向是 x 增大方向，即向右运动；在相平面的下半平面上，$\dot{x} < 0$，表示随着时间的变化，相轨迹的运动方向是 x 减小方向，即向左运动。

5）相轨迹的对称性

相轨迹曲线可能对称于 x 轴、$\dot{x}$ 轴或坐标原点。根据式（8-21）斜率方程可知：

若 $f(x,\dot{x}) = f(x,-\dot{x})$，即 $f(x,\dot{x})$ 是 $\dot{x}$ 的偶函数，则相轨迹对称于 x 轴；

若 $f(x,\dot{x}) = -f(-x,\dot{x})$，即 $f(x,\dot{x})$ 是 x 的奇函数，则相轨迹对称于 $\dot{x}$ 轴；

若 $f(x,\dot{x}) = -f(-x,-\dot{x})$，则相轨迹对称于原点。

2. 相轨迹的绘制

绘制相轨迹图的方法有解析法和图解法两种。解析法只适用于可直接由方程求出 x、$\dot{x}$ 关系的、比较简单的系统，而对一般非线性系统的相轨迹，宜采用图解法。图解法根据具体的作图方法不同，可进一步分为等倾斜线法和 δ 法。下面主要介绍解析法和等倾斜线法。

（1）解析法

用解析法绘制相轨迹又可分为两种：

1）直接法。即由式（8-21）直接进行积分，求出 $\dot{x}$ 和 x 的关系。

2）分别求出 x、$\dot{x}$ 对 t 的关系式，然后消去 t，从而求得 $\dot{x}$ 和 x 的关系式。但要消去 t 通常较为困难。

【例 8-2】　设二阶系统微分方程为
$$\ddot{x} + \omega_{\mathrm{n}}^2 x = 0$$
分别用解析法的两种方法求解相轨迹。

解　（1）由式（8-21）可知
$$\frac{\mathrm{d}\dot{x}}{\mathrm{d}x} = -\frac{\omega_{\mathrm{n}}^2 x^2}{\dot{x}}$$
对上式进行积分，整理后得
$$\dot{x}^2 + \omega_{\mathrm{n}}^2 x^2 = \omega_{\mathrm{n}}^2 A^2$$
可见，相轨迹为椭圆，A 是由初始条件确定的常数。

（2）由微分方程 $\ddot{x} + \omega_{\mathrm{n}}^2 x = 0$，可分别解出

$$x(t) = A\cos(\omega_n t + \varphi_0) \, , \, \dot{x}(t) = -\omega_n A\sin(\omega_n t + \varphi_0)$$

然后消去 t，结果与(1)相同。

(2)等倾斜线法

等倾斜线法的基本思路是：考虑相轨迹通过相平面上的任一点(x_1, $\dot{x}_1$)，令 $\dfrac{d\dot{x}}{dx} = \alpha$，则

$\alpha = -\dfrac{f(x,\dot{x})}{\dot{x}}\big|_{(x_1,\dot{x}_1)}$ 是常量，即为相轨迹通过该点的斜率。式(8-21)可改写为

$$\alpha\dot{x} = -f(x,\dot{x}) \tag{8-22}$$

式(8-22)表示相轨迹上斜率为 α 的各点的连线，此连线称为等倾斜线。然后在这些等倾斜线上作出与其相应斜率值的短线段，这些短线段表示相轨迹通过等倾斜线时的方向。在不同的等倾线上均画出短线段，以该点处的短线段近似代替该点附近实际的相轨迹，并依此光滑连接所有的短线段，即可得到系统的相轨迹。

【例 8-3】 二阶阻尼系统如下

$$\ddot{x} + 2\xi\omega_n\dot{x} + \omega_n^2 x = 0 \quad (0 < \xi < 1)$$

试用等倾斜线法绘制系统相轨迹图。

解 由于

$$\alpha = \frac{d\dot{x}}{dx} = -\frac{f(x,\dot{x})}{\dot{x}} = -\frac{2\xi\omega_n\dot{x} + \omega_n^2 x}{\dot{x}}$$

求得等倾斜线方程：$\dot{x} = -\dfrac{\omega_n^2}{2\xi\omega_n + \alpha}x$。若 $\xi = 0.5$，$\omega_n = 1.1$，则 $\dot{x} = -\dfrac{1.21}{1.1 + \alpha}x$。对不同的 α，可求得以下不同的等倾斜线。

(1)$\alpha = 0$，$\dot{x} = -1.1x$；(2)$\alpha = 1$，$\dot{x} = -0.576x$；(3)$\alpha = -1$，$\dot{x} = -12.1x$；(4)$\alpha = -1.2$，$\dot{x} = 12.1x$；(5)$\alpha = -2$，$\dot{x} = 1.344x$；(6)$\alpha = -3.5$，$\dot{x} = 0.504x$；(7)$\alpha = \infty$，$\dot{x} = 0(x$ 轴)

将上述七条等倾斜线画在相平面上，如图 8-13 所示。在这些等倾线上作出对应斜率为 α 的短线段，从初始点出发，光滑连接短线段即得到完整的相轨迹。由图 8-13 可见，由任何初始状态出发的相轨迹均是卷向坐标原点的螺旋线，说明系统是稳定的，其瞬态响应呈衰减的振荡形式。

3. 奇点和极限环

(1)奇点的分类

如上所述，奇点是相平面上特殊的点，了解并熟悉奇点的分类和对应相轨迹的形状和性质，对绘制相轨迹是很有帮助的。

对于一阶系统，其数学表达式为

$$\dot{x} + ax = b \tag{8-23}$$

由奇点的定义可知，一阶系统没有所谓的

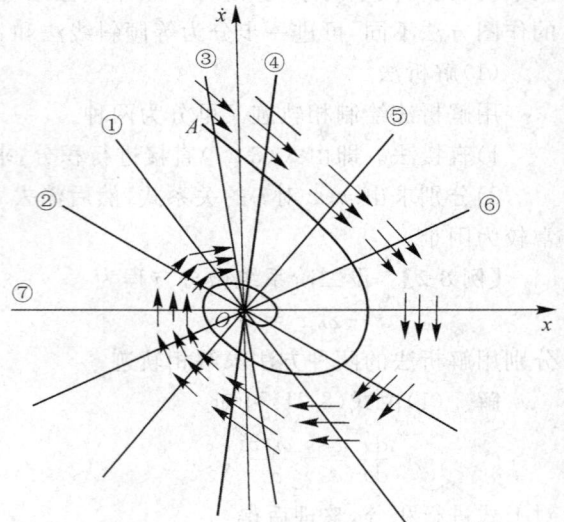

图 8-13　例 8-3 的相轨迹图

奇点。

对于一般的二阶系统,其数学表达式为

$$\ddot{x} + 2\xi\omega_n\dot{x} + \omega_n^2 x = 0 \tag{8-24}$$

显然,相平面原点即 $(x, \dot{x}) = (0.0)$ 是该系统的奇点。该系统特征方程根为

$$\lambda_{1,2} = -\xi\omega_n \pm \omega_n \sqrt{\xi^2 - 1} \tag{8-25}$$

根据特征根的性质,奇点又可分为以下六种类型,其对应的相轨迹如图 8-14 所示。

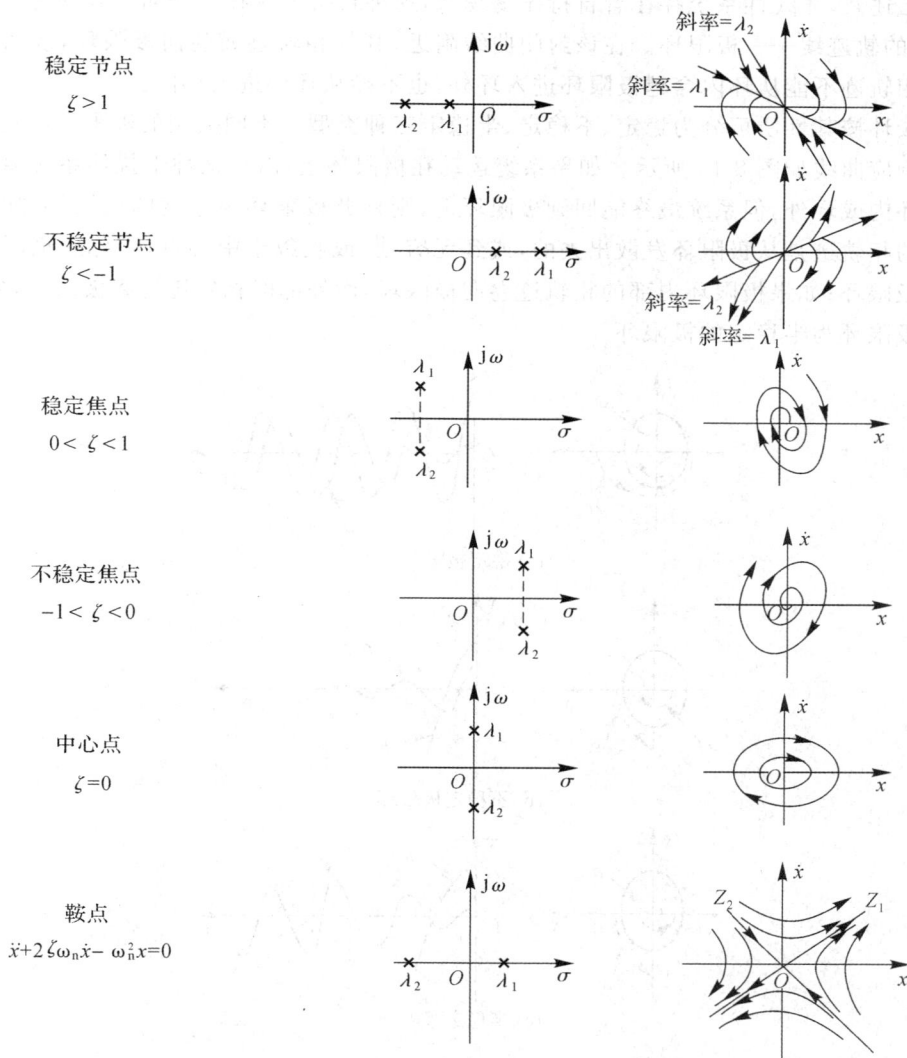

图 8-14　二阶线性系统的奇点及其相轨迹

1)稳定节点:若 $\xi > 1$,则 $\lambda_{1,2}$ 为 s 左半平面的两个实根。相轨迹均收敛(趋向)于奇点。

2)不稳定节点:若 $\xi < -1$,则 $\lambda_{1,2}$ 为 s 右半平面两个实根。相轨迹均发散(远离)于奇点。

3)稳定焦点:若 $0 < \xi < 1$,则 $\lambda_{1,2}$ 均为在 s 左半平面的共轭复根。螺旋线形象轨迹收敛(卷向)于奇点。

4)不稳定焦点:若 $-1<\xi<0$,则 $\lambda_{1,2}$ 均为在 s 右半平面的共轭复根。螺旋线形象轨迹发散(卷离)于奇点。

5)中心点:若 $\xi=0$,则 $\lambda_{1,2}$ 为虚轴上的一对共轭虚根。封闭的相轨迹包围奇点。

6)鞍点:若系统存在两个正负实根,即 $\lambda_{1,2}$ 分别为 s 左半和 s 右半平面上的实根。除分隔线(图中 z_2 线)外,相轨迹随时间增长而远离奇点。

(2)极限环

前已述及,非线性系统存在着自持振荡现象,这种自持振荡在相平面上表现为一个孤立的、封闭的轨迹线——极限环。在该封闭曲线附近,其他相轨迹或卷向极限环,或从极限环卷出。相轨迹不能从环内穿越极限环进入环外,也不能从环外进入环内。

极限环按其性质可分为稳定、不稳定、半稳定三种类型。不同类型的极限环和它们对应的时域响应曲线如图 8-15 所示。如果系统运动在极限环上,由于某种干扰使系统离开极限环到了环内或环外,但系统最终能回到极限环上,则称此极限环为稳定的极限环;如果极限环附近的相轨迹是从极限环发散出去的,或到无穷处,或收敛于中心点,则称此极限环为不稳定的极限环;如果极限环内部的相轨迹卷向极限环,而外部的相轨迹远离极限环,或反之,则称此极限环为半稳定的极限环。

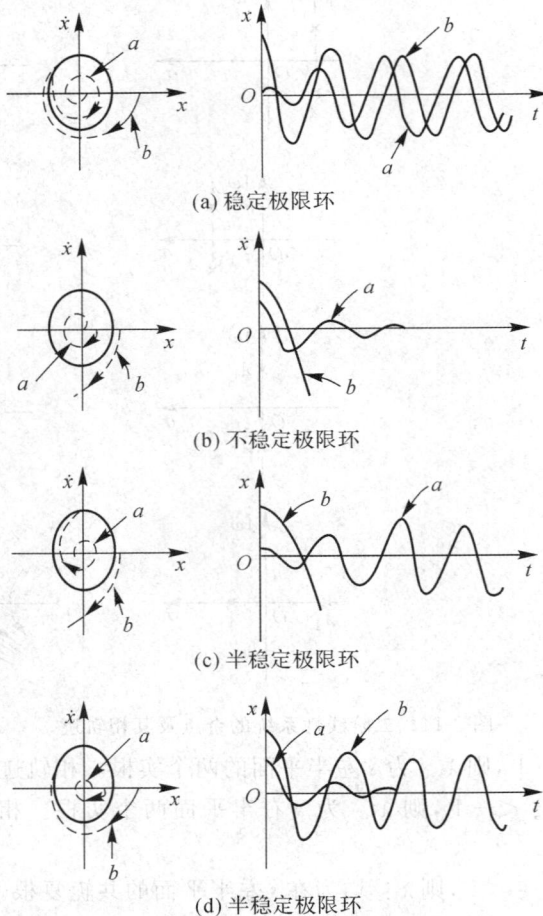

(a) 稳定极限环

(b) 不稳定极限环

(c) 半稳定极限环

(d) 半稳定极限环

图 8-15　极限环

4. 非线性控制系统的相平面分析

在非线性控制系统中,相平面法仅限于对一阶或二阶的系统进行分析,主要用于分析系统的稳定性和系统的时间响应(即系统的动态性能)。

大多数本质非线性系统,均能分离成与图 8-16 相似的结构。其中,非线性元件可分为两类。一类是具有解析形式的非线性元件,即可在工作点附近进行线性化处理,然后根据特征根的性质去确定奇点的类型,并用图解法或解析法画出奇点附近的相轨迹。另一类则是可分段线性化的元件,经分段线性化后,非线性控制系统在各段转化为线性系统,相当于将整个相平面分为若干区域,使每一个区域对应于系统的一个单独的线性工作状态,不同区域的分界线称为相平面开关线。这样,在每个区域内存在有相应的微分方程和奇点,如果奇点就位于相应的区域内,则称该类奇点为实奇点,否则称为虚奇点,即该区域内相轨迹实际上无法到达该平衡点。只要作出各区域内的相轨迹,然后在分界线上把各个区域的相轨迹依次光滑连接起来,就可得到系统完整的相轨迹图。下面举例说明。

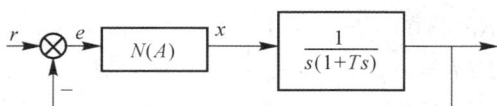

图 8-16　非线性系统结构图

【例 8-4】　一实际的非线性控制系统框图如图 8-17(a)所示,其中非线性环节的输入、输出特性如图 8-17(b)所示。令 $k = 1$,设系统初始状态为零,试讨论当输入信号为阶跃信号 $r(t) = R$ 时 $e - \dot{e}$ 的相轨迹。

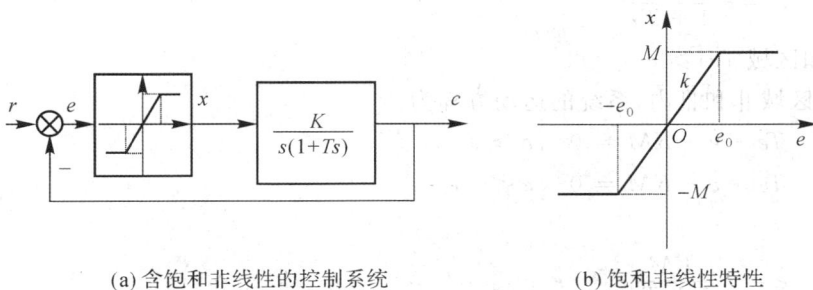

(a) 含饱和非线性的控制系统　　　　(b) 饱和非线性特性

图 8-17　例 8-4 图

解　由系统框图得

$$\frac{C(s)}{X(s)} = \frac{K}{s(1 + Ts)}$$

相应的微分方程为

$$T\ddot{c}(t) + \dot{c}(t) = Kx(t) \tag{8-26}$$

将 $c(t) = r(t) - e(t)$ 代入式(8-26),得到关于 $e(t)$ 的二阶微分方程为

$$T\ddot{e}(t) + \dot{e}(t) = -Kx(t) + T\ddot{r}(t) + \dot{r}(t) \tag{8-27}$$

根据饱和非线性的输入输出特性,可进行分段线性化处理,即将相平面由分界线 $e = e_0$ 和 $e = -e_0$ 分为正饱和、负饱和及线性区域,如图 8-18 所示。

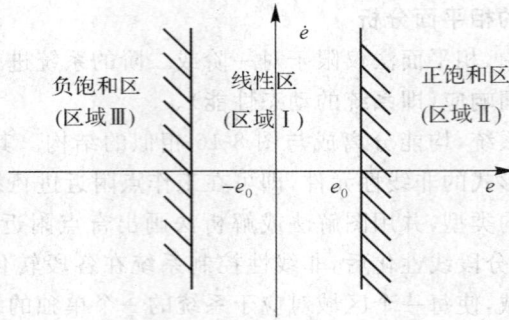

图 8-18　相平面的区域划分

当输入信号 $r(t) = R$ 时，有 $\ddot{r}(t) = 0, \dot{r}(t) = 0$，则由图 8-17(b)和式(8-27)可得各区域上的线性方程：

$$\begin{cases} T\ddot{e} + \dot{e} + KM = 0 & e > e_0, x = M \\ T\ddot{e} + \dot{e} + Ke = 0 & -e_0 < e < e_0, x = e \\ T\ddot{e} + \dot{e} - KM = 0 & e < -e_0, x = -M \end{cases}$$

下面讨论各区域的相轨迹图。

(1)线性区域 $-e_0 < e < e_0$

由于　　　　$T\ddot{e} + \dot{e} + Ke = 0$　　　　　　　　　　　　　　　　　　　　(8-28)

显然，该区域内的奇点在坐标原点。由于方程各项系数均为正值，因而奇点 $(0,0)$ 只可能是稳定焦点或稳定节点。其相轨迹等倾线方程为

$$\dot{e} = -\frac{Ke}{1 + T\alpha}$$

(2)饱和区域 $|e| > e_0$

在饱和区域Ⅱ和Ⅲ内，系统的运动方程为

$$T\ddot{e} + \dot{e} + KM = 0 \quad e > e_0 \tag{8-29}$$

$$T\ddot{e} + \dot{e} - KM = 0 \quad e < -e_0 \tag{8-30}$$

或写作

$$\dot{e} = -\frac{KM}{1 + T\alpha} \quad e > e_0$$

$$\dot{e} = \frac{KM}{1 + T\alpha} \quad e < -e_0$$

由式 8-29、8-30 可知，在饱和区域Ⅱ和Ⅲ内，不存在 $\ddot{e}$、$\dot{e}$ 同时为零的点，即不存在奇点，相应相轨迹的等倾线为一簇水平线。若令相轨迹的斜率等于等倾线的斜率，即令 $\alpha = \dfrac{\mathrm{d}\dot{e}}{\mathrm{d}e} = 0$，则区域Ⅱ和Ⅲ的相轨迹将分别渐近于用下列方程所表示的直线：

$$\dot{e} = -KM \quad e > e_0$$

$$\dot{e} = KM \quad e < -e_0$$

用等倾线法绘制的区域Ⅱ和Ⅲ的相轨迹如图 8-19(a)所示。

若系统的初始状态为零，则 $e(0) = R - c(0) = R, \dot{e} = 0$。现令 $\gamma(t) = 2 \times 1(t)$，并设式(8-28)的奇点是一稳定焦点，则该系统的完整相轨迹图如图 8-19(b)所示。

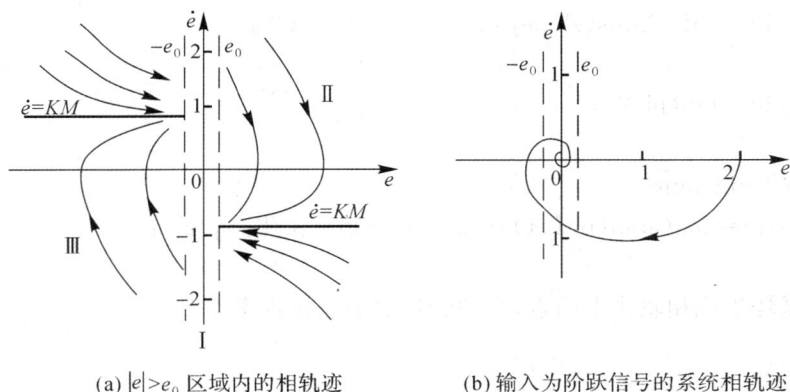

(a) $|e| > e_0$ 区域内的相轨迹　　　　(b) 输入为阶跃信号的系统相轨迹

图 8-19

由图 8-19 可见,当输入为阶跃信号时,该系统的相轨迹收敛于稳定的焦点或节点——坐标原点,系统的稳态误差为零。进一步分析可知,不同的输入信号,系统的相轨迹是不同的,其稳态误差也有很大的差异。

8.3　MATLAB 在非线性系统分析中的应用

8.2 节介绍了非线性控制系统的相平面分析法,可以发现这是一项颇为繁琐的工作。如果借助 MATLAB 软件绘制相轨迹,则要简便、准确得多,特别是若采用 MATLAB 提供的 Simulink 模块库,仿照线性系统的建模方法构建非线性系统的模型框图,就能轻松地对相应系统进行仿真研究,并能分析该系统的性能。

1. 利用 MATLAB 函数绘制相轨迹

对基于等倾线法的相轨迹绘制,可用 MATLAB 软件编写相应的程序实现。文献[5]提供了编写时应参考的等倾线法的通用函数 equalline,介绍如下。

```
function over＝equalline(func,init1,init2)
%下面采用等倾线法
%准备存放生成的相轨迹上的点
pointnum＝300;
trace＝zeros(pointnum,2);
%初值
trace(1,:)＝[2 1];
digits(4);
%每隔 5°画一条等倾线
linenum＝72;
slope＝sym(func)/'x2';%斜率的表达式
p＝zeros(1,linenum);%存放等倾线对应的斜率
if init2～＝0
```

```
            p(1,1)=subs(subs(slope,'x1',init1),'x2',init2);
    else
            p(1,1)=tan(pi/2);
    end
    for i1=2：linenum
            p(1,i1)=tan(atan(p(1,1))-2*(i1-1)*pi/linenum);
    end
    %不断循环生成相轨迹上的点,直到新生成的点接近奇点
    i1=1;
    j1=1;
    trace(1,:)=[init1 init2];
    while j1<pointnum
            p1=p(1,i1);
            if i1=linenum
                    p2=p(1,1);
                    i1=1;
            else
                    p2=p(1,i1+1);
                    i1=i1+1;
            end
            %根据两条等倾线生成一段相轨迹
            x01=trace(j1,1);
            x02=trace(j1,2);
            pp=(p1+p2)/2;
            j1=j1+1;
            if p2<0
                    temp1=[func '+' num2str(-p2) '*x2=0'];
            else
                    temp1=[func '-' num2str(p2) '*x2=0'];
            end;
            if x02<0
                    temp2=['x2' '+' num2str(-x02)];
            else
                    temp2=['x2-' num2str(x02)];
            end
            if pp<0
                    temp2=[temp2 '+' num2str(-pp)];
            else
                    temp2=[temp2 '-' num2str(pp)];
```

```
        end
        if x01<0
            temp2=[temp2´*(x1+´ num2str(-x01) ´)=0´];
        else
            temp2=[temp2´*(x1-´ num2str(x01) ´)=0´];
        end
        [x1,x2]=solve(temp1,temp2,´x1´,´x2´);
        trace(j1,:)=double([x1,x2]);
    end
plot(trace(:,1),trace(:,2));
axis tight;
grid on;
over=1;
其调用格式为:
over=equalline(func,init1,init2)
```

其中,func 是一个字符串,表示 $f(x_1,x_2)$, $x_1=x$, $x_2=\dot{x}$,init1 与 init2 分别是 x_1 与 x_2 的初始值。

【例 8-5】　二阶阻尼系统如下: $\ddot{x}+2\xi\omega_n\dot{x}+\omega_n^2x=0$, 令 $\xi=0.5$, $\omega_n=1$,且 $x(0)=2$, $\dot{x}(0)=1$,试用 MATLAB 编程绘制系统的相轨迹图。

解　设 $x_1=x$, $x_2=\dot{x}$, 则 $\ddot{x}=-2\xi\omega_n\dot{x}-\omega_n^2x=-x_1-x_2$

采用等倾斜法画给定系统的相轨迹,可调用上述编制好的通用函数 equalline:

equalline(´-x1-x2´,2,1)

运行结果如图 8-20 所示。

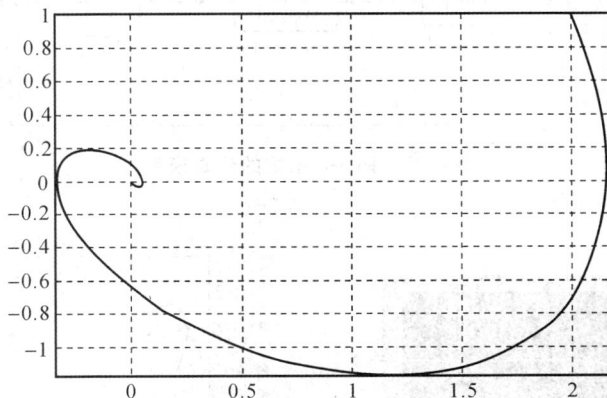

图 8-20　用 MATLAB 求得的例 8-5 相轨迹图

2. 非线性控制系统的 Simulink 仿真

类同于线性系统,非线性控制系统的 Simulink 仿真步骤大致为:按照系统实际的结构,在 Simulink 模块库中选取所需的非线性特性等模块,构成相应系统仿真模型的框图,设置输入信号等有关参数后,就能实现对相应系统的仿真研究。

【例 8-6】　依据有饱和非线性特性的控制系统如图 8-21(a)所示，其中非线性环节的输入、输出特性如图 8-21(b)所示。试用 MATLAB 求该系统在单位阶跃信号作用下的相轨迹和单位阶跃响应曲线。

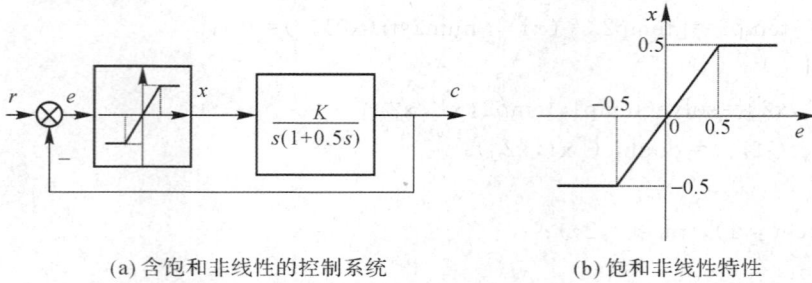

(a) 含饱和非线性的控制系统　　　　　　　　　(b) 饱和非线性特性

图 8-21　例 8-6 图

解　如图 8-21 所示，选用 Simulink 模块库中的相关模块：饱和非线性模块 Saturation、传递函数模块 Transfer Fcn 和积分模块 Integrator(可得到 e)、输入模块 Step、输出 XY Graph 绘图器和示波器 Scope 等，按要求设置有关参数后，就构建了系统的仿真模型如图 8-22 所示。

点击 Scope 和 Simulink/Statrt 进行仿真，就能得到图 8-23 所示的单位阶跃响应曲线和图 8-24 所示的相轨迹。

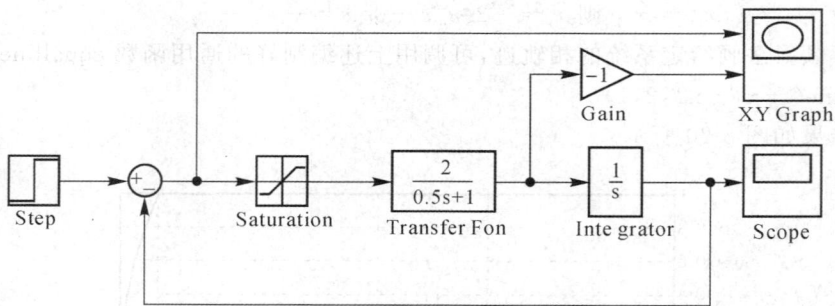

图 8-22　例 8-6 系统的仿真模型

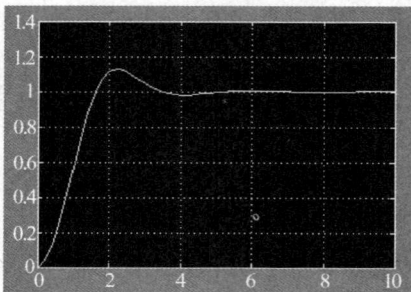

图 8-23　例 8-6 系统的单位阶跃响应曲线　　　　图 8-24　例 8-6 系统的相轨迹图

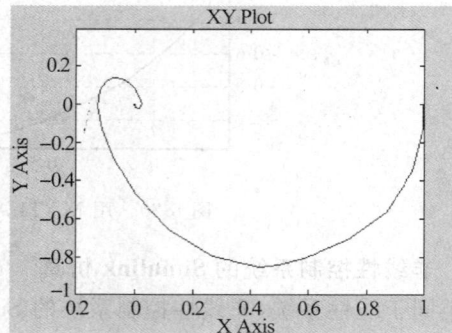

由图 8-23 和图 8-24,可进一步分析系统的动态性能和稳定性等问题。

改变非线性特性和线性部分的有关参数,上述方法可广泛适用于相应非线性控制系统的分析。

本章小结

在实际系统中,理想的线性系统是不存在的,所谓线性系统只是在一定范围内对非线性系统的近似线性化。本章简要介绍了非线性系统的概念、特点和常用的分析方法,以及 MATLAB 在非线性系统分析中的应用等内容。

(1)由于非线性系统的复杂性,目前对非线性系统的分析并没有一种普遍适用的方法。本章所介绍的两种常用的非线性系统分析方法——描述函数法和相平面法,均有局限性。在对非线性特性线性化处理后,描述函数法只能对非线性系统的稳定性和自振荡进行分析,且受许多约束。而相平面法仅适用于二阶及其以下的非线性系统的分析。对于不适合用描述函数分析的二阶非线性系统,一般可用相平面法进行分析。

(2)采用描述函数法分析非线性系统时,应根据 $-\dfrac{1}{N(A)}$ 轨迹和 $G(j\omega)$ 曲线是否包围、相交,来判断控制系统的稳定性和自持振荡。若系统存在稳定的自持振荡,则可通过相交点处的 $-\dfrac{1}{N(A)}$ 和 $G(j\omega)$ 的实部、虚部分别相等,求出振荡频率和幅值。

(3)相平面分析方法主要有解析法、图解法。解析法主要用于解决比较简单的非线性系统问题,等倾线法则是一种图解法,对所有一阶和二阶线性系统和非线性系统均适用,但作图工作量较大。对于复杂的本质非线性系统,在采用相平面法分析时,根据非线性特性是否具有解析形式,可将其线性化处理或分段线性化处理,然后作出完整的相轨迹图,并进而分析系统的动态性能和稳定性等问题。

(4)利用 MATLAB 函数编程和 Simulink 仿真,为非线性系统的分析提供了简便的方法和途径。

习　题

8-1　求题 8-1 图所示的两个典型非线性元件相串联的等效输入输出特性和描述函数。

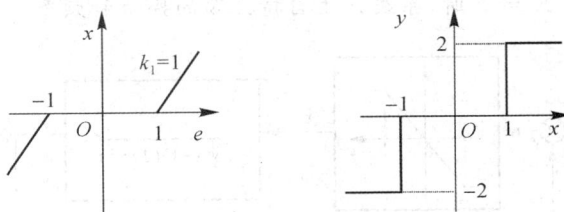

题 8-1 图

8-2　$G(j\omega)$ 与 $-\dfrac{1}{N(A)}$ 的曲线如题 8-2 图所示,判断系统的稳定性,并判断交点处是否存在自持振荡。

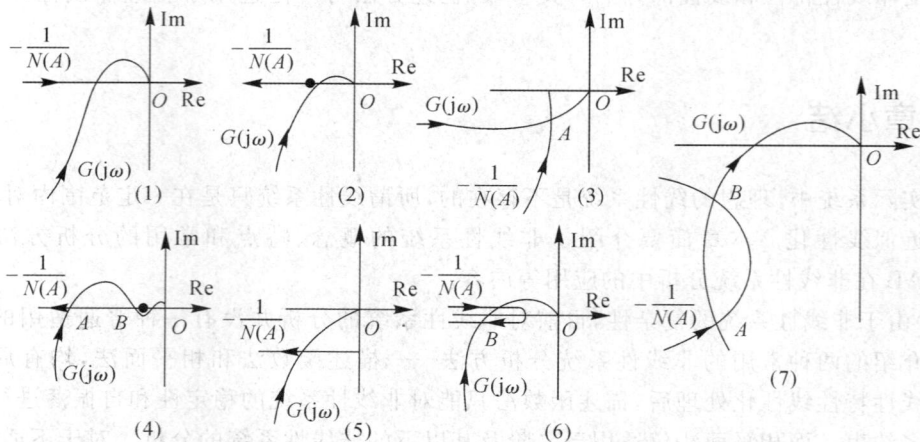

题 8-2 图　$G(j\omega)$ 与 $-\dfrac{1}{N(A)}$ 曲线图

8-3　一非线性系统中非线性特性的描述函数 $N(A) = \dfrac{4}{\pi A} e^{-j\alpha}$，$\alpha = \sin^{-1}\dfrac{1}{A}$，$A \geqslant 1$。其线性部分的频率特性如题 8-3 图所示。试画出描述函数负倒特性轨迹，并定性分析此非线性系统的运动规律。

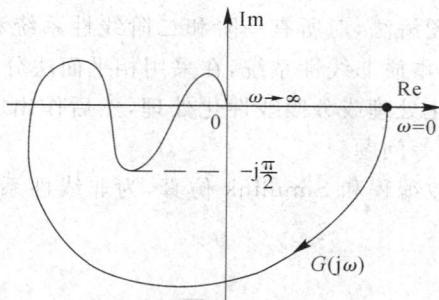

题 8-3 图　线性部分曲线图

8-4　非线性系统如题 8-4 图所示，其中放大器线性区的增益为 K。试确定系统临界稳定时的 K 值，并计算当 $K = 3$ 时，系统产生自持振荡的幅值和频率。

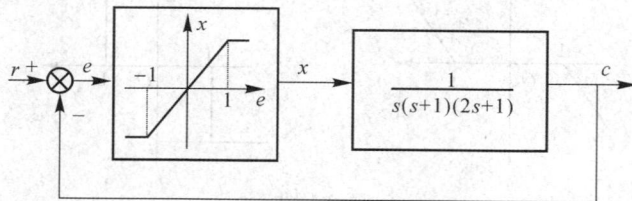

题 8-4 图　具有饱和放大器的非线性系统

8-5　已知非线性系统如题 8-5 图所示,图中非线性环节的描述函数为

$$N(A) = \frac{A+6}{A+2} \quad (A \geqslant 0)$$

试求:(1)该非线性系统稳定、不稳定以及产生自持振荡时,线性部分的 K 值范围。

(2)当 $K=1$ 时,系统能否产生稳定的自持振荡? 若能,求相应的频率和振幅。

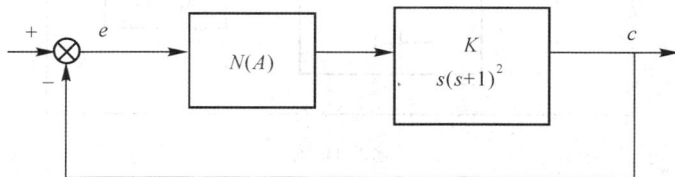

题 8-5 图

8-6　一非线性控制系统如题 8-6 图所示,试用描述函数法确定当 $K=\pi$ 时系统产生自持振荡的频率和幅值。已知:有死区的继电特性其对应的描述函数为

$$N(A) = \frac{4M}{\pi A} \sqrt{1 - \left(\frac{\Delta}{A}\right)^2} \quad A \geqslant \Delta$$

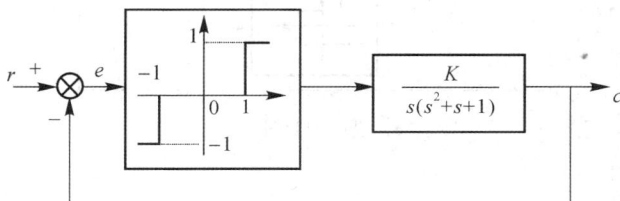

题 8-6 图

8-7　系统微分方程如下,试确定系统奇点的位置和类型。

(1) $\ddot{x} + 0.5\dot{x} + 2x + x^2 = 0$　　　　(2) $\ddot{x} + \dot{x} + x^2 - 1 = 0$

8-8　判别下列各系统奇点的性质和位置,并用 MATLAB 编程分别画出其相轨迹的概略图形(可选相应初始状态)。

(1) $\ddot{x} + \dot{x} + x = 0$　　　　　　　　(2) $\ddot{x} + 1.5\dot{x} + 0.5x + 0.5 = 0$

(3) $\ddot{x} + 3\dot{x} + 4x = 0$　　　　　　　　(4) $\ddot{x} + 4x + 2 = 0$

(5) $\ddot{x} + 2x = 4$

8-9　具有死区非线性特性的控制系统如题 8-9 图所示,试用 MATLAB 求该系统在单位阶跃信号作用下的相轨迹图和单位阶跃响应曲线。

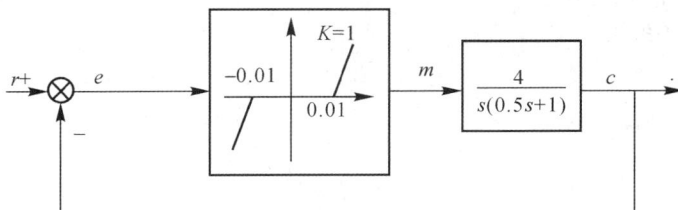

题 8-9 图

8-10 非线性控制系统如题 8-10 图所示,试用 MATLAB 求该系统在单位阶跃信号作用下的相轨迹图和单位阶跃响应曲线。

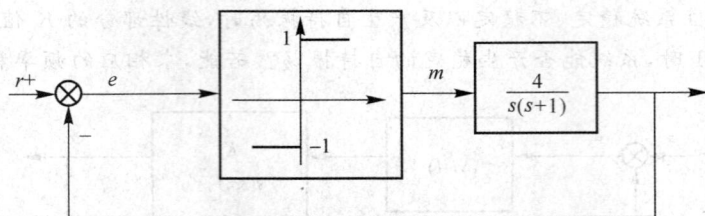

题 8-10 图

8-11 如题 8-11 图所示是一个带有库仑摩擦的随动系统,其中 $K = 2, J = 1$。设输入信号为零,初始条件为:$e(0) = 3.5, \dot{e}(0) = 0$,试在 $e\text{-}\dot{e}$ 平面上画出该系统的相轨迹。

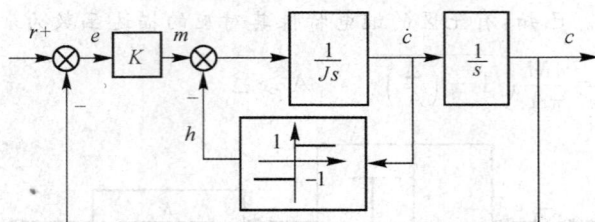

题 8-11 图

第9章 自动控制理论的应用实例

9.1 应用一 某电机调速系统分析与设计

9.1.1 应用背景

生产集成电路所需要的单晶硅,是在硅结晶生长开始时,用低速均速提拉的办法制成的。提拉速度的控制性能将直接影响到晶体的质量,本控制系统就是一种满足工艺要求、低成本的提拉速度控制系统。

图 9-1 所示为单晶炉提拉的工艺过程。提拉控制系统的驱动电机转速 n 经减速器—齿轮齿条减速后带动提拉杆上下运动。

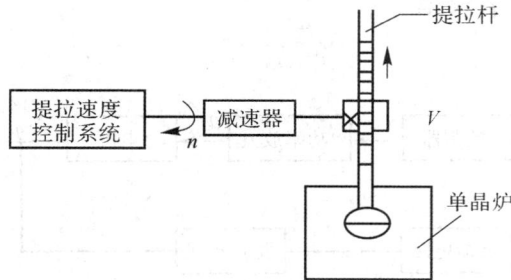

图 9-1 单晶炉提拉过程示意图

9.1.2 基本组成与工作原理

图 9-2 所示为单晶炉提拉速度控制系统原理图。它由比较反馈电路、控制器电路、功率放大电路、驱动电动机—测速机组等几个部分组成。

电机上电之前的转速 $n = 0$,上电以后,希望转速 n_0 由 W_1 电位器的输出电压 U_g 给定。当驱动电动机 LM 的实际转速 n 低于希望转速时,比较及反馈电路的输出电压大于零,送 PI 控制器,输出 U_o 小于零,使得功率放大电路的 T_1 截止,T_3 饱和,电源电压几乎全部施加在驱动电动机 LM 的电枢绕组两端,电机迅速启动,随着电机转速 n 的提高,测速电机 SF 的输出电压也逐渐升高,经 W_2 输出电压 U_{fn} 与 U_g 比较,经 PI 控制器,输出 U_o 仍然为负(绝对值比刚才要小),只要 n_0 是大于 n 的,刚才的过程就会一直进行下去,直到 n_0 等于 n。现在假设,由于负载变化,致使 n 下降,我们来分析控制过程($n=n_0$):

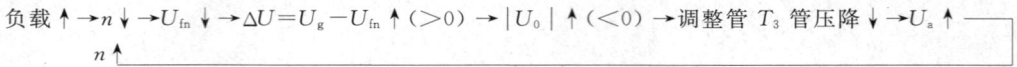

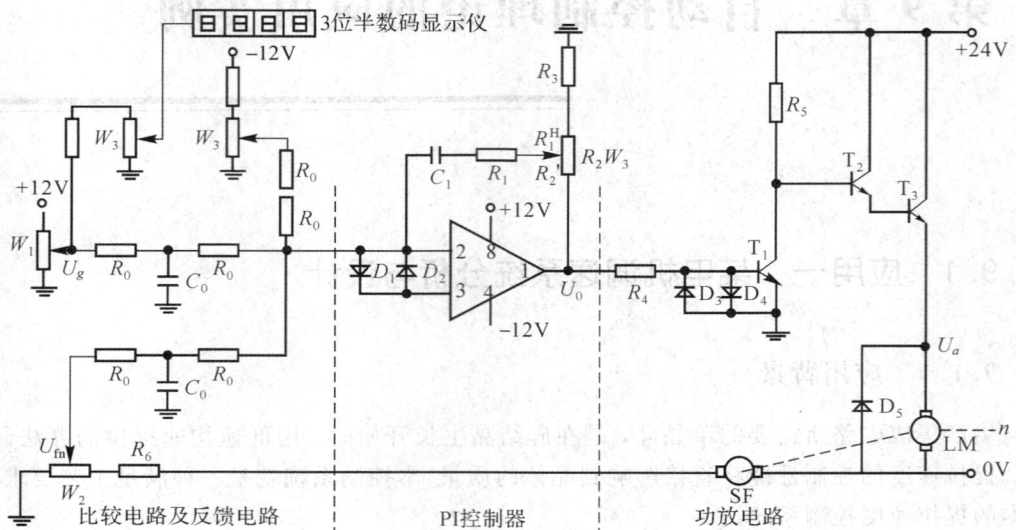

负载↑→n↓→U_{fn}↓→$\Delta U = U_g - U_{fn}$↑(>0)→$|U_0|$↑(<0)→调整管 T_3 管压降↓→U_a↑—

n↑

图 9-2　单晶炉提拉速度控制系统原理图

9.1.3　系统的数学模型

系统原理框图如图 9-3:

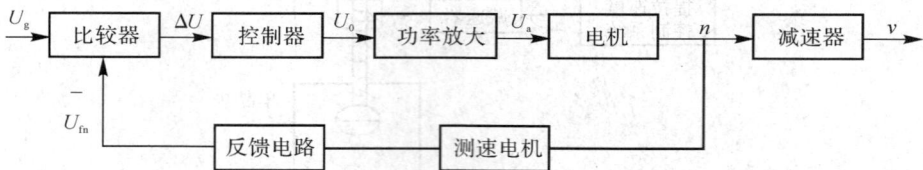

图 9-3　单晶炉速度提拉控制系统原理框图

系统的被控制量是 v(或 n);U_g 与 U_{fn} 均被送至运放的输入端,控制器由运放电路实现;T_1、T_2、T_3 及辅助元件构成功率放大电路;电机通过减速器驱动负载,带动提拉杆以给定速度提拉。分别列写各部分微分方程和传递函数:

比较器　　$\Delta U = U_g - U_{fn}$

控制器　　$U_0 = K_1 \cdot \Delta U + K_2 \cdot \dfrac{1}{T_c}\displaystyle\int \Delta U \cdot \mathrm{d}t$

其中,K_1、K_2 是常数;T_c 是积分电路常数,均由元件参数决定。

功率放大　　$U_a = K_3 \cdot U_0$

设电机运动角速度为 ω_m,与 n 的关系为

$$\omega_m = \frac{2\pi n}{60}$$

$$T_m \frac{\mathrm{d}\omega_m}{\mathrm{d}t} + \omega_m = K_m U_a - K_c M_c$$

式中：T_m、K_m、K_c、M_c 均为考虑减速器及负载后折算到电机轴上的等效值。

减速器　$v = \dfrac{n}{K_4}$

式中：K_4 为减速器—齿条的减速系数，实际机械中，$K_4 = \dfrac{5}{12}$。

测速机 SF 及反馈电路　$U_{fn} = K_5 \cdot n(t)$

式中：K_5 是比例系数。

综上所述，求出各部分传递函数，得到系统动态结构如图 9-4 所示。

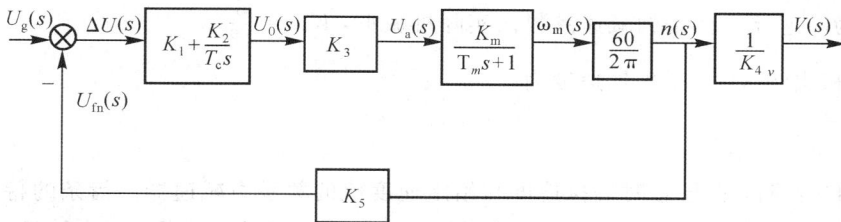

图 9-4　单晶炉速度提拉控制系统动态结构图

9.1.4　控制器的设计及分析

控制器的系统设计要求如下：

根据硅单晶生产工艺，要求提拉速度 v 能在 $0.2 \sim 10.0$ mm/h 内无级调节。它相对于给定信号的线性精度 $> \pm 2\%$。经折算后，驱动电机转速的变化范围为 $n = 0.0833 \sim 4.167$ r/min。在如此低速的情况下既要保证系统调速范围宽，又要有良好的线性度、稳定性和精度，这是设计的第一个关键之处。关键之二在于当提拉负载增大引起线速度为零时，提拉杆能保持其最后位置而不上下滑动，也就是说在整个调速范围内，当驱动电机堵转时，还必须能输出足够大的力矩（经实际测算约为 2.5N・m）。如图 9-5 所示是系统的静态方框图。

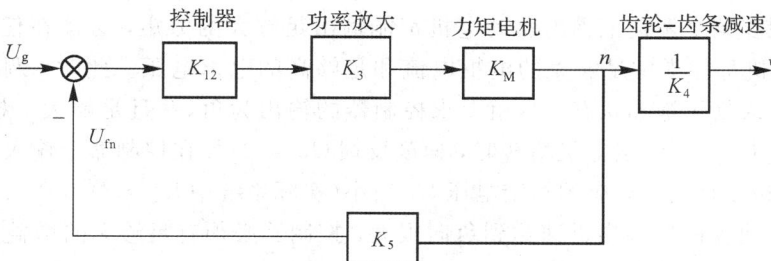

图 9-5　单晶炉速度提拉控制系统静态方框图

1. 驱动电动机组

如图 9-5 所示，不难推导出稳态时电机转速为

$$n = \frac{K_{12}K_3K_M}{1 + K_{12}K_3K_mK_5} \cdot U_g \tag{9-1}$$

式中：K_M 为直流力矩电机的静态增益，单位为 $r \cdot min^{-1}/V$；K_{12} 为控制器增益；K_3 为功率放大装置增益；K_5 为测速反馈系数；U_g 为转速给定值。

当控制器含积分时，$K_{12} \to \infty$，式(9-1)可表示为

$$n = \frac{1}{K_5} \cdot U_g \tag{9-2}$$

由图 9-1 可知，驱动电机的转速 n 经减速器和齿条后，转换成提拉线速度为

$$v = \frac{n}{K_4} \tag{9-3}$$

式中：K_4 为减速器—齿条的减速系数。实际机械中，$K_4 = \frac{5}{12}$。

由式(9-2)和式(9-3)可得提拉速度为

$$v = \frac{1}{K_4K_5}U_g \tag{9-4}$$

式(9-4)表明，在稳态时提拉速度与给定速度值的关系由减速器—齿条的特性(K_4)以及测速发电机的特性(K_5)决定。为保证提拉速度的线性精度，必须使 K_4 和 K_5 都为常数，且不具有非线性特性。为此采取如下措施。

(1)选用低转速、高转矩的力矩电机作驱动电机，以降低机械减速比，从而避免齿轮与齿条的间隙形成的非线性。这些非线性会破坏系统的给定线性精度，并可能引起系统在小范围内振荡和降低系统的刚度。

(2)选用额定转速低、线性度好的直流测速机，以避免测速机运行于其低速特性的非线性部分，并与力矩电机同轴组装成力矩电机—测速机组。实际系统中，力矩电机机组选择为：峰值堵转电流 3.7A，堵转转矩 5.46 N·m，堵转电压 44V，反电势系数 0.184 V/r·min^{-1}。测速电机输出电压不对称度小于 0.221%。

2. 功放—控制电路

功放—控制电路主要包括给定电路、偏置电路、提拉速度数显电路、PI 控制器、功放电路和测速反馈电路。其中，PI 控制器除保证系统的静态精度和动态性能外，还是实现设计要求所述的第 2 个关键所必需的。

为了实现在整个调速范围内驱动电机都能输出足够大的力矩，必须在任何转速下(包括堵转)对电机都能提供足够大的电枢电流和足够高的电枢电压。此时，调整管 T_3 上的压降应足够小或处于饱和状态。这就要求控制器的输出为负，并且足够大。控制器的输入信号为 $\Delta U = U_g - U_{fn}$，当电机堵转时，速度反馈 $U_{fn} = 0$，加在控制器上输入电压为 $\Delta U = U_g$。当给定转速很低时，对应的给定电压 U_g 很小(实际系统中 $U_g \approx 0.06V$)，要在如此低的输入电压下使控制器输出迅速达到负向很大，控制器必须有足够大的增益，极限情况为 $K_{12} \to \infty$，故应当采用 PI 控制器。

但采用 PI 控制器后，即使微弱的温漂也会在输出端产生很大的电压(或正或负)。在给定信号 U_g 为零的情况下，控制器负向输出会使电机转动，虽然负反馈的作用最终可以

使电机停下来,但往往会造成电机在上电时"爬行"现象,这是系统所不允许的。系统(见图 9-2)中的偏置电路即为解决这一问题而设立的,它在 PI 控制器的输入端加一微小的负电压,使其输出端为正,使功放管截止,从而保证给定为零时,电机处于停止状态。

9.2　应用二　模拟位置随动系统的分析与设计

9.2.1　系统组成及工作原理

随动系统是输出量以允许的精度复现(跟踪)输入量变化的自动控制系统。这种系统广泛应用于运动对象的瞄准、跟踪、定位等领域,如船舶自动导航—自动驾驶系统中的自动舵、减摇鳍,火炮自动瞄准系统,雷达自动跟踪系统等都是随动系统。

图 9-6 所示是一个船舶舵机自动控制系统的原理图,系统由综合放大器、功率放大器、执行电机、减速器、位置反馈电位器和测速电机组成。方向驾驶盘发出希望舵角的电压信号 U_r,船舶舵叶的实际舵角 θ_c 与电压信号 U_c 之间的误差信号 ΔU 经放大器放大后送功放电路进行功率放大,功放电路同时对测速电机的反馈信号 U_s 进行综合运算,随后驱动电机转动,经减速器减速,带动负载(舵叶)旋转,同时带动位置反馈电位器旋转;电机与测速电机同轴,电机转动带动测速电机旋转,输出电压经电位器分压 U_s(正比于转速)反馈到放大器,以调整系统的动态性能。

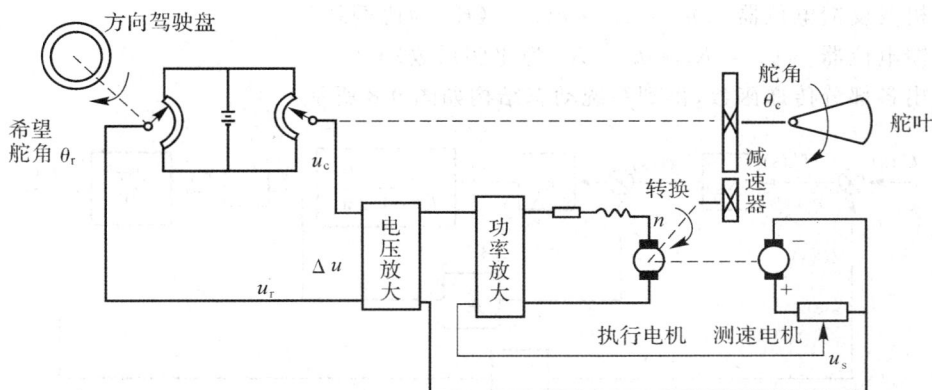

图 9-6　船舶舵机控制系统原理图

下面,我们来分析系统的控制过程($\theta_r \neq \theta_c$)

当 $\theta_r > \theta_c$,则:$u_r > u_c \rightarrow \Delta u = (u_r - u_c) > 0 \rightarrow$ 电机正转 $\rightarrow \theta_c \uparrow \rightarrow$ 直至 $\theta_r = \theta_c$ 电机停转

当 $\theta_r < \theta_c$,则:$u_r < u_c \rightarrow \Delta u = (u_r - u_c) < 0 \rightarrow$ 电机反转 $\rightarrow \theta_c \downarrow \rightarrow$ 直至 $\theta_r = \theta_c$ 电机停转

9.2.2　系统数学模型

系统原理框图如图 9-7 所示。

分别列写各部分微分方程和传递函数:

比较器　　$\Delta u = u_r - u_c$

电压放大　$u_1 = K_1 \Delta u$

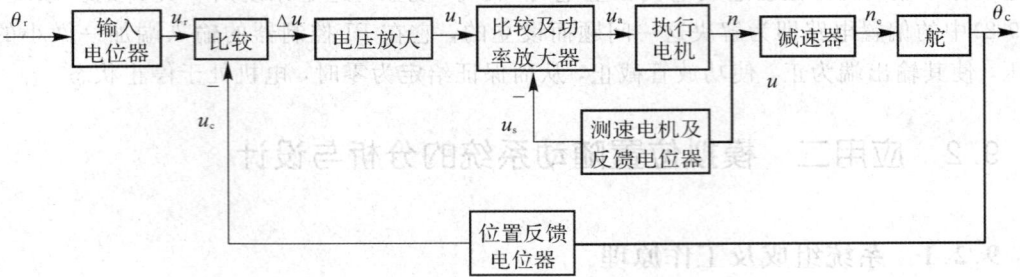

图 9-7　船舶舵机控制系统原理框图

功率放大　$u_a = K_2 \cdot (u_1 - u_s)$

设电机运动角速度为 ω，与 n 的关系为 $\omega = \dfrac{2\pi n}{60}$

$$T_m \frac{d\omega}{dt} + \omega = K_m u_a - K_c M_c$$

式中：T_m、K_m、K_c、M_c 均为考虑减速器及负载后折算到电机轴上的等效值。

设减速器角速度为 ω_c，转速为 n_c（rpm），i 为减速比，则有

$$n_c = i \cdot n$$

$$\omega_c = \frac{2\pi n_c}{60} = \frac{d\theta_c}{dt}$$

测速电机及反馈电位器　$u_s = K_3 \cdot n(t)$　（K_3 为比例系数）

位置反馈电位器　$u_c = K_4 \cdot \theta_c$　（K_4 为比例系数）

求出各部分传递函数，得到系统动态结构如图 9-8 所示。

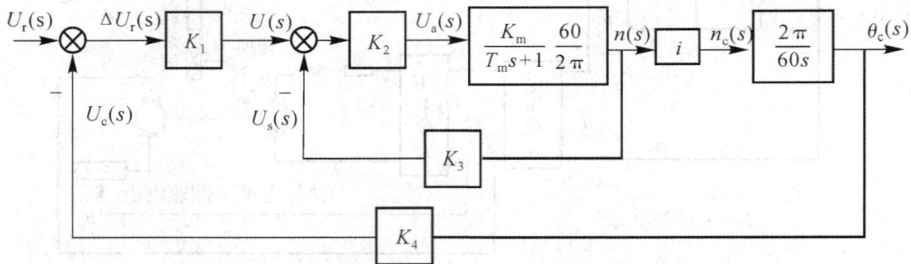

图 9-8　船舶操舵控制系统动态结构图

9.1.3　控制器的设计及分析

某船舶操舵系统性能指标要求阶跃响应的稳态误差小于 0.2s。将图 9-8 进一步化简得图 9-9 所示，其中电位器比例系数 $K_e = 3.03$ V/rad，电机放大系数 $K_d = 43.663$ rad/V，电机时间常数 $T_D = 0.05$s，$i = 0.703$，$K_a K_b = 2.66$。不难得到系统的开环传递函数 $G(s) = 500/[S(0.05S+1)]$，闭环传递函数 $\varphi(s) = \dfrac{500}{0.05s^2 + s + 500} = \dfrac{1}{0.01^2 s^2 + 0.002s + 1}$，可以算出系统超调量 $\delta \approx 73\%$，调节时间 $t_s = 0.3$s，截止频率 $\omega_c \approx 100$，相位裕度 $\gamma \approx 11°$，

不满足工程系统设计要求。

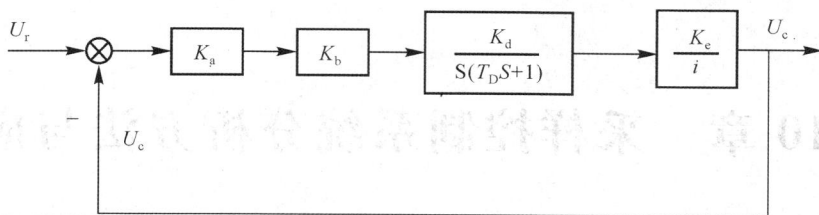

图 9-9　化简后的船舶操舵控制系统动态结构图

设计校正装置时,采取串联超前校正,其传递函数为

$$G_c(s) = \frac{0.05s + 1}{0.001s + 1}$$

则校正后的开环传递函数为

$$G_c(s)G(s) = \frac{500}{s(0.001s + 1)}$$

校正后的闭环传递函数为

$$\varphi(s) = \frac{1}{(0.001414)^2 s^2 + 2 \times 0.707 \times 0.001414s + 1}$$

校正后系统的阻尼系数 $\xi = 0.707$,$\delta \approx 4.3\%$,$\omega_c \approx 500$,$\gamma \approx 88°$

校正装置的实现,可以采用由电阻—电容组成的无源超前电路,由此电路带来的幅值上的衰减,可以通过提高前向通路放大系数加以弥补,这里不再赘述。

本章小结

调速系统和位置随动系统是实际应用中非常典型的两种控制系统。本章从讲述两个系统的组成、分析控制原理、建立系统的数学模型和控制器的设计等几个方面对模拟系统的分析和设计方法进行了介绍,是对前述理论方法的具体运用。

第 10 章　采样控制系统分析方法与应用

由于计算机及微处理器具有运算速度快、精度高、集成化、容量大、功能多、体积小、使用简单和灵活性强等优点,发展迅速并得到日益普及,越来越广泛地被应用于自动控制系统。计算机进入自动控制系统可以实现先进的控制规律,不仅仅是取代传统的模拟控制器,而且可以实现模拟控制器无法实现的对复杂系统的控制。计算机控制广泛应用在航空航天、通信、化工、电力、机器制造等领域。

10.1　采样控制系统基本概念

我们以前讨论的控制系统中,各个变量都是连续时间 t 的函数,叫做连续时间信号,这样的系统也称为连续时间控制系统,简称连续系统。如果连续时间信号的取值范围也是连续的,则称这样的信号为模拟信号。

例如,某点温度信号随时间变化,且在时间定义域和值域上都是连续的信号,可表示为

$$f(t) = 30\cos\omega t , -\infty < t < +\infty$$

其中,t 是定义在时间轴上的连续变量。

如果时间是不连续的,而是离散的,其值域是连续的,这种信号称为离散信号。离散时间信号可以由连续信号经过抽样得到,或本身就是随时间离散取值的信号。

在典型的计算机采样控制系统中,数的运算和存储都是采用位数有限的二进制。由于位数有限,所以能表达的数字信号也是有限的。因此离散信号的值需要经过"量化",即取离散值,这种在时间和幅度上都取离散值的信号称为数字信号。

在实际的工程中,计算机或微处理器在进行信号处理时,经过检测装置对输出模拟信号 $c(t)$ 进行检测,得到反馈信号 $b(t)$,再用模拟输入信号 $r(t)$ 与反馈信号 $b(t)$ 进行比较,得到误差信号 $e(t)$,再经过 A/D 采样变成数字信号 $e^*(k)$,计算机采用一定的控制规律(如比例、微分、积分)进行控制和调节,将输出的数字信号 $u^*(k)$ 再经过 D/A 转换变为模拟信号 $u(t)$,构成闭环控制系统,从而控制具有连续状态的被控对象,构成计算机采样控制系统,满足性能指标的要求,如图 10-1 所示。

在采样控制系统中,A/D 转换器可以等效成一个采样开关,D/A 转换器可以表示成一个采样开关和保持器,数字控制器由计算机或微处理器实现,那么采样控制系统可以表示成如图 10-2 所示。

计算机采样控制系统与连续控制系统相比,具有很多优点。计算机可以进行复杂的数

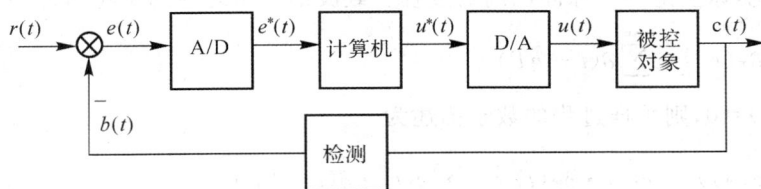

图 10-1　计算机采样控制系统

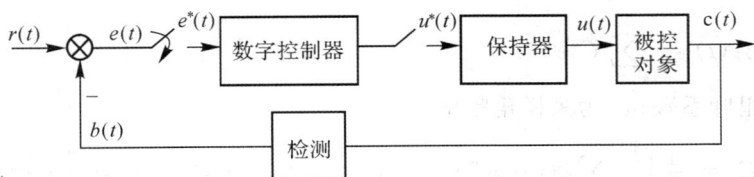

图 10-2　采样控制系统结构框图

学运算,可以方便地改变控制规律和调节器参数,实现模拟控制器难以实现的规律,还可以充分发挥计算机通信的功能,通过网络构成多级计算机控制和生产管理系统。

　　由于采样控制系统与连续时间控制系统之间既有差别又有联系,前面介绍的连续时间系统的分析方法不能直接应用于采样控制系统。

10.2　信号的采样与信号的复现

10.2.1　信号的采样过程及采样定理

　　将连续信号转换为离散信号的过程,称为采样过程,如图 10-3 所示。采样过程可以用一个采样开关来描述,假设采样开关每隔一定时间 T 就闭合一次,则 T 就为采样周期,采样频率即为

$$f_s = \frac{1}{T} \tag{10-1}$$

采样角频率为

$$\omega_s = \frac{2\pi}{T} = 2\pi f_s \tag{10-2}$$

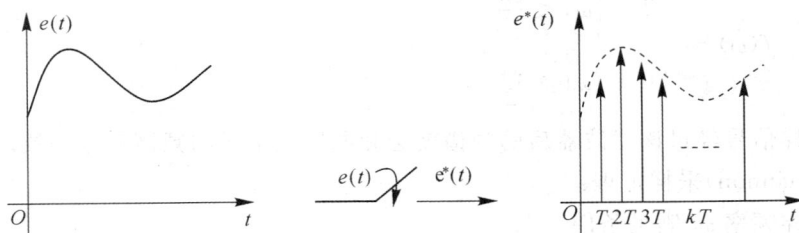

图 10-3　采样过程

采样过程实际上是一个脉冲调制的过程。载波信号是理想的单位脉冲序列,可表示为

$$\delta_T(t) = \sum_{k=0}^{\infty} \delta(t - kT) \tag{10-3}$$

设 $t < 0$ 时,$e(t) = 0$,则采样过程的数学描述为

$$e^*(t) = e(t) \cdot \delta_T(t) = \sum_{k=0}^{\infty} e(t) \cdot \delta(t - kT) \tag{10-4}$$

下面来分析一下采样信号的频谱。

将 $\delta_T(t)$ 展开成傅里叶级数,即

$$\delta_T(t) = \sum_{n=-\infty}^{\infty} C_n e^{jn\omega_s t} \tag{10-5}$$

式中:C_n 为傅里叶系数;ω_s 为采样角频率。

$$C_n = \frac{1}{T} \int_{-\frac{T}{2}}^{\frac{T}{2}} \sum_{k=0}^{\infty} \delta(t - kT) e^{-jn\omega_s t} dt = \frac{1}{T} \int_{0_-}^{0_+} \delta(t) e^{-jn\omega_s t} dt = \frac{1}{T} e^{-jn\omega_s t} \big|_{t=0} = \frac{1}{T} \tag{10-6}$$

由式(10-4)得采样信号为

$$e^*(t) = \frac{1}{T} \sum_{n=-\infty}^{\infty} e(t) e^{jn\omega_s t} \tag{10-7}$$

设连续信号 $e(t)$ 的拉普拉斯变换及傅里叶变换分别用 $E(s)$ 和 $E^*(j\omega)$ 表示,对式(10-7)两边取拉普拉斯变换,可得

$$E^*(s) = \frac{1}{T} \sum_{n=-\infty}^{\infty} E(s + jn\omega_s) \tag{10-8}$$

令 $s = j\omega$,则得采样信号的傅里叶变换为

$$E^*(j\omega) = \frac{1}{T} \sum_{n=-\infty}^{\infty} E(j\omega + jn\omega_s) \tag{10-9}$$

则连续信号 $e(t)$ 与采样信号 $e^*(t)$ 的频谱曲线如图 10-4 所示。$|E^*(j\omega)|$ 中对应 $n = 0$ 的部分称为 $E^*(j\omega)$ 的主分量,其余为 $E^*(j\omega)$ 的补分量,主分量与连续信号的频谱 $E(j\omega)$ 只差一个常系数因子 $\frac{1}{T}$。如果采样频率 ω_s 越高,$E^*(j\omega)$ 中主分量与补分量的重叠部分就越少。设 ω_{max} 为连续信号频谱的上限频率,则当 $\omega_s \geqslant 2\omega_{max}$ 时,主分量与补分量不再发生重叠。如果构造一个理想低通滤波器,则使它的增益为

$$f(\omega) = \begin{cases} T & |\omega| < \dfrac{\omega_s}{2} \\[2mm] 0 & |\omega| \geqslant \dfrac{\omega_s}{2} \end{cases} \tag{10-10}$$

那么上述采样信号经过该滤波器后的频谱就会和原连续信号的频谱完全一致。下面就是著名的香农(Shannon)采样定理:

如果采样频率 ω_s 满足条件

$$\omega_s \geqslant 2\omega_{max} \tag{10-11}$$

则经采样后得到的脉冲序列可以无失真地恢复为原连续信号。

(a) 连续信号的频谱

(b) 采样信号的频谱

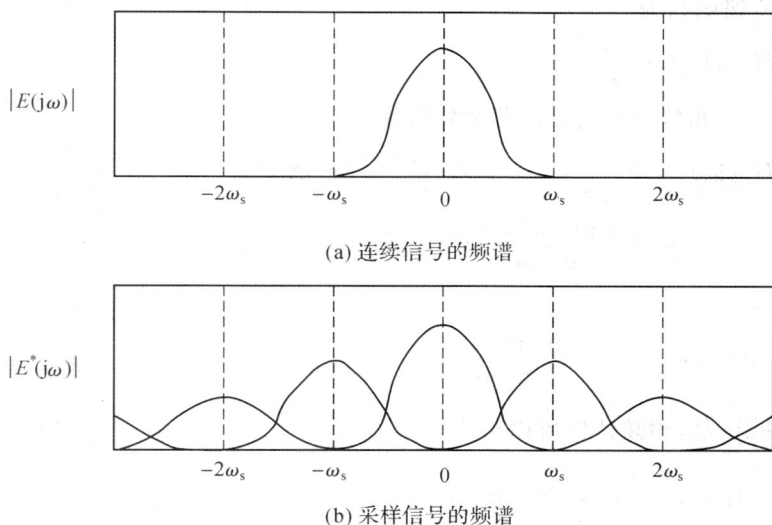

图 10-4 连续信号与采样信号的频谱

10.2.2 信号的复现与保持器

信号的复现是将采样信号恢复为连续信号的过程。保持器是工程实际中用来近似重构连续信号的装置。从数学意义上看,保持器的作用是根据被采样函数 $e(t)$ 在各个采样时刻的瞬时值,求出采样时刻之间的函数值。保持器有各种类型,D/A 转换器中一般使用零阶保持器。零阶保持器是一种具有常值外推功能的保持器(Zero Order Hold,ZOH)。它将采样时刻 kT 时的信号保持到下一个时刻 $(k+1)T$ 到来之前。其数学表达式为

$$e(t) = e(kT) \qquad kT < t < (k+1)T \tag{10-12}$$

图 10-5 所示为信号的采样与保持过程。

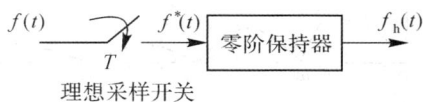

图 10-5 信号的采样与保持过程

零阶保持器的输出为

$$f_h(t) = \sum_{k=0}^{+\infty} f(kT)\big[1(t-kT) - 1(t-kT-T) \big]$$

则其拉氏变换为

$$F_h(s) = \sum_{k=0}^{+\infty} f(kT)\left[\frac{e^{-kTs} - e^{-(k+1)Ts}}{s} \right] = \frac{1-e^{-Ts}}{s} \sum_{k=0}^{+\infty} f(kT) e^{-kTs}$$
$$= H_0(s) \cdot F^*(s)$$

其中,$F^*(s)$ 为采样信号的拉氏变换,其可表示为

$$F^*(s) = \sum_{k=0}^{+\infty} f(kT) e^{-kTs} \tag{10-13}$$

零阶保持器的传递函数为

$$H_0(s) = \frac{1 - e^{-Ts}}{s} \tag{10-14}$$

由式(10-14)可得零阶保持器的频率特性为

$$H_0(j\omega) = \frac{1 - e^{-jT\omega}}{j\omega} = T\frac{\sin(\omega T/2)}{\omega T/2}e^{-\frac{1}{2}j\omega T}$$

$$= T\frac{\sin(\pi\omega/\omega_s)}{\pi\omega/\omega}e^{-\pi\omega_s} \tag{10-15}$$

其幅频特性为

$$|H_0(j\omega)| = T\left|\frac{\sin(\pi\omega/\omega_s)}{\pi\omega/\omega}\right| \tag{10-16}$$

考虑到 $\sin\frac{\omega T}{2}$ 的正负,相频特性可以写成

$$\angle H_0(j\omega) = -\frac{\omega T}{2}T + \theta \tag{10-17}$$

$$\theta = \begin{cases} 0 & \sin\frac{\omega T}{2} > 0 \\ \pi & \sin\frac{\omega T}{2} < 0 \end{cases}$$

当 $\omega \to 0$ 时,幅频特性为

$$\lim_{\omega \to 0}|H_0(j\omega)| = \lim_{\omega \to 0}\left|\frac{\sin(\pi\omega/\omega_s)}{\pi\omega/\omega}\right| = T$$

零阶保持器的频率特性如图 10-6 所示。

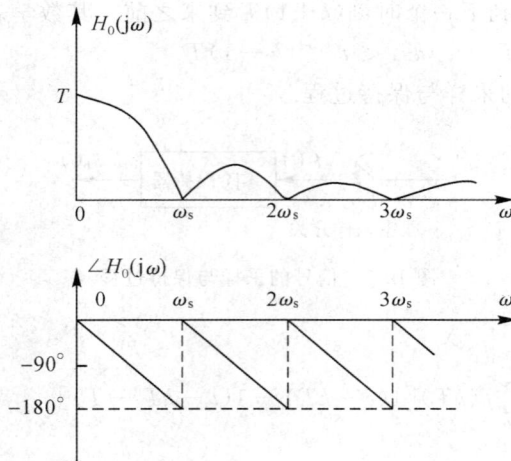

图 10-6　零阶保持器频率特性

从幅频特性上看,零阶保持器具有低通滤波器的特点;从相频特性上看,零阶保持器具有负的相角,能产生滞后作用,会对闭环系统的稳定性产生不利的影响。

在工程实践中,零阶保持器可以用输出寄存器实现,通常还应附加模拟滤波器,以便有效滤除高频分量,这在数字控制系统中应用广泛。

10.3　z 变换与脉冲传递函数

10.3.1　z 变换

z 变换是从拉氏变换直接引申出来的一种变换方法，它实际上是采样函数拉氏变换的变形，因此，z 变换又称采样拉氏变换，是研究线性离散系统的重要数学工具。

线性连续系统的动态及稳态性能，可以应用拉氏变换的方法进行分析。与此相似，线性离散系统的性能，可以采用 z 变换的方法进行分析。

1. z 变换定义

设连续信号 $x(t)$（$t<0$ 时，$x(t)=0$），每隔时间 T 采样一次，相当于连续时间信号 $x(t)$ 乘以冲激序列 $\delta(t-kT)$，则 $x(t)$ 的采样信号 $x^*(t)$ 为

$$x^*(t) = \sum_{k=0}^{+\infty} x(t)\delta(t-kT) = \sum_{k=0}^{+\infty} x(kT)\delta(t-kT) \tag{10-18}$$

则采样信号 $x^*(t)$ 的拉氏变换为

$$X^*(s) = \int_0^\infty \left[\sum_{k=0}^\infty x(t)\delta(t-kT)e^{-sT}dT \right] = \sum_{k=0}^\infty \left[\int_0^\infty x(t)\delta(t-kT)e^{-sT}dt \right]$$

由冲激函数 $\delta(t)$ 的筛分性质，可得

$$X^*(s) = \sum_{k=0}^\infty x(kT)e^{-kTs} \tag{10-19}$$

这里引入一个新的复变量 z，令

$$z = e^{Ts} \tag{10-20}$$

则式（10-19）可转换成复变量 z 的函数，用 $X(z)$ 表示，即为

$$X(z) = \sum_{k=0}^\infty x(kT)z^{-k} \tag{10-21}$$

其中，$X(z)$ 称为采样信号（离散时间信号）$x^*(t)$ 的 z 变换，简记 ZT，即

$$X(z) = Z[x(k)] \tag{10-22}$$

其中，$x(k)$ 为 $X(z)$ 的逆变换，即

$$x(k) = Z^{-1}[X(z)] \tag{10-23}$$

z 的逆变换简记为 IZT。

若 $x(k)$ 与 $X(z)$ 构成一对 z 变换，可记为

$$x(k) \leftrightarrow X(z) \tag{10-24}$$

从 z 变换的推导过程可以看出，z 变换是对采样信号（离散时间信号）进行拉氏变换的一种表示方法。

$$X(z)\big|_{z=e^{Ts}} = X(s) \tag{10-25}$$

且复变量 z 与 s 的关系为

$$\begin{cases} z = e^{sT} \\ s = \dfrac{1}{T}\ln z \end{cases} \tag{10-26}$$

式（10-25）与式（10-26）反映了连续时间系统的 s 域与离散时间系统 z 域的重要变换

关系。

2. z 变换求法

求离散时间函数的 z 变换有多种方法,常用的有级数求和法、部分分式法和留数计算法。

(1) 级数求和法

级数求和法是直接根据 z 变换的定义,将式(10-21)写成展开形式:

$$X(z) = x(0) + x(T)z^{-1} + x(2T)z^{-2} + \cdots + x(kT)z^{-k} + \cdots \tag{10-27}$$

显然,只要给定连续时间信号 $x(t)$ 在 $kT(k=0,1,2,\cdots)$ 时刻的采样值 $x(kT)$,以及采样周期 T,由式(10-27)就可以得 z 变换的级数展开式。这种级数展开式是开放式的,有无穷项,如果不能写成闭式,很难应用。一些常用函数的 z 变换的级数形式可成闭合形式。

【例 10-1】 试求阶跃信号 $1(t)$ 采样序列的 z 变换。

解

$$1(k) = \begin{cases} 1 & (k \geqslant 0) \\ 0 & (k < 0) \end{cases}$$

$$Z[1(k)] = \sum_{k=0}^{\infty} 1(k)z^{-k} = 1 + \frac{1}{z} + \frac{1}{z^2} + \frac{1}{z^3} + \cdots$$

这是一个等比级数,当 $|z| \leqslant 1$ 时,此级数发散;当 $|z| > 1$ 时,此级数收敛于 $\dfrac{1}{1-z^{-1}}$,则

$$1(k) \leftrightarrow \frac{1}{1-z^{-1}} = \frac{z}{z-1} \qquad (|z| > 1)$$

【例 10-2】 试求指数衰减信号 $e^{-at}(a > 0)$ 采样序列的 z 变换。

解 根据式(10-27)可得指数衰减信号 $e^{-at}(a > 0)$ 的 z 变换为

$$X(z) = Z[e^{-at}] = 1 + e^{-aT}z^{-1} + e^{-2aT}z^{-2} + \cdots + e^{-kaT}z^{-k} + \cdots$$

这是一个等比级数,若 $|z| > e^{-aT}$,则

$$X(z) = Z[e^{-at}] = \frac{1}{1-e^{-aT}z^{-1}} = \frac{z}{z-e^{-aT}}$$

(2)部分分式法

先利用连续系统时间函数 $x(t)$ 的拉氏变换 $X(s)$,然后再将有理分式 $X(s)$ 展开成部分分式之和形式,使每一部分分式对应简单的时间函数,这样每一部分分式的 z 变换就是已知的,于是可方便地求出 $X(s)$ 对应的 $X(z)$。

【例 10-3】 $x(t)$ 的拉氏变换为

$$X(s) = \frac{a}{s(s+a)}$$

试求将连续信号 $x(t)$ 采样后变成离散序列 $x(k)$ 的 z 变换 $X(z)$。

解 将 $X(s)$ 展成如下部分分式

$$X(s) = \frac{1}{s} - \frac{1}{s+a}$$

对上式逐项取拉氏反变换,可得

$$x(t) = 1 - e^{-at}$$

则

$$x(k) = 1(k) + e^{-akT_s}$$

其中 $1(k)$ 与 e^{-akT_s} 分别为常用的序列,可得

$$Z[1(k)] = \frac{z}{z-1}$$

$$Z[e^{-aT_s}] = \frac{z}{z-e^{-aTs}}$$

所以

$$X(z) = \frac{z}{z-1} - \frac{z}{z-e^{-aT_s}} = \frac{z(1-e^{-aT_s})}{z^2-(1+e^{-aT_s})z+e^{-aT_s}}$$

另外,还有一种方法是留数计算法,有兴趣的读者可参考相关文献。

表 10-1 常用函数的 z 变换表

$x(k)$ ($k \geqslant 0$)	$X(z)$	收敛域
$\delta(k)$	1	z 平面
$\delta(k-j)$	z^{-j}	$z \neq 0$
$1(k)$	$\dfrac{z}{z-1}$	$\lvert z \rvert > 1$
$1(k-j)$	$\dfrac{1}{z-1}$	$\lvert z \rvert > 1$
k	$\dfrac{z}{(z-1)^2}$	$\lvert z \rvert > 1$
k^n	$\left(-z\dfrac{d}{dz}\right)^n\left(\dfrac{1}{1-z^{-1}}\right)$	$\lvert z \rvert > 1$
r^k	$\dfrac{z}{z-r}$	$\lvert z \rvert > \lvert r \rvert$
kr^k	$\dfrac{rz}{(z-r)^2}$	$\lvert z \rvert > \lvert r \rvert$
$(k+1)r^k$	$\left(\dfrac{z}{z-r}\right)^2$	$\lvert z \rvert > \lvert r \rvert$
$\dfrac{1}{2}(k+1)(k+2)r^k$	$\left(\dfrac{z}{z-r}\right)^3$	$\lvert z \rvert > \lvert r \rvert$
$\dfrac{1}{(p-1)!}(k+1)(k+2)\cdots(k+p-1)r^k$	$\left(\dfrac{z}{z-r}\right)^p$	$\lvert z \rvert > \lvert r \rvert$
$e^{k\lambda}$	$\dfrac{z}{z-e^\lambda}$	$\lvert z \rvert > \lvert e^\lambda \rvert$
$\cos k\beta$	$\dfrac{z(z-\cos\beta)}{z^2-2z\cos\beta+1}$	$\lvert z \rvert > 1$

续表

$x(k)$　　$(k \geqslant 0)$	$X(z)$	收敛域
$\sin k\beta$	$\dfrac{z\sin\beta}{z^2 - 2z\cos\beta + 1}$	$\lvert z \rvert > 1$
$e^{k\alpha}\cos k\beta$	$\dfrac{e^{\alpha}\cos\beta \cdot z^{-1}}{1 - 2e^{\alpha}\cos\beta \cdot z^{-1} + e^{2\alpha}z^{-2}}$	$\lvert z \rvert > \lvert e^{\lambda} \rvert$
$e^{k\alpha}\sin k\beta$	$\dfrac{e^{\alpha}\sin\beta \cdot z^{-1}}{1 - 2e^{\alpha}\cos\beta \cdot z^{-1} + e^{2\alpha}z^{-2}}$	$\lvert z \rvert > \lvert e^{\lambda} \rvert$
$2re^{k\alpha}\cos(k\beta + \theta)$	$\dfrac{C}{1 - rz^{-1}} + \dfrac{C^*}{1 - r^* z^{-1}}$ $C = re^{j\theta}, r = e^{\alpha + j\beta}$	$\lvert z \rvert > \lvert r \rvert$

10.3.2　z 变换的基本定理

1. 线性定理

若　　$\begin{cases} x_1(k) \leftrightarrow X_1(z) \\ x_2(k) \leftrightarrow X_2(z) \end{cases}$

则对于任意常数 a_1 和 a_2 ,有

$$a_1 x_1(k) + a_2 x_2(k) \leftrightarrow a_1 X_1(z) + a_2 X_2(z) \tag{10-28}$$

2. 平移定理

若 $x(k) \leftrightarrow X(z)$,且整数 j>0,则右移 j 时

$$x(t - jT) \leftrightarrow z^{-j}X(z) = z^{-(j-1)}x(-1) + z^{-(j-2)} \cdot x(-2) + \cdots + x(-j) \tag{10-29}$$

左移 j 时

$$x(t + jT) \leftrightarrow z^j X(z) - z^j \sum_{k=0}^{j-1} x(k)z^{-k} \tag{10-30}$$

右移定理又称滞后定理,左移定理又称超前定理。

【**例 10-5**】　求 $Z[r^{(k-1)}]$ 。

解　由表 10-1 知:

$$r^k \leftrightarrow \frac{z}{z - r}$$

由左移定理得

$$Z[r^{k-1}] = z^{-1}Z[r^k] - r^{-1} = z^{-1}\frac{z}{z - r} = \frac{1}{z - r}$$

3. 尺度定理

若 $x(k) \leftrightarrow X(z)$,则

$$r^k x(k) \leftrightarrow X\left(\frac{z}{r}\right) \tag{10-31}$$

4. 乘 k 定理

若 $x(k) \leftrightarrow X(z)$,则

$$kx(k) \leftrightarrow -z\frac{\mathrm{d}}{\mathrm{d}z}X(z) \tag{10-32}$$

5. 初值定理

设 $x(k) \leftrightarrow X(z)$，并且 $\lim\limits_{z \to \infty} X(z)$ 存在，则有

$$x(0) = \lim_{z \to \infty} X(z) \tag{10-33}$$

6. 终值定理

设 $x(k) \leftrightarrow X(z)$，若 $x(\infty)$ 存在，则有

$$\lim_{k \to \infty} x(k) = \lim_{z \to 1}(z-1) X(z) \tag{10-34}$$

7. 卷积定理

与连续系统相仿，离散系统中也有离散序列的卷积和定理，离散序列的卷积和定理在离散系统分析中占有重要的地位。卷积和定理的内容如下：

若

$$\begin{cases} x_1(k) \leftrightarrow X_1(z) & |z| > r_1 \\ x_2(k) \leftrightarrow X_2(z) & |z| > r_2 \end{cases}$$

则

$$x_1(k) * x_2(k) \leftrightarrow X_1(z) X_2(z) \tag{10-35}$$

z 变换定理汇总如表 10-2 所示。

表 10-2　z 变换的几个定理

运　算	时间序列	z 变换
z 变换	$x(k)$	$\sum\limits_{k=0}^{\infty} x(k) z^{-k}$
z 逆变换	$\dfrac{1}{2\pi \mathrm{j}} \oint_c X(z) z^{k-1} \mathrm{d}z$	$X(z)$
线性	$a_1 x_1(k) + a_2 x_2(k)$	$a_1 X_1(z) + a_2 X_2(z)$
向左移序	$x(k+j)$	$z^j X(z) - z^j \sum\limits_{k=0}^{j-1} x(k) z^{-k}$
向右移序	$x(k-j) 1(k-j)$	$z^{-j} X(z)$
尺度变换	$r^k x(k)$	$X(z r^{-1})$
卷积	$\sum\limits_{j=0}^{k} x_1(j) x_2(k-j)$	$X_1(z) \cdot X_2(z)$
乘 k	$k x(k)$	$-z \dfrac{\mathrm{d}}{\mathrm{d}z} X(z)$
初值	$\lim\limits_{k \to 0} x(k)$	$\lim\limits_{z \to \infty} X(z)$
终值	$\lim\limits_{k \to \infty} x(k)$	$\lim\limits_{z \to 1}(z-1) X(z)$

10.3.3　z 逆变换

根据 $X(z)$ 求采样时间信号称为 z 逆变换（或 z 反变换），z 逆变换的方法通常有幂级数

展开法、部分分式展开法和复变函数法。

1. 幂级数展开法

根据 z 变换定义

$$X(z) = \sum_{k=0}^{\infty} x(k) z^{-k}$$

将 $X(z)$ 在收敛域中展开为 $\dfrac{1}{z}$ 的幂级数形式,它的系数就是响应的离散序列 $x(k)$ 的值。

$X(z)$ 通常是一个有理真分式,用长除法将分子除以分母可得 $\dfrac{1}{z}$ 的幂级数,从而根据幂级数的系数求得 $x(k)$。

【例 10-6】 设 $X(z) = \dfrac{z}{z^2 - z - 2}$,求 $x(k)$。

解 对有理式 $\dfrac{z}{z^2 - z - 2}$ 进行长除,得

$$
\begin{array}{r}
z^{-1}+z^{-2}+2z^{-3}+3z_{-4}+5z^{-5}\cdots \\
z^2-z-1\overline{)z} \\
\underline{z-1-z^{-1}} \\
1+z^{-1} \\
\underline{1-z^{-1}-z-2} \\
2z^{-1}+z^{-2} \\
\underline{2z^{-1}-2z^{-2}-2z^{-3}} \\
3z^{-2}+2z^{-3} \\
\underline{3z^{-2}-3z^{-3}-3z^{-4}} \\
5z^{-3}+3z^{-4} \\
\underline{5z^{-3}-5z^{-4}-5z^{-5}} \\
8z^{-4}+5z^{-5}
\end{array}
$$

$$X(z) = z^{-1} + z^{-2} + 2z^{-3} + 3z^{-4} + 5z^{-5} \cdots$$

所以 $x(k) = \{0, 1, 1, 2, 3, 5 \cdots\}$

在实际应用中,常常只需要计算有限的几项就够了,因此幂级数计算最简便,这是 z 变换法的优点之一。通常幂级数法只能得到前几项,不能得到序列 $x(k)$ 的闭合形式,计算机编程较困难。

2. 部分分式展开法

由于 z 变换的线性性质,可以采用部分分式分解的方法求一个复杂函数 $X(z)$ 的 z 反变换。查表可知,各 z 变换表达式的分子都包含因子 z,为了获得容易在 z 变换表中识别的形式,通常是对 $\dfrac{X(z)}{z}$ 进行部分分解。然后根据分解后的简单 z 变换形式查找相应的时间函数。

设 $X(z)$ 的单极点为 z_1,z_2,z_3,$\cdots$,z_n,则 $\dfrac{X(z)}{z} = \displaystyle\sum_{i=1}^{n} \dfrac{A_i}{z - z_i}$

$X(z)$ 的部分分式展开式为

$$X(z) = \sum_{i=1}^{n} \frac{A_i z}{z - z_i}$$

逐项查表求出 $\dfrac{A_i z}{z - z_i}$ 的反变换,得出 $x(kT)$ 的形式为

$$x(kT) = Z^{-1}\left[\sum_{i=1}^{n} \frac{A_i z}{z - z_i}\right] \quad (k \geqslant 0)$$

则采样信号 $x^*(t)$ 为

$$x^*(t) = x(kT) = Z^{-1}\left[\sum_{i=1}^{n} \frac{A_i z}{z - z_i}\right]\delta(t - kT)$$

【例 10-7】 求 $X(z) = \dfrac{z^2}{z^2 - z - 2}$ 的逆变换。

解
$$X(z) = \frac{z^2}{z^2 - z - 2} = \frac{z^2}{(z+1)(z-2)}$$

$$\frac{X(z)}{z} = \frac{z}{(z+1)(z-2)} = \frac{1/3}{z+1} + \frac{2/3}{z-2}$$

即

$$X(z) = \frac{1}{3} \frac{z}{z+1} + \frac{2}{3} \frac{z}{z-2}$$

在收敛域上进行 z 逆变换得

$$x(kT) = \frac{1}{3} \cdot (-1)^k + \frac{2}{3} \cdot (2)^k \quad (k \geqslant 0)$$

$$x^*(t) = \sum_{k=0}^{\infty}\left[\frac{1}{3} \cdot (-1)^k + \frac{2}{3} \cdot (2)^k\right]\delta(t - kT)$$

还有一种留数计算法,感兴趣的读者可参看相关文献。

以上各种方法中,长除法简单,但得到的 z 反变换是非闭式;部分分式法和留数计算法均可以得到闭式。

10.3.4 脉冲传递函数

1.脉冲传递函数定义

一个采样系统的输入输出关系如图 10-7 所示。在零初始状态下,输入输出采样信号 $r^*(t)$ 和 $c^*(t)$ 的拉氏变换为 $R^*(s)$ 和 $C^*(s)$,s 域中采样系统传递函数为

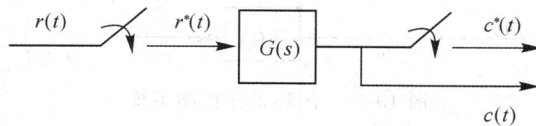

图 10-7 采样系统输入输出关系

$$G^*(s) = \frac{C^*(s)}{R^*(s)}$$

输入输出采样信号 $r^*(t)$ 和 $c^*(t)$ 的 z 变换为 $R(z)$、$C(z)$,定义 z 域中采样系统的脉冲传递函数为

$$G(z) = \frac{C(z)}{R(z)} \tag{10-36}$$

式(10-36)又称为 z 传递函数。

2.脉冲传递函数的计算

(1)串联环节的脉冲传递函数

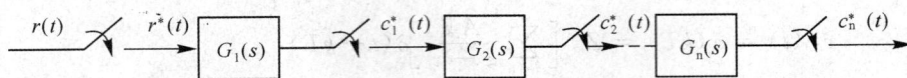

图 10-8　串联环节之间有采样器的控制系统

n 个串联的连续对象 $G_1(s)$ 和 $G_2(s)$,如果它们之间存在采样器,则系统的脉冲传递函数为各脉冲传递函数之积,即

$$G(z) = \frac{C(z)}{R(z)} = G_1(z) \cdot G_2(z) \cdots G_n(z)$$

如果连续对象之间没有采样器,如图 10-9 所示,此时两个串联的对象可以看成一个连续对象 $G(s) = G_1(s)G_2(s)$,然后进行 z 变换,写成

$$G(z) = \frac{C(z)}{R(z)} = G_1 G_2(z)$$

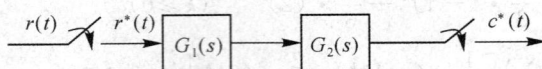

图 10-9　串联环节之间无采样器的控制系统

(2)闭环脉冲传递函数

图 10-10 所示的采样系统为闭环采样系统。此系统的开环脉冲传递函数为

$$G(z) = \frac{B(z)}{E(z)} = G_1 G_2 H(z)$$

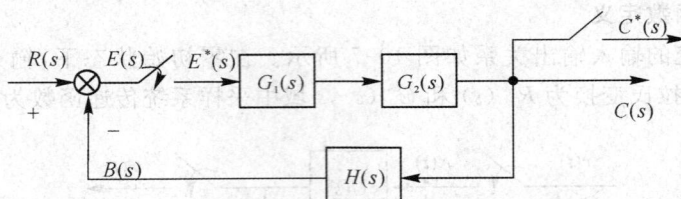

图 10-10　闭环采样控制系统

由图 10-10 可得

$$C(s) = G_1(s)G_2(s)E^*(s) \tag{10-37}$$

$$B(s) = H(s)C(s) \tag{10-38}$$

$$E(s) = R(s) - B(s) \tag{10-39}$$

由上述各式求得

$$E(s) = R(s) - G_1(s)G_2(s)H(s)E^*(s) \tag{10-40}$$

其中,$E^*(s)$ 代表采样误差信号 $e^*(t)$ 的拉氏变换。

对式(10-40)取 z 变换,可得

$$E(z) = R(z) - G_1 G_2 H(z)E(z)$$

由上式可得误差信号对于控制信号的闭环脉冲传递函数

$$\frac{E(z)}{R(z)} = \frac{1}{1 + G_1 G_2 H(z)} \tag{10-41}$$

对式（10-37）进行 z 变换，可得

$$C(z) = G_1 G_2(z) E(z) \tag{10-42}$$

所以系统的闭环脉冲传递函数为

$$\frac{C(z)}{R(z)} = \frac{G_1 G_2(z)}{1 + G_1 G_2 H(z)} \tag{10-43}$$

令闭环脉冲传递函数的分母为零，便可得到闭环采样系统的特征方程为

$$1 + G_1 G_2 H(z) = 0 \tag{10-44}$$

如果误差信号没有经过采样器输入的前向通道的第一个环节，则一般写不出闭环脉冲传递函数，只能写出输出的 z 变换表达式。此时令 z 变换分母为零，即可得到特征方程。表 10-3 列出了几种常见采样系统的方框图及被控信号的 z 变换 $C(z)$。

表 10-3 常用采样系统的结构框图及其输出的 z 变换 $C(z)$

方框图	$C(x)$
	$C(z) = \dfrac{G(x)R(z)}{1 + G(z)H(z)}$ $\dfrac{C(z)}{R(z)} = \dfrac{G(z)}{1 + G(z)H(z)}$
	$C(z) = \dfrac{GR(z)}{1 + GH(z)}$
	$C(z) = \dfrac{G_2(z)G_1 R(z)}{1 + G_2 H G_1(z)}$
	$C(z) = \dfrac{G(z)R(z)}{1 + G(z)H(z)}$ $\dfrac{C(z)}{R(z)} = \dfrac{G(z)}{1 + G(z)H(z)}$
	$C(z) = \dfrac{G_1(z)G_2(z)R(z)}{1 + G_1(z)G_2 H(z)}$ $\dfrac{C(z)}{R(z)} = \dfrac{G_1(Z)G_2(z)}{1 + G_1(z)G_2 H(z)}$
	$C(z) = \dfrac{G_1(z)G_2(z)R(z)}{1 + G_1(z)G_2(z) + G_2 H(z)}$ $\dfrac{C(z)}{R(z)} = \dfrac{G_1(z)G_2(z)}{1 + G_1(z)G_2(z) + G_2 H(z)}$
	$C(z) = \dfrac{G_1(z)R(z)}{1 + G_1(z)H_2 H_3(z) + G_1 H_1(Z)}$ $\dfrac{C(z)}{R(z)} = \dfrac{G_1(z)}{1 + G_1(z)H_2 H_3(z) + G_1 H_1(z)}$

【例 10-9】 试求图 10-11 的采样系统,其中 $G(s) = \dfrac{1}{s(s+1)}$,$H(s) = 1$,采样周期 T $=1s$,求闭环脉冲传递函数 $\dfrac{C(z)}{R(z)}$,若 $r(t) = 1(t)$,求 $c^*(t)$。

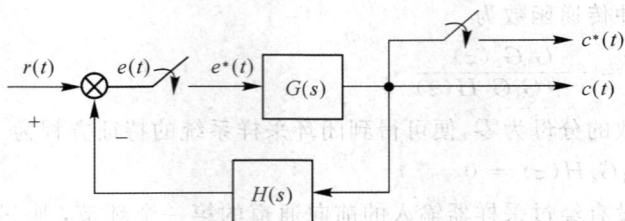

图 10-11 例 10-9 中的采样控制系统

解 由图 10-11 可得

$$E(s) = R(s) - G(s)H(s)E^*(s)$$
$$C(s) = G(s)E^*(s) \tag{10-45}$$

进一步得

$$E^*(s) = R^*(s) - GH^*(s)E^*(s)$$
$$C^*(s) = G^*(s)E^*(s) \tag{10-46}$$

将式(10-46)整理得

$$C^*(s) = \frac{G^*(s)}{1 + GH^*(s)}R^*(s) \tag{10-47}$$

将式(10-47)进行 z 变换,得

$$C(z) = \frac{G(z)}{1 + GH(z)}R(z) \tag{10-48}$$

闭环脉冲传递函数为

$$\frac{C(z)}{R(z)} = \frac{G(z)}{1 + GH(z)} \tag{10-49}$$

由已知条件得

$$G(s)H(s) = \frac{1}{s(s+1)}$$

根据部分分式法求得 z 变换为

$$G(z) = GH(z) = \frac{0.632}{(z-1)(z-0.368)} \tag{10-50}$$

将式(10-50)代入式(10-49)得

$$\frac{C(z)}{R(z)} = \frac{G(z)}{1 + GH(z)} = \frac{0.632z}{z^2 - 0.737z + 0.368}$$

阶跃输入信号的 z 变换为

$$R(z) = \frac{z}{z-1}$$

则输出信号为

$$C(z) = \frac{C(z)}{R(z)} \cdot R(z) = \frac{0.632z}{z^2 - 0.737z + 0.368} \cdot \frac{z}{z-1}$$

$$= 0.632z^{-1} + 1.096z^{-2} + 1.025z^{-3} + 1.120z^{-4} + 1.014z^{-5} + 0.98z^{-6} + \cdots$$

所以输出采样信号为

$$c^*(t) = 0.632\delta(t-1) + 1.096\delta(t-2) + 1.025\delta(t-3) + 1.120\delta(t-4)$$
$$+ 1.014\delta(t-5) + 0.98\delta(t-6) + \cdots$$

10.4 采样控制系统的稳定性、准确性和快速性分析

10.4.1 采样控制系统的稳定性分析

在线性连续系统中,特征方程的根在 s 左半平面,则说明系统是稳定的。用稳定性判据则不需求解特征方程的根,即可对系统稳定性进行判断。线性采样系统的数学模型是建立在 z 变换基础上的,若在 z 域中判断采样系统的稳定性,首先要研究 s 平面与 z 平面之间的关系。

1. 从 s 平面到 z 平面的映射

式(10-26)已经得出了复变量 s 与 z 的转换关系为

$$z = e^{sT}$$

将 $s = \sigma + j\omega$ 代入上式得

$$z = e^{(\sigma+j\omega)T} = e^{\sigma T} e^{j\omega T} = |z| e^{j\omega T}$$

得到 s 平面到 z 平面的基本映射关系为

$$|z| = e^{\sigma T}, \quad \angle z = \omega T \tag{10-51}$$

当 s 的实部 $\sigma = 0$ 时,相当于 s 平面的虚轴,当 ω 从 $-j\frac{1}{2}\omega_s$ 变换到 $j\frac{1}{2}\omega_s$,映射到 z 平面的 $\angle z$ 从 $-\pi$ 变换到 π,变化了一周。因此,s 平面虚轴由 $s = -j\frac{1}{2}\omega_s$ 到 $s = j\frac{1}{2}\omega_s$ 区段,映射到 z 平面为单位圆。同样,虚轴上 $s = -j\frac{3}{2}\omega_s$ 到 $s = -j\frac{1}{2}\omega_s$ 及 $s = j\frac{1}{2}\omega_s$ 到 $s = j\frac{3}{2}\omega_s$ 等区段同样映射到 z 平面的单位圆,如图 10-12 所示。

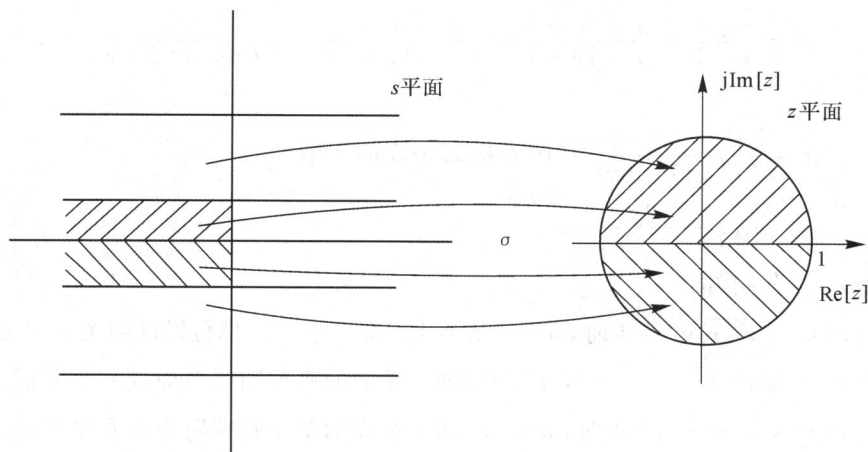

图 10-12　s 平面到 z 平面的映射

在 s 左半平面,复变量 s 的实部 $\sigma < 0$,映射到 z 平面的单位圆内区域;s 右半平面,复变量 s 的实部 $\sigma > 0$,映射到 z 平面的单位圆外区域。可见在 z 平面内,单位圆内是稳定区域,单位圆外是不稳定区域,单位圆是稳定与不稳定区域的分界线。

s 左半平面可以分为宽度为 ω_s、频率范围为 $\dfrac{2n-1}{2}\omega_s \sim \dfrac{2n+1}{2}\omega_s (n = 0, \pm 1, \pm 2, \cdots)$,且平行于横轴的无数多频带域,每个频带域都映射到 z 平面的单位圆内区域。其中 $-j\dfrac{1}{2}\omega_s < \omega < +j\dfrac{1}{2}\omega_s$ 的频带域称为主频带,其余称为次频带。

2. 线性采样系统稳定的充要条件和稳定性判据

(1)线性采样系统稳定的充要条件

线性采样系统稳定的充要条件为:线性采样系统的全部特征根 $z_i(i = 1, 2, \cdots, n)$ 都分布在 z 平面的单位圆内,或全部特征根的模都必须小于 1,即 $|z_i| < 1(i = 1, 2, \cdots, n)$。

(2)稳定性判据

由稳定性判据的充要条件可知,要判定系统稳定需要求出特征根,但对于高阶系统求根则比较复杂,此种稳定性判别方法不太适用。下面将介绍用劳斯判据进行采样系统稳定性判据的方法。

劳斯判据不能直接应用与 z 平面,需要进行 z 平面到 ω 平面的映射。为了使稳定区域映射到新平面的左半部,采用 ω 变换,将 z 平面的单位圆内区域映射到 ω 左半平面。令 z 与 ω 的映射关系为

$$\begin{cases} z = \dfrac{w+1}{w-1} \\ w = \dfrac{z+1}{z-1} \end{cases} \tag{10-52}$$

可见,ω 变换是一种可逆的双向变换,变换式是比较简单的代数关系,便于应用。设复数

$$\begin{cases} z = x + jy \\ w = u + jv \end{cases} \tag{10-53}$$

则

$$w = \frac{z+1}{z-1} = \frac{x+jy+1}{x+jy-1} = \frac{x^2+y^2-1}{(x-1)^2+y^2} - j\frac{2y}{(x-1)^2+y^2} = u+jv \tag{10-54}$$

$$u = \frac{x^2+y^2-1}{(x-1)^2+y^2} = 0(对应 \omega 平面的虚轴) \tag{10-55}$$

令

$$v = -j\frac{2y}{(x-1)^2+y^2}$$

由 $|z|^2 < x^2 + y^2$ 可知:

①当 $|z| < \sqrt{x^2+y^2} = 1$ 时,$u = 0$,$\omega = jv$,即 z 平面的单位圆映射为 ω 平面的虚轴。

②当 $|z| < \sqrt{x^2+y^2} > 1$ 时,$u > 0$,即 z 平面的单位圆映射为 ω 右半平面。

③当 $|z| < \sqrt{x^2+y^2} < 1$ 时,$u < 0$,即 z 平面的单位圆映射为 ω 左半平面。

将 z 的特征方程式经过 ω 线性变换后,可得到关于变量 ω 的特征多项式,这样就可以用劳斯判据进行采样系统的稳定性判断了。

【例 10-10】　采样系统如图 10-13 所示,求:

(1)设 $T=1, K=1$,判定系统稳定性。

(2)$T=1$,确定使系统稳定的 K 的范围。

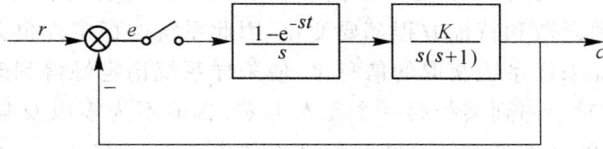

图 10-13　例 10-10 图

解　　　$G(z) = Z\left[\dfrac{K(1-\mathrm{e}^{-Ts})}{s^2(s+1)}\right] = K(1-z^{-1})Z\left[\dfrac{1}{s^2(s+1)}\right]$

$\qquad\quad = K\left(\dfrac{z-1}{z}\right)\cdot Z\left[\dfrac{1}{s^2} - \dfrac{1}{s} + \dfrac{1}{s+1}\right]$

$\qquad\quad = K\dfrac{(z-1)}{z}\left[\dfrac{Tz}{(z-1)^2} - \dfrac{z}{z-1} + \dfrac{z}{z-\mathrm{e}^{-T}}\right]$

$\qquad\quad = \dfrac{K\left[(T-1+\mathrm{e}^{-T})z + (1-\mathrm{e}^{-T}-T\mathrm{e}^{-T})\right]}{(z-1)(z-\mathrm{e}^{-T})}$

$\quad \Phi(z) = \dfrac{G(z)}{1+G(z)}$

$\qquad\quad = \dfrac{K\left[(T-1+\mathrm{e}^{-T})z + (1-\mathrm{e}^{-T}-T\mathrm{e}^{-T})\right]}{(z-1)(z-\mathrm{e}^{-T}) + K\left[(T-1+\mathrm{e}^{-T})z + (1-\mathrm{e}^{-T}-T\mathrm{e}^{-T})\right]}$

$\qquad\quad = \dfrac{K\left[(T-1+\mathrm{e}^{-T})z + (1-\mathrm{e}^{-T}-T\mathrm{e}^{-T})\right]}{z^2 + \left[K(T-1+\mathrm{e}^{-T}) - (1+\mathrm{e}^{-T})\right]z + \left[K(1-\mathrm{e}^{-T}-T\mathrm{e}^{-T}) + \mathrm{e}^{-T}\right]}$

$\quad D(z) \overset{T=1}{=} z^2 + \left[\mathrm{e}^{-1}K - (1+\mathrm{e}^{-1})\right]z + \left[(1-2\mathrm{e}^{-1})K + \mathrm{e}^{-1}\right]$

$\qquad\quad = z^2 + (0.368K - 1.368)z + (0.264K + 0.368)$

$\quad D(w) \overset{z=\frac{w+1}{w-1}}{=} \left(\dfrac{w+1}{w-1}\right)^2 + (0.368K - 1.368)\left(\dfrac{w+1}{w-1}\right) + (0.264K + 0.367) = 0$

$\qquad\quad = (w+1)^2 + (0.368K - 1.368)(w+1)(w-1)$

$\qquad\qquad + (0.264K + 0.367)(w-1)^2 = 0$

$\qquad\quad = 0.632Kw^2 + (1.264 - 0.528K)w + (2.736 - 0.104K) = 0$

列劳斯表得:

w^2	$0.632K$	$2.736 - 0.104K$	$\rightarrow K>0$
w^1	$1.264 - 0.528K$	0	$\rightarrow 1.264 > 0.528K$
w^0	$2.736 - 0.104K$		$\rightarrow 2.736 > 0.104K$

根据劳斯判据,要使系统稳定,可得

$$\begin{cases} K>0 \\ K < \dfrac{1.264}{0.528} = 2.4 \\ K < \dfrac{2.736}{0.104} = 26.3 \end{cases}$$

即　　　　　　　$0 < K < 2.4$

所以(1)当 $T = 1, K = 1$ 时,系统是稳定的。

(2)当 $T = 1$ 时,欲使系统稳定,K 的取值范围为 $0 < K < 2.4$。

说明:①采样周期 T 是采样系统一个重要参数。采样周期变换时,系统的开环脉冲传递函数、闭环脉冲传递函数和特征方程都要变化,因此系统的稳定性也会发生变化。一般提高采样频率,可以增加采样系统获取的信息量,使采样系统稳定性得到改善。②用劳斯判据判断采样系统稳定性时会遇到某行第一个元素为零、其他不为零以及某行全为零的特殊情况。这两种特殊情况的处理与连续系统的处理方法类似。

10.4.2　采样控制系统的稳态误差

与连续系统分析相似,对于稳定的系统,可通过分析计算得到采样系统的稳态误差,进而研究采样系统的稳态性能,即准确性。

1. 采样系统稳态误差定义

采样系统误差信号的脉冲序列 $e^*(t)$,反映在采样时刻系统希望输出与实际输出之差。当 $t \geqslant t_s$,即过渡过程结束后,系统误差的脉冲序列,称为采样系统的稳态误差,记为 $e_{ss}^*(t)$,$t \geqslant t_s$。

当时间 $t \to \infty$ 时,可求得线性采样系统在采样点上的终值稳态误差 $e_{ss}^*(\infty)$

$$e_{ss}^*(\infty) = \lim_{t \to \infty} e^*(t) = \lim_{t \to \infty} e_{ss}^*(t)$$

如果误差信号的 z 变换为 $E(z)$,根据 z 变换终值定理,可求得系统的终值稳态误差 $e_{ss}^*(\infty)$ 为

$$e_{ss}^*(\infty) = \lim_{t \to \infty} e^*(t) = \lim_{z \to 1}(z-1)E(z) \tag{10-56}$$

2. 采样系统稳态误差求法

对于单位反馈采样系统,如图 10-14 所示。

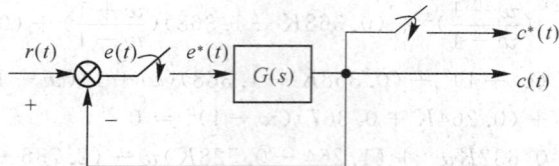

图 10-14　单位负反馈采样控制系统

该开环脉冲传递函数为

$$G(z) = Z[G(s)]$$

系统闭环脉冲传递函数为

$$\Phi(z) = \frac{C(z)}{R(z)} = \frac{G(z)}{1 + G(z)} \tag{10-57}$$

系统闭环误差脉冲传递函数为

$$\Phi_e(z) = \frac{E(z)}{R(z)} = \frac{1}{1 + G(z)} \tag{10-58}$$

系统误差信号的 z 变换为

$$E(z) = R(z) - C(s) = \Phi_e(z)R(z)$$

所以

$$e_{ss}^*(\infty) = \lim_{t \to \infty} e^*(t) = \lim_{z \to 1}(z-1)E(z) \qquad (10\text{-}59)$$

与连续系统相似，采样系统将 $G(z)$ 中含有 $z = 1$ 的开环极点个数 γ 用来划分系统的型别，把 $G(z)$ 中 γ 为 0、1、2 的系统分别称为 0 型、Ⅰ 型和 Ⅱ 型系统。下面将介绍不同型别的单位负反馈采样系统在典型输入信号下的稳态误差。

（1）当输入为阶跃信号时

定义静态位置误差系数为

$$K_p = \lim_{t \to 1} G(z) \qquad (10\text{-}60)$$

输入信号 $R(z) = \dfrac{z}{z-1}$ ，由式（10-60）及 z 变换终值定理得

$$e_{ss}^*(\infty) = \lim_{t \to \infty} e^*(t) = \lim_{z \to 1}(z-1)\frac{1}{1+G(z)} \cdot \frac{z}{z-1} = \frac{1}{1+K_p} \qquad (10\text{-}61)$$

（2）当输入为斜坡信号时

定义静态速度误差系数为

$$K_v = \lim_{t \to 1}(z-1)G(z) \qquad (10\text{-}62)$$

输入信号 $R(z) = \dfrac{Tz}{(z-1)^2}$ ，由式（10-60）及 z 变换终值定理得

$$e_{ss}^*(\infty) = \lim_{t \to \infty} e^*(t) = \lim_{z \to 1}(z-1)\frac{1}{1+G(z)} \cdot \frac{Tz}{(z-1)^2} = \frac{T}{K_v} \qquad (10\text{-}63)$$

（3）当输入为匀加速信号时

定义静态加速度误差系数为

$$K_a = \lim_{z \to 1}(z-1)^2 G(z) \qquad (10\text{-}64)$$

输入信号 $R(z) = \dfrac{T^2 z(z+1)}{2(z-1)^3}$ ，由式（10-59）及 z 变换终值定理得

$$e_{ss}^*(\infty) = \lim_{t \to \infty} e^*(t) = \lim_{z \to 1}(z-1)\frac{1}{1+G(z)} \cdot \frac{T^2 z(z+1)}{2(z-1)^3} = \frac{T^2}{K_a} \qquad (10\text{-}65)$$

由上面的分析可得单位负反馈采样系统在典型输入作用下，系统类别与稳态误差之间的关系，如表 10-4 所示。

表 10-4 典型输入作用下的稳态误差

型别	$r(t) = 1(t)$	$r(t) = t \cdot 1(t)$	$r(t) = \dfrac{1}{2}t^2 \cdot 1(t)$
0	$\dfrac{1}{(1+K_p)}$	∞	∞
1	0	$\dfrac{T}{K_v}$	∞
2	0	0	$\dfrac{T^2}{K_a}$
3	0	0	0

【例 10-11】 系统如图 10-15 所示,已知:

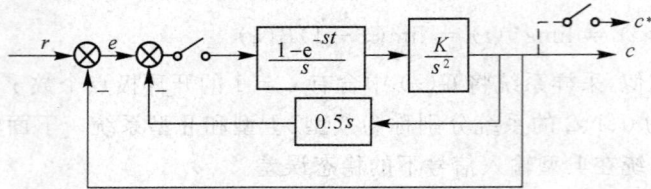

图 10-15 例 10-11 图

$$\begin{cases} K = 10 \\ T = 0.2 \end{cases}, 求当 r(t) = \begin{cases} 1[t] \\ t \\ \dfrac{1}{2}t^2 \end{cases} \quad 时,稳态误差 e_{ss}(\infty) 是多少?$$

解 依题内环的传递函数为

$$G(z) = \frac{C(z)}{E(z)} = \frac{Z\left[\dfrac{(1-e^{-sT})K}{s^3}\right]}{1 + Z\left[\dfrac{0.5Ks(1-e^{-sT})}{s^3}\right]} = \frac{K(1-z^{-1})Z\left[\dfrac{1}{s^3}\right]}{1 + 0.5K(1-z^{-1})Z\left[\dfrac{1}{s^2}\right]}$$

$$= \frac{K(\dfrac{z-1}{z})\dfrac{T^2 z(z+1)}{2(z-1)^3}}{1 + 0.5K(\dfrac{z-1}{z})\dfrac{Tz}{(z-1)^2}} = \frac{\dfrac{1}{2}(z+1)KT^2/(z-1)^2}{1 + 0.5TK/(z-1)}$$

$$= \frac{\dfrac{1}{2}KT^2(z+1)}{(z-1)[z-1+0.5TK]}$$

将 $K = 10, T = 0.2$ 代入上式得

$$G(z) = \frac{0.2(z+1)}{z(z-1)}$$

得采样系统闭环脉冲传递函数为

$$\Phi(z) = \frac{C(z)}{R(z)} = \frac{G(z)}{1+G(z)}$$

得系统的误差脉冲传递函数为

$$\Phi_e(z) = \frac{E(z)}{R(z)} = \frac{R(z)-C(z)}{R(z)} = 1 - \frac{C(z)}{R(z)} = 1 - \Phi(z) = \frac{1}{1+G(z)}$$

得

$$\Phi_e(z) = 1 - \Phi(z) = \frac{1}{1+G(z)} = \frac{1}{1 + \dfrac{0.2(z+1)}{z(z-1)}} = \frac{z(z-1)}{z^2 - 0.8z + 0.2}$$

下面判定系统的稳定性,根据上式得系统的特征方程为

$$D(z) = z^2 - 0.8z + 0.2$$

特征根为

$$z_{1,2} = \frac{0.8 \pm \sqrt{0.8^2 - 4 \times 0.2}}{2} = 0.4 \pm j0.2$$

$$|z_{1,2}| = \sqrt{0.4^2 + 0.2^2} = 0.447 < 1$$

可见,特征根在 z 平面的单位圆内,因此系统是稳定的。

由于此系统的外环为单位负反馈系统,可得

$$r(t) = 1(t) \text{ 时}, \ e(\infty) = \lim_{z \to 1}(\frac{z-1}{z}) \cdot \Phi_e(z) \cdot \frac{z}{z-1}$$

$$= \lim_{z \to 1}\Phi_e(z) = \frac{z(z-1)}{z^2 - 0.8z + 0.2}\Big|_{z=1} = 0$$

$$r(t) = t \text{ 时}, \ e(\infty) = \lim_{z \to 1}(\frac{z-1}{z}) \cdot \Phi_e(z) \cdot \frac{Tz}{(z-1)^2}$$

$$= \lim_{z \to 1} \frac{Tz}{z^2 - 0.8z + 0.2} = \frac{T}{0.4} = \frac{1}{2}$$

$$r(t) = \frac{1}{2}t^2 \text{ 时}, \ e(\infty) = \lim_{z \to 1}(\frac{z-1}{z}) \cdot \Phi_e(z) \cdot \frac{T^2 z(z+1)}{(z-1)^3}$$

$$= \lim_{z \to 1} \frac{T^2 z(z+1)}{(z-1)(z^2 - 0.8z + 0.2)} = \infty$$

10.4.3　采样控制系统的时域分析

1. 闭环极点与动态响应的关系

在线性连续系统中,闭环传递函数零、极点在 s 平面的分布对系统的暂态响应有非常大的影响。与此类似,采样系统的暂态响应与闭环脉冲传递函数零、极点在 z 平面的分布也有密切的关系。设采样系统的闭环传递函数写成零极点的形式为

$$\Phi(z) = \frac{M(z)}{D(z)} = \frac{k \prod_{i=1}^{m}(z - z_i)}{\prod_{i=1}^{n}(z - p_i)}$$

式中: $M(z)$ 为 $\Phi(z)$ 的分子多项式; $D(z)$ 为 $\Phi(z)$ 的分母多项式,即特征多项式; z_i 为系统的闭环零点; p_i 为系统的闭环极点。

当输入为阶跃信号时,即 $r(t) = 1(t)$, $R(z) = \frac{z}{z-1}$ 时,系统输出的 z 变换为

$$C(z) = \Phi(z)R(z) = \frac{k \prod_{i=1}^{m}(z - z_i)}{\prod_{i=1}^{n}(z - p_i)} \cdot \frac{z}{z-1} \tag{10-66}$$

如果特征方程无重根,则

$$C(z) = \frac{Az}{z-1} + \sum_{i=1}^{n} \frac{B_i z}{z - p_i}$$

式中: $A = \frac{M(z)}{D(z)}\Big|_{z=1}$, $B_i = \frac{M(z)(z - p_i)}{D(z)(z-1)}\Big|_{z=p_i}$

对式(10-66)进行 z 反变换得

$$C(kT) = A + \sum_{i=1}^{n} B_i p_i^k \quad (k = 0, 1, 2, \cdots) \tag{10-67}$$

系统的瞬态响应分量为

$$\sum_{i=1}^{n} B_i p_i^k \tag{10-68}$$

可见,极点的分布影响系统的瞬态响应。

(1) 实数极点位置与瞬态响应的关系

当闭环脉冲传递函数的极点为实数时,根据在实轴上的分布,有不同的瞬态响应,如图 10-16 所示根据式(10-69)得瞬时响应含有分量为

$$C_i(kT) = B_i p_i^k$$

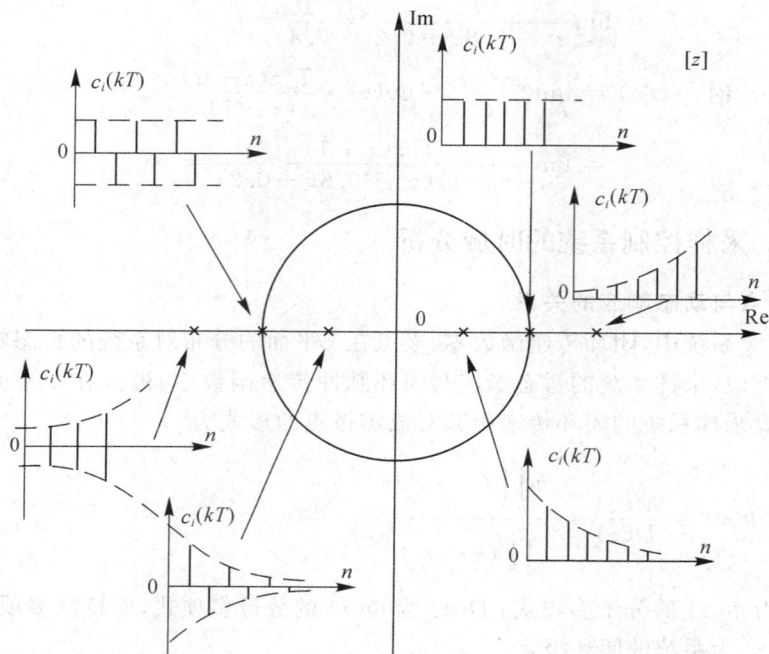

图 10-16 实数极点对应的瞬态响应

得

①当 $0 < p_i < 1$ 时,极点在单位圆内正实轴上,对应的瞬态响应单调衰减;

②当 $p_i = 1$ 时,极点为单位圆与正实轴的交点,对应的瞬态响应是等幅序列;

③当 $p_i > 1$ 时,极点在单位圆外的正实轴上,对应的瞬态响应单调发散;

④当 $-1 < p_i < 0$ 时,极点在单位圆内的负实轴上,对应的瞬态响应是正负交替变换的衰减振荡序列,振荡的角频率为 $\dfrac{\pi}{T}$;

⑤当 $p_i = -1$ 时,极点为单位圆与负实轴的交点,对应的瞬态响应是正负交替变换的等幅序列,振荡的角频率为 $\dfrac{\pi}{T}$;

⑥当 $p_i < -1$ 时,极点为单位圆外的负实轴上,对应的瞬态响应是正负交替变换的发散序列,振荡的角频率为 $\dfrac{\pi}{T}$。

（2）复数极点位置与瞬态响应的关系

①若闭环系统具有共轭复数极点 p_i、p_{i+1}，系数 B_i、B_{i+1} 也是一对共轭复数，设

$$p_i = |p_i| \mathrm{e}^{\mathrm{j}\theta_i}, p_{i+1} = |p_i| \mathrm{e}^{-\mathrm{j}\theta_i}$$

$$B_i = |B_i| \mathrm{e}^{\mathrm{j}\varphi_i}, B_{i+1} = |B_i| \mathrm{e}^{-\mathrm{j}\varphi_i}$$

则该极点在单位阶跃输入下所对应的瞬态分量为

$$
\begin{aligned}
B_i p_i^k + B_{i+1} p_{i+1}^k &= |B_i| \mathrm{e}^{\mathrm{j}\varphi_i} \cdot |p_i|^k \mathrm{e}^{\mathrm{j}k\theta_i} + |B_i| \mathrm{e}^{-\mathrm{j}\varphi_i} \cdot |p_i|^k \mathrm{e}^{-\mathrm{j}k\theta_i} \\
&= |B_i| |p_i|^k \left[\mathrm{e}^{\mathrm{j}(k\theta_i+\varphi_i)} + \mathrm{e}^{-\mathrm{j}(k\theta_i+\varphi_i)} \right] \\
&= 2|B_i| |p_i|^k \cos(k\theta_i + \varphi_i)
\end{aligned}
\tag{10-69}
$$

由此可见，共轭复数极点对应的瞬态分量是按余弦规律振荡的，如图 10-17 所示。当 $|p_i| > 1$ 时，瞬态响应振荡发散；当 $|p_i| < 1$ 时则振荡收敛，并且复数极点的模值越小，越靠近原点，收敛得越快；当 $|p_i| = 1$ 时复数极点在单位圆上，是等幅振荡的。复极点的相角 θ_i 越大，振荡频率越高。

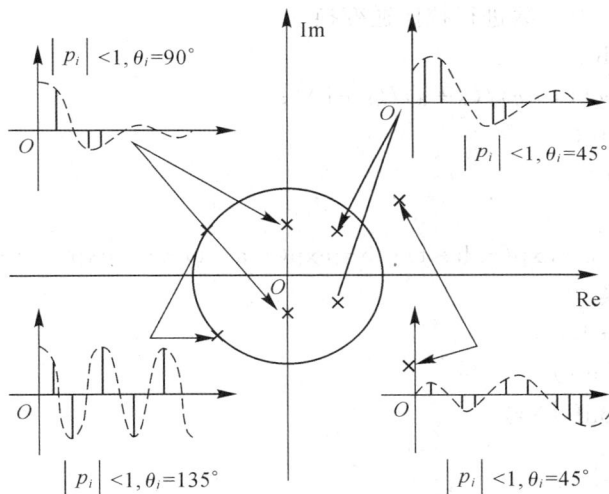

图 10-17　复数极点对应的瞬态响应

10.5　MATLAB 在采样控制系统分析中的应用

10.5.1　z 变换与 z 反变换

1. z 变换调用如下

F＝ztrans(f)函数是缺省独立变量 n 的关于符号向量 f 的 z 变换，在默认情况下会返回关于 z 的函数：F(z)＝symsum(f(n)/z^n,n,0,inf)；

2. z 反变换调用如下

f＝iztrans(F)函数是缺省独立变量 z 的关于符号向量 F 的 z 反变换，在默认情况下会返回关于 n 的函数。

【例 10-12】　计算 $x = te^{-at}$，$x = \sin\omega t$，$f = f(n+2)$ 的 z 变换

解 >> syms n a w k z

X1＝ztrans(n＊exp(－a^n))

X2＝ ztrans (sin(w＊n),k)

X3＝ ztrans (sym('f(n＋2)'))

运行结果

X1＝

－z＊diff(ztrans(exp(－a^n),n,z),z)

X2＝

k＊sin(w)/(k^2－2＊k＊cos(w)＋1)

X3＝

z^2＊ztrans(f(n),n,z)－f(0)＊z^2－f(1)＊z

【例 10-13】 已知连续系统的拉氏变换为 $X(s) = \dfrac{s+c}{(s+a)(s+b)}$，求其 z 变换。

解 >>％首先对函数进行拉氏逆变换

>> syms s a b c

>> x＝ilaplace((s＋c)/(s＋a)/(s＋b));

>> x＝simplify(x)

％运行结果如下

x＝

(exp(－b＊t)＊c－exp(－b＊t)＊b＋exp(－a＊t)＊a－exp(－a＊t)＊c)/(a－b)

％再进行 z 变换

>> syms n a b c

>> Xz＝ztrans(x)

>> Xz ＝simplify(Xz)

％运行结果如下

Xz＝

z＊(－c＊exp(b)－b＊exp(b＋a)＊z＋b＊exp(b)＋a＊exp(b＋a)＊z－a＊exp(a)＋c
＊exp(a))/(a－b)/(z＊exp(b)－1)/(z＊exp(a)－1)

【例 10-14】 已知 $X(z) = \dfrac{10z}{(z+1)(z+2)}$，求 z 逆变换。

解 >> syms z a k

>> x1＝iztrans(10＊z/(z＋1)/(z＋2));

>> x1＝simplify(x1)

％运行结果如下

x1＝

10＊(－1)^n＋10＊(－1)^(1＋n)＊2^n

10.5.2 脉冲传递函数

1. z 有理式模型

脉冲传递函数是输出信号与输入信号的 z 变换之比,即

$$G(z) = \frac{b_m z^m + b_{m-1} z^{m-1} + b_{m-2} z^{m-2} \cdots + b_1 z + b_0}{a_n z^n + a_{n-1} z^{n-1} + a_{n-2} z^{n-2} + \cdots + a z + a_0} \qquad n \geqslant m$$

建立传递函数模型,函数调用格式为

$$m = tf(num, den, Ts)$$

其中,*num* 为分子多项式;*den* 为分母多项式;*Ts* 为采样时间。

1. 零极点模型

$$G(z) = k \frac{(z - z_1)(z - z_2) \cdots (z - z_m)}{(p - p_1)(p - p_2) \cdots (p - p_n)} \qquad n \geqslant m$$

建立零极点增益形式的数学模型用 zpk()命令,用法是

$$sysd = zpk(z, p, k, T)$$

式中:z,p,k 为系统的零点、极点、增益;T 为采样周期。

【例 10-15】　已知控制系统的零点为 -1、-3,极点为 0、-2.3、$-1.45 \pm 2.55j$,系统增益为 5,采样周期 $T = 0.2s$,求此离散系统传递函数的零极点模型。

解　$>> z = [-1 \ -3];$

$>> p = [0 \ -2.3 \ -1.45 + 2.55 * j \ -1.45 - 2.55 * j];$

$>> k = 5; T = 0.2;$

$>> gzpk = zpk(z, p, k, T)$

% 运行结果

Zero/pole/gain:

　 5 (z+1) (z+3)

——————————————————————————————

z (z+2.3) (z^2　+ 2.9z + 8.605)

Sampling time: 0.2

【例 10-16】　已知控制系统的脉冲传递函数为

$$G(z) = \frac{1.6 z^2 - 5.8 z + 3.9}{z^2 - 0.7 z + 2.4}$$

采样周期 $T = 0.1s$。试求此采样系统传递函数的零极点模型。

解　$>> num = [1.6 \ -5.8 \ 3.9];$

$>> den = [1, -0.7 \ 2.4];$

$>> sysd = tf(num, den, 0.1)$ 　%将 z 有理式模型转换为零极点模型

% 运行结果

Transfer function:

1.6 z^2 − 5.8 z + 3.9

——————————————————————

z^2 − 0.7 z + 2.4

Sampling time: 0.1

10.5.3 连续系统离散化

将连续系统转换为采样系统的函数为

Dsys＝c2d(Csys,T)或 Dsys＝c2d(Csys,T,method)

式中：csys 为连续系统模型；T 为采样周期；method 为采样的方法，要用单引号括起来，有以下几种选择：

'zoh'——采用零阶保持器法；

'foh'——采用一阶保持器法；

'tustin'——采用双线性变换法；

'prewarp'——采用频率预畸法；

'matched'——采用零极点匹配法。

【例 10-17】 已知连续控制系统的传递函数为

$$G(s) = \frac{10(s+1)}{s(s^2+10)}$$

试用零阶保持器法进行采样，求出采样系统的传递函数。

解　$>>$ num＝10 * [1 1]；

$>>$ den＝conv([1 0],[1 0 10])；

$>>$ g＝tf(num,den)；

$>>$ gd1＝c2d(g,0.5,'ZOH')

% 运行结果

Transfer function：

1.194 z^2 ＋ 0.6428 z — 0.8266

———————————————————————————————

z^3 — 0.9793 z^2 ＋ 0.9793 z — 1

Sampling time：0.5

10.5.4 时域分析

用 MATLAB 求线性采样时域响应的函数有 destep(num,den,n)、dimplulser(num,den,n)、dlism(num,den,n)，它们分别用于求采样系统的阶跃响应、脉冲响应及任意输入的响应。

式中：num 和 den 为脉冲传递函数分子多项式和分母多项式系数向量；n 不采样点数。

【例 10-18】 已知采样控制系统的闭环脉冲传递函数为

$$G(z) = \frac{0.2385z^{-1} + 0.2089z^{-2}}{1 - 1.0259z^{-1} + 0.473z^{-2}}$$

求阶跃响应。

解　$>>$ num＝[0.2385 0.2089]；

$>>$ den＝[1,−1.0259,0.4733]；

$>>$ dstep(num,den)

% 运行结果

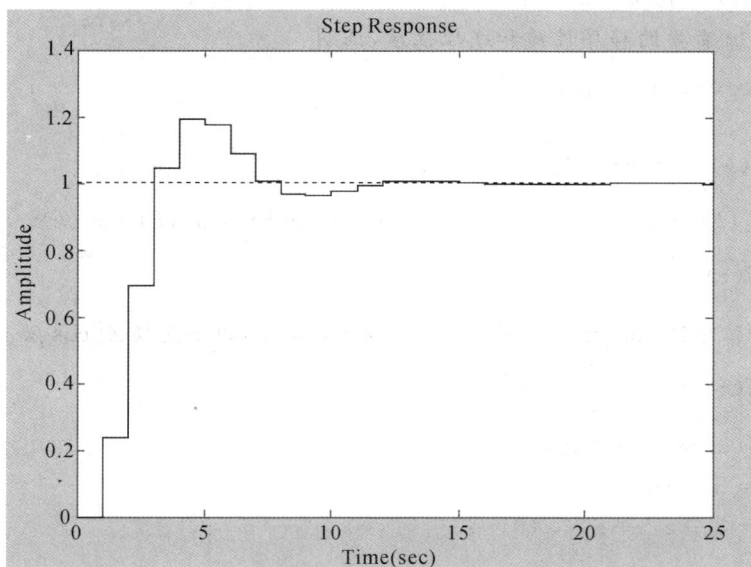

本章小结

本章首先讨论了采样信号的数学描述、信号的采样与保持。引入采样系统的采样定理（香农定理），即为了保证信号的恢复，其采样频率信号必须大于或等于原连续信号所含最高频率的两倍。

为了建立线性采样控制系统的数学模型，本章引进了 z 变换理论。z 变换在采样控制系统中所起的作用与拉普拉斯变换在线性连续控制系统中所起的作用十分类似。本章介绍的 z 变换的若干定理分析线性采样系统的性能是十分重要的。

本章扼要介绍了线性采样控制系统的综合分析方法。在稳定性分析方面，主要讨论了利用 z 平面到 w 平面的双线性变换，再利用劳斯判据的方法。还介绍了典型输入时采样系统稳态误差的求法，以及脉冲传递函数的极点分布对系统的动态响应的影响。

本章还给出了 MATLAB 在离散控制系统中的应用。

习　题

10-1　利用 z 变换的性质求下列序列的 z 变换。

(1) $a^{k+3}1(k)$

(2) $\cos(bk)1(k)$　　$b<0$

(3) $(k+2)1(k)$

(4) $k^2 1(k)$

(5) $ke^k \cdot 1(k)$

(6) $(0.6)^k \cdot 1(k-2)$

(7) $5\delta(k-1) + 4\delta(k-5) - \delta(k+1)$

10-2 利用 z 变换的移序性质和线性性质,证明:

$$\mathrm{e}^{\lambda(k-1)T_s}\varepsilon(k-1) \leftrightarrow \frac{1}{z - \mathrm{e}^{\lambda T_s}}$$

10-3 设 $x(k) = 1(k) + \left(\frac{1}{4}\right)^k$,求 $x(\infty)$ 。

10-4 设 $x_1(k) = \varepsilon(k)$, $x_2(k) = (k+1)r^k$,求 $y(k) = x_1(k) * x_2(k)$。

10-5 设 $X(z) = \dfrac{z}{z^2 - z - 2}$,求 $x(k)$。

10-6 求余弦序列 $\cos \beta k$ 和正弦序列 $\sin \beta k$ ($k \geqslant 0$)的 z 变换 $Z[\cos \beta k]$,$Z[\sin \beta k]$。

10-7 求 $X(z) = \dfrac{z^2}{z^2 - z - 2}$ 的逆变换。

10-8 求 $X(z)$ 的 z 逆变换:

(1) $X(z) = z^2$, $(0 < |z| < \infty)$

(2) $X(z) = 3 + z^{-1} + z^{-2}$, $(0 < |z| < \infty)$

(3) $X(z) = \dfrac{1}{1 - rz^{-1}}$, $(|z| > r)$

(4) $X(z) = \dfrac{z^{-2}}{1 + z}$, $(|z| > 3)$

10-9 利用幂级数展开法求下列函数的 z 逆变换:

(1) $X(z) = 5(1 - z^{-1})(1 + z^{-2})$

(2) $X(z) = 4(1 - 0.2z^{-1})^3$

10-10 利用部分分式展开法求下列函数的 z 逆变换:

(1) $X(z) = \dfrac{2z(z+2)}{z^2 + 4z + 3}$

(2) $X(z) = \dfrac{5}{1 + 0.5z^{-1} - 0.25z^{-2}}$

(3) $X(z) = \dfrac{5(1 - z^{-1})}{(1 - z^{-1})(1 - 0.5z^{-2})}$

10-11 设闭环离散系统结构如题 10-11 图所示,试证其闭环脉冲传递函数为

$$\varphi(z) = \frac{G_1(z)G_2(z)}{1 + G_1(z)HG_2(z)}$$

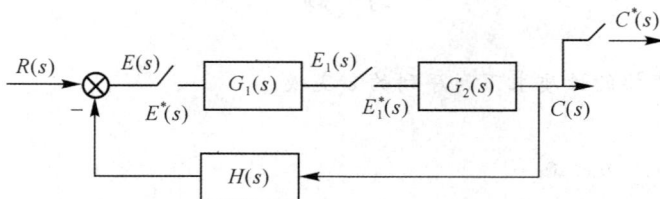

题 10-11 图

10-12　设闭环离散系统结构如题 10-12 图所示,试求其输出采样信号的 z 变换函数。

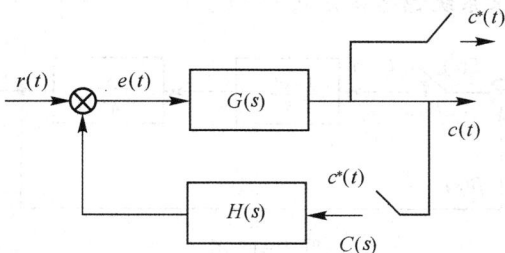

题 10-12 图

10-13　设闭环离散系统结构如题 10-13 图所示,试求其输出采样系统的脉冲传递函数。

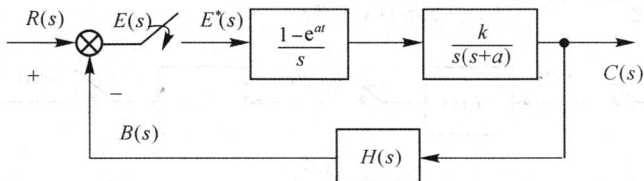

题 10-13 图

10-14　采样系统的闭环脉冲传递函数为 $\Phi(z) = \dfrac{0.386z + 0.264}{z^2 - z + 0.632}$,判断其稳定性。

10-15　采样系统的框图如题 10-15 图所示,试分析当 $T = 0.5\text{s}$ 时欲使系统稳定增益 k 的临界值。

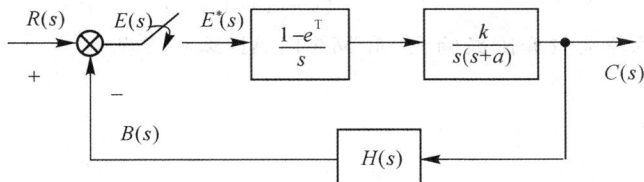

题 10-15 图

10-16　采样系统的框图如题 10-16 图所示,试求采样系统的单位阶跃响应 $c(nT)$。

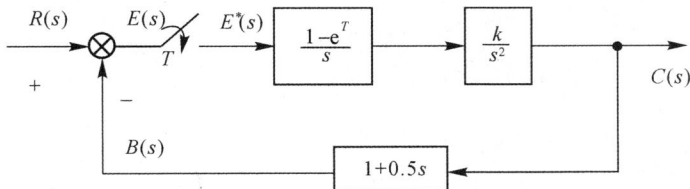

题 10-16 图

10-17 采样系统的框图如题 10-17 图所示,其中 $T = 0.1\text{s}, K = 1, r(t) = t$,试求静态误差系数 K_p、K_v、K_a,并求系统稳态误差 $e_{\text{ss}}(\infty)$。

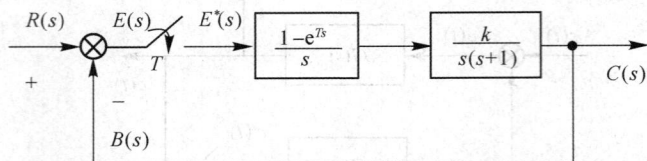

题 10-17 图

10-18 用 MATLAB 求函数 $X(z) = \dfrac{z}{(z-a)(z-3)^2}$ 的 z 逆变换。

10-19 用 MATLAB 求下列两框图(见题 10-19 图)的脉冲传递函数,采样时间 $T = 0.5$,$G_1(s) = \dfrac{2}{s^2 + 2}$,$G_2(s) = \dfrac{(z+1)}{(s+0.5)(s+3)}$。

(a)

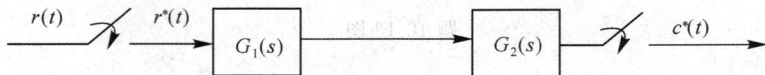

(b)

题 10-19 图

10-20 连续系统的传递函数为 $G_p(s) = \dfrac{10}{(s+1)(s+2)}$,求当采样周期为 $T = 0.5$ 时,对应的采样系统的脉冲响应和阶跃响应,用 MATLAB 编程实现。

第 11 章 线性系统状态空间理论基础

一个复杂系统可能有多个输入和多个输出，并且以某种方式相互关联或耦合。为了分析这样的系统，必须简化其数学表达式，转而借助计算机来进行各种大量而乏味的分析与计算。从这个观点来看，状态空间法对于系统分析是最适宜的。

经典控制理论是建立在系统的输入—输出关系或传递函数的基础之上的，而现代控制理论以 n 个一阶微方程来描述系统，这些微分方程又组合成一个一阶向量—矩阵微分方程。应用向量—矩阵表示方法，可极大地简化系统的数学表达式。状态变量、输入或输出数目的增多并不增加方程的复杂性。事实上，分析复杂的多输入—多输出系统，仅比分析用一阶纯量微分方程描述的系统在方法上稍复杂一些。

11.1 线性系统状态空间模型

11.1.1 状态空间表达式的标准形式

考虑由下式定义的系统：

$$y^{(n)} + a_1 y^{(n-1)} + \cdots + a_{n-1}\dot{y} + a_n y = b_0 u^{(n)} + b_1 u^{(n-1)} + \cdots + b_{n-1}\dot{u} + b_n u$$

(11-1)

式中：u 为输入；y 为输出。该式也可表示为

$$\frac{Y(s)}{U(s)} = \frac{b_0 s^n + b_1 s^{n-1} \cdots + b_{n-1}s + b_n}{s^n + a_1 s^{n-1} + \cdots + a_{n-1}s + a_n}$$

(11-2)

下面给出由式(11-1)或式(11-2)定义的系统状态空间表达式的能控标准形、能观测标准形和对角线形(或 Jordan 形)标准形。

1. 能控标准形

能控标准形的状态空间表达式为

$$\begin{bmatrix} \dot{x}_1 \\ \dot{x}_2 \\ \vdots \\ \dot{x}_{n-1} \\ \dot{x}_n \end{bmatrix} = \begin{bmatrix} 0 & 1 & 0 & \cdots & 0 \\ 0 & 0 & 1 & \cdots & 0 \\ \vdots & \vdots & \vdots & & \vdots \\ 0 & 0 & 0 & \cdots & 1 \\ -a_n & -a_{n-1} & -a_{n-2} & \cdots & -a_1 \end{bmatrix} \begin{bmatrix} x_1 \\ x_2 \\ \vdots \\ x_{n-1} \\ x_n \end{bmatrix} + \begin{bmatrix} 0 \\ 0 \\ \vdots \\ 0 \\ 1 \end{bmatrix} u$$

(11-3)

$$y = \left[\; b_n - a_n b_0 \;\vdots\; b_{n-1} - a_{n-1} b_0 \;\vdots\; \cdots \;\vdots\; b_1 - a_1 b_0 \;\right] \begin{bmatrix} x_1 \\ x_2 \\ \vdots \\ x_n \end{bmatrix} + b_0 u \tag{11-4}$$

在讨论控制系统设计的极点配置方法时,这种能控标准形是非常重要的。

2. 能观测标准形

能观测标准形的状态空间表达式为

$$\begin{bmatrix} \dot{x}_1 \\ \dot{x}_2 \\ \vdots \\ \dot{x}_n \end{bmatrix} = \begin{bmatrix} 0 & 0 & \cdots & 0 & -a_n \\ 1 & 0 & \cdots & 0 & -a_{n-1} \\ \vdots & \vdots & & \vdots & \vdots \\ 0 & 0 & \cdots & 1 & -a_1 \end{bmatrix} \begin{bmatrix} x_1 \\ x_2 \\ \vdots \\ x_n \end{bmatrix} + \begin{bmatrix} b_n - a_n b_0 \\ b_{n-1} - a_{n-1} b_0 \\ \cdots \\ b_1 - a_1 b_0 \end{bmatrix} u \tag{11-5}$$

$$y = \begin{bmatrix} 0 & 0 & \cdots & 0 & 1 \end{bmatrix} \begin{bmatrix} x_1 \\ x_2 \\ \vdots \\ x_{n-1} \\ x_n \end{bmatrix} + b_0 u \tag{11-6}$$

注意,式(11-5)给出的状态方程中 $n \times n$ 维系统矩阵是式(11-3)所给出的相应矩阵的转置。

3. 对角线标准形

参考由式(11-2)定义的传递函数。这里,考虑分母多项式中只含相异根的情况。对此,式(11-2)可写成:

$$\frac{Y(s)}{U(s)} = \frac{b_0 s^n + b_1 s^{n-1} + \cdots + b_{n-1} s + b_n}{(s + p_1)(s + p_2) \cdots (s + p_n)}$$

$$= b_0 + \frac{c_1}{s + p_1} + \frac{c_2}{s + p_2} + \cdots + \frac{c_n}{s + p_n} \tag{11-7}$$

该系统的状态空间表达式的对角线标准形由下式确定:

$$\begin{bmatrix} \dot{x}_1 \\ \dot{x}_2 \\ \vdots \\ \dot{x}_n \end{bmatrix} = \begin{bmatrix} -p_1 & & & 0 \\ & -p_2 & & \\ & & \ddots & \\ 0 & & & -p_n \end{bmatrix} \begin{bmatrix} x_1 \\ x_2 \\ \vdots \\ x_n \end{bmatrix} + \begin{bmatrix} 1 \\ 1 \\ \vdots \\ 1 \end{bmatrix} u \tag{11-8}$$

$$y = \begin{bmatrix} c_1 & c_2 & \cdots & c_n \end{bmatrix} \begin{bmatrix} x_1 \\ x_2 \\ \vdots \\ x_n \end{bmatrix} + b_0 u \tag{11-9}$$

4. Jordan 标准形

下面考虑式(11-2)的分母多项式中含有重根的情况。对此,必须将前面的对角线标准形修改为 Jordan 标准形。例如,假设除了前 3 个 p_i(即 $p_1 = p_2 = p_3$)相等外,其余极点 p_i 相异。于是,$Y(s)/U(s)$ 因式分解后为

$$\frac{Y(s)}{U(s)} = \frac{b_0 s^n + b_1 s^{n-1} + \cdots + b_{n-1}s + b_n}{(s+p_1)^3(s+p_4)(s+p_5)\cdots(s+p_n)}$$

该式的部分分式展开式为

$$\frac{Y(s)}{U(s)} = b_0 + \frac{c_1}{(s+p_1)^3} + \frac{c_2}{(s+p_1)^2} + \frac{c_3}{(s+p_1)} + \frac{c_4}{s+p_4} + \cdots + \frac{c_n}{s+p_n}$$

该系统状态空间表达式的 Jordan 标准形由下式确定：

$$
\begin{bmatrix} \dot{x}_1 \\ \dot{x}_2 \\ \dot{x}_3 \\ \dot{x}_4 \\ \vdots \\ \dot{x}_n \end{bmatrix} =
\begin{bmatrix}
-p_1 & 1 & 0 & 0 & \cdots & 0 \\
0 & -p_1 & 1 & \vdots & & \vdots \\
0 & 0 & -p_1 & 0 & \cdots & 0 \\
0 & \cdots & 0 & -p_4 & & 0 \\
\vdots & & \vdots & & \ddots & \\
0 & \cdots & 0 & 0 & & -p_n
\end{bmatrix}
\begin{bmatrix} x_1 \\ x_2 \\ x_3 \\ x_4 \\ \vdots \\ x_n \end{bmatrix} +
\begin{bmatrix} 0 \\ 0 \\ 1 \\ 1 \\ \vdots \\ 1 \end{bmatrix}
\tag{11-10}
$$

$$
y = \begin{bmatrix} c_1 & c_2 & \cdots & c_n \end{bmatrix}
\begin{bmatrix} x_1 \\ x_2 \\ \vdots \\ x_n \end{bmatrix} + b_0 u
\tag{11-11}
$$

【**例 11-1**】　考虑由下式确定的系统：

$$\frac{Y(s)}{U(s)} = \frac{s+3}{s^2 + 3s + 2}$$

试求其状态空间表达式的能控标准形、能观测标准形和对角线标准形。

　　解　能控标准形为

$$
\begin{bmatrix} \dot{x}_1(t) \\ \dot{x}_2(t) \end{bmatrix} =
\begin{bmatrix} 0 & 1 \\ -2 & -3 \end{bmatrix}
\begin{bmatrix} x_1(t) \\ x_2(t) \end{bmatrix} +
\begin{bmatrix} 0 \\ 1 \end{bmatrix} u(t)
$$

$$
y(t) = \begin{bmatrix} 3 & 1 \end{bmatrix}
\begin{bmatrix} x_1(t) \\ x_2(t) \end{bmatrix}
$$

能观测标准形为

$$
\begin{bmatrix} \dot{x}_1(t) \\ \dot{x}_2(t) \end{bmatrix} =
\begin{bmatrix} 0 & -2 \\ 1 & -3 \end{bmatrix}
\begin{bmatrix} x_1(t) \\ x_2(t) \end{bmatrix} +
\begin{bmatrix} 3 \\ 1 \end{bmatrix} u(t)
$$

$$
y(t) = \begin{bmatrix} 0 & 1 \end{bmatrix}
\begin{bmatrix} x_1(t) \\ x_2(t) \end{bmatrix}
$$

对角线标准形为

$$
\begin{bmatrix} \dot{x}_1(t) \\ \dot{x}_2(t) \end{bmatrix} =
\begin{bmatrix} -1 & 0 \\ 0 & -2 \end{bmatrix}
\begin{bmatrix} x_1(t) \\ x_2(t) \end{bmatrix} +
\begin{bmatrix} 1 \\ 1 \end{bmatrix} u(t)
$$

$$
y(t) = \begin{bmatrix} 2 & -1 \end{bmatrix}
\begin{bmatrix} x_1(t) \\ x_2(t) \end{bmatrix}
$$

11.1.2　$n \times n$ 维系统矩阵 A 的特征值

$n \times n$ 维系统矩阵 A 的特征值是下列特征方程的根：

$$|\lambda I - A| = 0$$

这些特征值也称为称特征根。

例如,考虑下列矩阵 A:

$$A = \begin{bmatrix} 0 & 1 & 0 \\ 0 & 0 & 1 \\ -6 & -11 & -6 \end{bmatrix}$$

特征方程为

$$|\lambda I - A| = \begin{vmatrix} \lambda & -1 & 0 \\ 0 & \lambda & -1 \\ 6 & 11 & \lambda+6 \end{vmatrix}$$

$$= \lambda^3 + 6\lambda^2 + 11\lambda + 6$$

$$= (\lambda+1)(\lambda+2)(\lambda+3) = 0$$

这里,A 的特征值就是特征方程的根,即 -1、-2 和 -3。

11.1.3 $n \times n$ 维系统矩阵的对角线化

如果一个具有相异特征值的 $n \times n$ 维矩阵 A 可表示为

$$A = \begin{bmatrix} 0 & 1 & 0 & \cdots & 0 \\ 0 & 0 & 1 & \cdots & 0 \\ \vdots & \vdots & \vdots & & \vdots \\ 0 & 0 & 0 & \cdots & 1 \\ -a_n & -a_{n-1} & -a_{n-2} & \cdots & -a_1 \end{bmatrix} \tag{11-12}$$

作如下非奇异线性变换 $x = Pz$,其中

$$P = \begin{bmatrix} 1 & 1 & \cdots & 1 \\ \lambda_1 & \lambda_2 & \cdots & \lambda_n \\ \vdots & \vdots & & \vdots \\ \lambda_1^{n-1} & \lambda_2^{n-1} & \cdots & \lambda_n^{n-1} \end{bmatrix}$$

称为范德蒙(Vandemone)矩阵,这里 $\lambda_1, \lambda_2, \cdots, \lambda_n$ 是系统矩阵 A 的 n 个相异特征值。将 $P^{-1}AP$ 变换为对角线矩阵,即

$$P^{-1}AP = \begin{bmatrix} \lambda_1 & & & 0 \\ & \lambda_2 & & \\ & & \ddots & \\ 0 & & & \lambda_n \end{bmatrix}$$

如果由方程式(11-12)定义的矩阵 A 含有重特征值,则不能将上述矩阵对角线化。例如,3×3 维矩阵

$$A = \begin{bmatrix} 0 & 1 & 0 \\ 0 & 0 & 1 \\ -a_3 & -a_2 & -a_1 \end{bmatrix}$$

有特征值 λ_1、λ_2、λ_3,作非奇异线性变换 $x = Sz$,其中

$$S = \begin{bmatrix} 1 & 0 & 1 \\ \lambda_1 & 1 & \lambda_3 \\ \lambda_1^2 & 2\lambda_1 & \lambda_3^2 \end{bmatrix}$$

可得

$$S^{-1}AS = \begin{bmatrix} \lambda_1 & 1 & 0 \\ 0 & \lambda_1 & 0 \\ 0 & 0 & \lambda_3 \end{bmatrix}$$

该式是一个 Jordan 标准形。

【例 11-2】 下列系统的状态空间表达式为

$$\begin{bmatrix} \dot{x}_1 \\ \dot{x}_2 \\ \dot{x}_3 \end{bmatrix} = \begin{bmatrix} 0 & 1 & 0 \\ 0 & 0 & 1 \\ -6 & -11 & -6 \end{bmatrix} \begin{bmatrix} x_1 \\ x_2 \\ x_3 \end{bmatrix} + \begin{bmatrix} 0 \\ 0 \\ 6 \end{bmatrix} u \tag{11-13}$$

$$y = \begin{bmatrix} 1 & 0 & 0 \end{bmatrix} \begin{bmatrix} x_1 \\ x_2 \\ x_3 \end{bmatrix} \tag{11-14}$$

式(11-13)和(11-14)的标准形式可表示为

$$\dot{x} = Ax + Bu \tag{11-15}$$

$$y = Cx \tag{11-16}$$

式中:

$$A = \begin{bmatrix} 0 & 1 & 0 \\ 0 & 0 & 1 \\ -6 & -11 & -6 \end{bmatrix}, B = \begin{bmatrix} 0 \\ 0 \\ 6 \end{bmatrix}, C = \begin{bmatrix} 1 & 0 & 0 \end{bmatrix}$$

矩阵 A 的特征值为

$$\lambda_1 = -1, \lambda_2 = -2, \lambda_3 = -3$$

因此,这 3 个特征值相异。如果作变换

$$\begin{bmatrix} x_1 \\ x_2 \\ x_3 \end{bmatrix} = \begin{bmatrix} 1 & 1 & 1 \\ -1 & -2 & -3 \\ 1 & 4 & 9 \end{bmatrix} \begin{bmatrix} z_1 \\ z_2 \\ z_3 \end{bmatrix}$$

或

$$x = Pz \tag{11-17}$$

定义一组新的状态变量 z_1、z_2 和 z_3,其中

$$P = \begin{bmatrix} 1 & 1 & 1 \\ \lambda_1 & \lambda_2 & \lambda_3 \\ \lambda_1^2 & \lambda_2^2 & \lambda_3^2 \end{bmatrix} \tag{11-18}$$

那么,将式(11-17)代入式(11-15),可得

$$P\dot{z} = APz + Bu$$

将上式两端都乘以 P^{-1},得

$$\dot{z} = P^{-1}APz + P^{-1}Bu \tag{11-19}$$

或者

$$\begin{bmatrix} \dot{z}_1 \\ \dot{z}_2 \\ \dot{z}_3 \end{bmatrix} = \begin{bmatrix} 3 & 2.5 & 0.5 \\ -3 & -4 & -1 \\ 1 & 1.5 & 0.5 \end{bmatrix} \begin{bmatrix} 0 & 1 & 0 \\ 0 & 0 & 1 \\ -6 & -11 & -6 \end{bmatrix} \begin{bmatrix} 1 & 1 & 1 \\ -1 & -2 & -3 \\ 1 & 4 & 9 \end{bmatrix} \begin{bmatrix} z_1 \\ z_2 \\ z_3 \end{bmatrix}$$

$$+ \begin{bmatrix} 3 & 2.5 & 0.5 \\ -3 & -4 & -1 \\ 1 & 1.5 & 0.5 \end{bmatrix} \begin{bmatrix} 0 \\ 0 \\ 6 \end{bmatrix} u$$

化简得

$$\begin{bmatrix} \dot{z}_1 \\ \dot{z}_2 \\ \dot{z}_3 \end{bmatrix} = \begin{bmatrix} -1 & 0 & 0 \\ 0 & -2 & 0 \\ 0 & 0 & -3 \end{bmatrix} \begin{bmatrix} z_1 \\ z_2 \\ z_3 \end{bmatrix} + \begin{bmatrix} 3 \\ -6 \\ 3 \end{bmatrix} u \qquad (11\text{-}20)$$

式(11-20)也是一个状态方程,它描述了由式(11-13)定义的同一个系统。

输出方程式(11-16)可修改为

$$y = CPz$$

或

$$y = \begin{bmatrix} 1 & 0 & 0 \end{bmatrix} \begin{bmatrix} 1 & 1 & 1 \\ -1 & -2 & -3 \\ 1 & 4 & 9 \end{bmatrix} \begin{bmatrix} z_1 \\ z_2 \\ z_3 \end{bmatrix}$$

$$= \begin{bmatrix} 1 & 1 & 1 \end{bmatrix} \begin{bmatrix} z_1 \\ z_2 \\ z_3 \end{bmatrix} \qquad (11\text{-}21)$$

注意:由式(11-18)定义的变换矩阵 P 将 z 的系统矩阵转变为对角线矩阵。由式(11-20)可以看出,3 个纯量状态方程是解耦的。注意式(11-19)中的矩阵 $P^{-1}AP$ 的对角线元素和矩阵 A 的 3 个特征值相同,此处强调 A 和 $P^{-1}AP$ 的特征值相同,这一点非常重要。作为一般情况,我们将证明这一点。

11.1.4　特征值的不变性

为了证明线性变换下特性值的不变性,需证明 $|\lambda I - A|$ 和 $|\lambda I - P^{-1}AP|$ 的特征多项式相同。

由于乘积的行列式等于各行列式的乘积,故

$$\begin{aligned} |\lambda I - P^{-1}AP| &= |\lambda P^{-1}P - P^{-1}AP| \\ &= |P^{-1}(\lambda I - A)P| \\ &= |P^{-1}| \, |\lambda I - A| \, |P| \\ &= |P^{-1}| \, |P| \, |\lambda I - A| \end{aligned}$$

由于行列式 $|P^{-1}|$ 和 $|P|$ 的乘积等于乘积 $|P^{-1}P|$ 的行列式,从而

$$\begin{aligned} |\lambda I - P^{-1}AP| &= |P^{-1}P| \, |\lambda I - A| \\ &= |\lambda I - A| \end{aligned}$$

这就证明了在线性变换下矩阵 A 的特征值是不变的。

11.1.5　状态变量组的非唯一性

前面已阐述过,给定系统的状态变量组不是唯一的。设 $x_1, x_2, \cdots, x_n$ 是一组状态变量,可取任意一组函数

$$\hat{x}_1 = X_1(x_1, x_2, \cdots, x_n)$$
$$\hat{x}_2 = X_2(x_1, x_2, \cdots, x_n)$$
$$\vdots$$
$$\hat{x}_n = X_n(x_1, x_2, \cdots, x_n)$$

作为系统的另一组状态变量,这里假设每一组变量 $\hat{x}_1, \hat{x}_2, \cdots, \hat{x}_n$ 都对应唯一的一组 x_1, $x_2, \cdots, x_n$ 的值;反之亦然。因此,如果 $\boldsymbol{x}$ 是一个状态向量,则

$$\hat{\boldsymbol{x}} = \boldsymbol{P}\boldsymbol{x}$$

也是一个状态向量,这里假设变换矩阵 $\boldsymbol{P}$ 是非奇异的。显然,这两个不同的状态向量都能表达同一系统之动态行为的同一信息。

11.2　能控性与能观性

能控性(controllability)和能观测性(observability)深刻地揭示了系统的内部结构关系,由 R. E. Kalman 于 20 世纪 60 年代初首先提出并研究的这两个重要概念,在现代控制理论的研究与实践中具有极其重要的意义。事实上,能控性与能观测性通常决定了最优控制问题解的存在性。例如,在极点配置问题中,状态反馈的存在性将由系统的能控性决定;在观测器设计和最优估计中,将涉及系统的能观测性条件。

这一节我们的讨论将限于线性系统。首先给出能控性与能观测性的定义,然后推导出判别系统能控性和能观测性的若干判据。

11.2.1　线性连续系统的能控性

1. 概述

如果在一个有限的时间间隔内对一个系统施加一个无约束的控制向量,使得系统由初始状态 $x(t_0)$ 转移到任一状态,则称该系统在时刻 t_0 是能控的。

如果系统的状态 $x(t_0)$ 在有限的时间间隔内可由输出的观测值确定,那么称系统在时刻 t_0 是能观测的。

前面已指出,在用状态空间法设计控制系统时,这两个概念起到了非常重要的作用。实际上,虽然大多数物理系统是能控和能观测的,然而其所对应的数学模型可能不具有能控性和能观测性。因此,必须了解系统在什么条件下是能控和能观测的。11.2.1 节涉及能控性,11.2.2 节讨论能观测性。

上面给出了系统状态能控与能观测的定义,下面我们将首先推导状态能控性的代数判据,然后给出状态能控性的标准形判据,最后讨论输出能控性。

2. 定常系统状态能控性的代数判据

线性连续时间系统

$$\dot{x}(t) = \boldsymbol{A}x(t) + \boldsymbol{B}u(t) \tag{11-22}$$

其中，$x(t) \in R^n, u(t) \in R^1, A \in R^{n \times n}, B \in R^{n \times 1}$（单输入），且初始条件为$x(t)\big|_{t=0} = x(0)$。

如果施加一个无约束的控制信号，在有限的时间间隔 $t_0 \leqslant t \leqslant t_1$ 内，使初始状态转移到任一终止状态，则称由式(11-22)描述的系统在 $t = t_0$ 时为状态（完全）能控的。如果每一个状态都能控，则称该系统为状态（完全）能控的。

下面我们将推导状态能控的条件。为了不失一般性，设终止状态为状态空间原点，并设初始时刻为零，即 $t_0 = 0$。

不难推得，式(11-22)的解为

$$x(t) = \mathrm{e}^{At}x(0) + \int_0^t \mathrm{e}^{A(t-\tau)}\boldsymbol{B}u(\tau)\mathrm{d}\tau$$

利用状态能控性的定义，可得

$$x(t_1) = 0 = \mathrm{e}^{At_1}x(0) + \int_0^{t_1} \mathrm{e}^{A(t_1-\tau)}\boldsymbol{B}u(\tau)\mathrm{d}\tau$$

或

$$x(0) = -\int_0^{t_1} \mathrm{e}^{-A\tau}\boldsymbol{B}u(\tau)\mathrm{d}\tau \tag{11-23}$$

将 $\mathrm{e}^{-A\tau}$ 写为 A 的有限项的形式，即

$$\mathrm{e}^{-A\tau} = \sum_{k=0}^{n-1} \alpha_k(\tau)\boldsymbol{A}^k \tag{11-24}$$

将式(11-24)代入式(11-23)，可得

$$x(0) = -\sum_{k=0}^{n-1} \boldsymbol{A}^k\boldsymbol{B}\int_0^{t_1} a_k(\tau)u(\tau)\mathrm{d}\tau \tag{11-25}$$

记

$$\int_0^{t_1} a_k(\tau)u(\tau)\mathrm{d}\tau = \beta_k$$

则式(11-25)可表示为

$$x(0) = -\sum_{k=0}^{n-1} \boldsymbol{A}^k\boldsymbol{B}\beta_k$$

$$= -\begin{bmatrix} \boldsymbol{B} & \vdots & \boldsymbol{AB} & \vdots & \cdots & \vdots & \boldsymbol{A}^{n-1}\boldsymbol{B} \end{bmatrix} \begin{bmatrix} \beta_0 \\ \beta_1 \\ \vdots \\ \beta_{n-1} \end{bmatrix} \tag{11-26}$$

如果系统是状态能控的，那么给定任一初始状态 $x(0)$ 都应满足式(11-26)。这就要求 $n \times n$ 维矩阵

$$\boldsymbol{Q} = \begin{bmatrix} \boldsymbol{B} & \vdots & \boldsymbol{AB} & \vdots & \cdots & \vdots & \boldsymbol{A}^{n-1}\boldsymbol{B} \end{bmatrix}$$

的秩为 n。

由此分析，可将状态能控性的代数判据归纳为：当且仅当 $n \times n$ 维矩阵 Q 满秩，即

$$\mathrm{rank}\boldsymbol{Q} = \mathrm{rank}\begin{bmatrix} \boldsymbol{B} & \vdots & \boldsymbol{AB} & \vdots & \cdots & \vdots & \boldsymbol{A}^{n-1}\boldsymbol{B} \end{bmatrix} = n$$

时，由式(11-22)确定的系统才是状态能控的。

上述结论也可推广到控制向量 u 为 r 维的情况。此时，如果系统的状态方程为

$$\dot{x} = \boldsymbol{A}x + \boldsymbol{B}u$$

式中：$x(t) \in R^n, u(t) \in R^r, A \in R^{n \times n}, B \in R^{n \times r}$，那么可以证明，状态能控性的条件为 $n \times nr$

维矩阵
$$Q=[B \vdots AB \vdots \cdots \vdots A^{n-1}B]$$
的秩等于 n，或者说其中的 n 个列向量是线性无关的。通常，我们称矩阵
$$Q=[B \vdots AB \vdots \cdots \vdots A^{n-1}B]$$
是能控性矩阵。

【例 11-3】　分析由下式确定的系统的状态能控性：
$$\begin{bmatrix} \dot{x}_1 \\ \dot{x}_2 \end{bmatrix}=\begin{bmatrix} 1 & 1 \\ 0 & -1 \end{bmatrix}\begin{bmatrix} x_1 \\ x_2 \end{bmatrix}+\begin{bmatrix} 0 \\ 1 \end{bmatrix}u$$

解

由于　　$\det Q=\det[B \vdots AB]=\begin{vmatrix} 1 & 1 \\ 0 & 0 \end{vmatrix}=0$

即 Q 为奇异的，所以该系统是状态不能控的。

【例 11-4】　分析由下式确定的系统的状态能控性：
$$\begin{bmatrix} \dot{x}_1 \\ \dot{x}_2 \end{bmatrix}=\begin{bmatrix} 1 & 1 \\ 2 & -1 \end{bmatrix}\begin{bmatrix} x_1 \\ x_2 \end{bmatrix}+\begin{bmatrix} 0 \\ 1 \end{bmatrix}u$$

解

由于　　$\det Q=\det[B \vdots AB]=\begin{vmatrix} 0 & 1 \\ 1 & -1 \end{vmatrix}\neq 0$

即 Q 为非奇异的，因此系统是状态能控的。

3. 状态能控性条件的标准形判据

关于定常系统能控性的判据很多。除了上述的代数判据外，本小节将给出一种相当直观的方法，就是从标准形的角度给出的判据。

考虑如下的线性系统
$$\dot{x} = Ax + Bu \tag{11-27}$$
其中，$x(t) \in R^n, u(t) \in R^r, A \in R^{n \times n}, B \in R^{n \times r}$。

如果 A 的特征向量互不相同，则可找到一个非奇异线性变换矩阵 P，使得
$$P^{-1}AP = \Lambda = \text{diag}\{\lambda_1, \lambda_2, \cdots, \lambda_n\}$$

注意：如果 A 的特征值相异，那么 A 的特征向量也互不相同；然而，反过来不成立。例如，具有相同特征值的 $n \times n$ 维实对称矩阵也有可能有 n 个互不相同的特征向量。还有，矩阵 P 的每一列是与 $\lambda_i (i=1,2,\cdots,n)$ 有联系的 A 的一个特征向量。

设
$$x = Pz \tag{11-28}$$
将式(11-28)代入式(11-27)，可得
$$\dot{z} = P^{-1}APz + P^{-1}Bu \tag{11-29}$$

定义
$$P^{-1}B = \Gamma = f_{ij}$$
则可将式(11-29)重写为
$$\dot{z}_1 = \lambda_1 z_1 + f_{11}u_1 + f_{12}u_2 + \cdots + f_{1r}u_r$$
$$\dot{z}_2 = \lambda_2 z_2 + f_{21}u_1 + f_{22}u_2 + \cdots + f_{2r}u_r$$

$$\dot{z}_n = \lambda_n z_n + f_{n1} u_1 + f_{n2} u_2 + \cdots + f_{nr} u_r$$

如果 $n \times r$ 维矩阵 $\boldsymbol{\Gamma}$ 的任一行元素全为零,那么对应的状态变量就不能由任一 u_i 来控制。由于状态能控的条件是 A 的特征向量互异,因此当且仅当输入矩阵 $\boldsymbol{\Gamma} = \boldsymbol{P}^{-1} \boldsymbol{B}$ 没有一行的所有元素均为零时,系统才是状态能控的。在应用状态能控性的这一条件时,必须将式(11-29)的矩阵 $\boldsymbol{P}^{-1} \boldsymbol{A} \boldsymbol{P}$ 转换成对角线形式。

如果式(11-27)中的矩阵 $\boldsymbol{A}$ 不具有互异的特征向量,则不能将其化为对角线形式。在这种情况下,可将 $\boldsymbol{A}$ 化为 Jordan 标准形。例如,若 $\boldsymbol{A}$ 的特征值分别 $\lambda_1, \lambda_1, \lambda_1, \lambda_4, \lambda_4, \lambda_6, \cdots, \lambda_n$,并且有 $n-3$ 个互异的特征向量,那么 $\boldsymbol{A}$ 的 Jordan 标准形为

$$\boldsymbol{J} = \begin{bmatrix} \lambda_1 & 1 & 0 & & & & & & 0 \\ 0 & \lambda_1 & 1 & & & & & & \\ 0 & 0 & \lambda_1 & & & & & & \\ & & & \lambda_4 & 1 & & & & \\ & & & 0 & \lambda_4 & & & & \\ & & & & & \lambda_6 & & & \\ & & & & & & \ddots & & \\ & & & & & & & \ddots & \\ 0 & & & & & & & & \lambda_n \end{bmatrix}$$

其中,在主对角线上的 3×3 和 2×2 子矩阵称为 Jordan 块。

假设能找到一个变换矩阵 $\boldsymbol{S}$,使得

$$\boldsymbol{S}^{-1} \boldsymbol{A} \boldsymbol{S} = \boldsymbol{J}$$

如果利用

$$\boldsymbol{x} = \boldsymbol{S} \boldsymbol{z} \tag{11-30}$$

定义一个新的状态向量 z,将式(11-30)代入式(11-27),可得

$$\dot{z} = \boldsymbol{S}^{-1} \boldsymbol{A} \boldsymbol{S} \boldsymbol{z} + \boldsymbol{S}^{-1} \boldsymbol{B} \boldsymbol{u}$$
$$= \boldsymbol{J} \boldsymbol{z} + \boldsymbol{\Gamma} \boldsymbol{u} \tag{11-31}$$

从而式(11-26)确定的系统的状态能控性条件可表述为:当且仅当(1)式(11-31)中的矩阵 $\boldsymbol{J}$ 没有两个 Jordan 块与同一特征值有关;(2)与每个 Jordan 块最后一行相对应的 $\boldsymbol{\Gamma} = \boldsymbol{S}^{-1} \boldsymbol{B}$ 的任一行元素不全为零;(3)对应于不同特征值的 $\boldsymbol{\Gamma} = \boldsymbol{S}^{-1} \boldsymbol{B}$ 的每一行的元素不全为零时,则系统是状态能控的。

【例 11-5】 下列系统是状态能控的:

$$\begin{bmatrix} \dot{x}_1 \\ \dot{x}_2 \end{bmatrix} = \begin{bmatrix} -1 & 0 \\ 0 & -2 \end{bmatrix} \begin{bmatrix} x_1 \\ x_2 \end{bmatrix} + \begin{bmatrix} 2 \\ 5 \end{bmatrix} u$$

$$\begin{bmatrix} \dot{x}_1 \\ \dot{x}_2 \\ \dot{x}_3 \end{bmatrix} = \begin{bmatrix} -1 & 1 & \\ 0 & -1 & \\ 0 & 0 & \end{bmatrix} \begin{bmatrix} x_1 \\ x_2 \\ x_3 \end{bmatrix} + \begin{bmatrix} 0 \\ 4 \\ 3 \end{bmatrix} u$$

$$
\begin{bmatrix} \dot{x}_1 \\ \dot{x}_2 \\ \dot{x}_3 \\ \dot{x}_4 \\ \dot{x}_5 \end{bmatrix} = \begin{bmatrix} -2 & 1 & 0 & & 0 \\ 0 & -2 & 1 & & \\ 0 & 0 & -2 & & \\ & & & -5 & 1 \\ 0 & & 0 & & -5 \end{bmatrix} \begin{bmatrix} x_1 \\ x_2 \\ x_3 \\ x_4 \\ x_5 \end{bmatrix} + \begin{bmatrix} 0 & 1 \\ 0 & 0 \\ 3 & 0 \\ 0 & 0 \\ 2 & 1 \end{bmatrix} \begin{bmatrix} u_1 \\ u_2 \end{bmatrix}
$$

下列系统是状态不能控的：

$$
\begin{bmatrix} \dot{x}_1 \\ \dot{x}_2 \end{bmatrix} = \begin{bmatrix} -1 & 0 \\ 0 & -2 \end{bmatrix} \begin{bmatrix} x_1 \\ x_2 \end{bmatrix} + \begin{bmatrix} 2 \\ 0 \end{bmatrix} u
$$

$$
\begin{bmatrix} \dot{x}_1 \\ \dot{x}_2 \\ \dot{x}_3 \end{bmatrix} = \begin{bmatrix} -1 & 1 & 0 \\ 0 & -1 & 0 \\ 0 & 0 & -2 \end{bmatrix} \begin{bmatrix} x_1 \\ x_2 \\ x_3 \end{bmatrix} + \begin{bmatrix} 4 & 2 \\ 0 & 0 \\ 3 & 0 \end{bmatrix} \begin{bmatrix} u_1 \\ u_2 \end{bmatrix}
$$

$$
\begin{bmatrix} \dot{x}_1 \\ \dot{x}_2 \\ \dot{x}_3 \\ \dot{x}_4 \\ \dot{x}_5 \end{bmatrix} = \begin{bmatrix} -2 & 1 & 0 & & 0 \\ 0 & -2 & 1 & & \\ 0 & 0 & -2 & & \\ & & & -5 & 1 \\ 0 & & 0 & & -5 \end{bmatrix} \begin{bmatrix} x_1 \\ x_2 \\ x_3 \\ x_4 \\ x_5 \end{bmatrix} + \begin{bmatrix} 4 \\ 2 \\ 1 \\ 3 \\ 0 \end{bmatrix} u
$$

4. 用传递函数矩阵表达的状态能控性条件

状态能控的条件也可用传递函数或传递矩阵描述。

状态能控性的充要条件是在传递函数或传递函数矩阵中不出现相约现象。如果发生相约，那么在被约去的模态中，系统不能控。

【例 11-6】　考虑下列传递函数：

$$
\frac{X(s)}{U(s)} = \frac{s+2.5}{(s+2.5)(s-1)}
$$

解　显然，在此传递函数的分子和分母中存在可约的因子 $(s+2.5)$。由于有相约因子，所以该系统状态不能控。

当然，将该传递函数写为状态方程，可得到同样的结论。其状态方程为

$$
\begin{bmatrix} \dot{x}_1 \\ \dot{x}_2 \end{bmatrix} = \begin{bmatrix} 0 & 1 \\ 2.5 & -1.5 \end{bmatrix} \begin{bmatrix} x_1 \\ x_2 \end{bmatrix} + \begin{bmatrix} 1 \\ 1 \end{bmatrix} u
$$

由于

$$
\begin{bmatrix} \boldsymbol{B} & \vdots & \boldsymbol{AB} \end{bmatrix} = \begin{bmatrix} 1 & 1 \\ 1 & 1 \end{bmatrix}
$$

即能控性矩阵 $\begin{bmatrix} \boldsymbol{B} & \vdots & \boldsymbol{AB} \end{bmatrix}$ 的秩为 1，所以可得到状态不能控的同样结论。

5. 输出能控性

在实际的控制系统设计中，需要控制的是输出，而不是系统的状态。对于控制系统的输出，状态能控性既不是必要的，也不是充分的。因此，有必要再定义输出能控性。

考虑下列状态空间表达式所描述的线性定常系统

$$
\dot{x} = \boldsymbol{A}x + \boldsymbol{B}u \tag{11-32}
$$

$$
y = \boldsymbol{C}x + \boldsymbol{D}u \tag{11-33}
$$

式中：$x \in R^n, u \in R^r, y \in R^m, \boldsymbol{A} \in R^{n \times n}, \boldsymbol{B} \in R^{n \times r}, \boldsymbol{C} \in R^{m \times n}, \boldsymbol{D} \in R^{m \times r}$。

如果能找到一个无约束的控制向量 $u(t)$，在有限的时间间隔 $t_0 \leqslant t \leqslant t_1$ 内，使任一给定的初始输出 $y(t_0)$ 转移到任一最终输出 $y(t_1)$，那么称由式（11-32）和（11-33）所描述的系统为输出能控的。

可以证明，系统输出能控的充要条件为：当且仅当 $m \times (n+1)r$ 维输出能控性矩阵

$$Q' = \begin{bmatrix} CB & \vdots & CAB & \vdots & CA^2B & \vdots & \cdots & \vdots & CA^{n-1}B & \vdots & D \end{bmatrix}$$

的秩为 m 时，由式（11-32）和（11-33）所描述的系统为输出能控的。注意，在式（11-33）中存在 Du 项，对确定输出能控性是有帮助的。

11.2.2　线性连续系统的能观测性

现在讨论线性系统的能观测性。考虑零输入时的状态空间表达式为

$$\dot{x} = Ax \tag{11-34}$$

$$y = Cx \tag{11-35}$$

式中：$x \in R^n, y \in R^m, A \in R^{n \times n}, C \in R^{m \times n}$。

如果每一个状态 $x(t_0)$ 都可通过在有限时间间隔 $t_0 \leqslant t \leqslant t_1$ 内，由 $y(t)$ 观测值确定，则称系统为（完全）能观测的。本节仅讨论线性定常系统。不失一般性，设 $t_0 = 0$。

能观测性的概念非常重要，这是由于在实际问题中，状态反馈控制遇到的困难是一些状态变量不易直接量测。因而在构造控制器时，必须首先估计出不可量测的状态变量。而只有当系统是能观测时，才能对系统状态变量进行观测或估计。

在下面讨论能观测性条件时，我们将只考虑由式（11-34）和（11-35）给定的零输入系统。这是因为，若采用如下状态空间表达式

$$\dot{x} = Ax + Bu$$

$$y = Cx + Du$$

则

$$x(t) = e^{At}x(0) + \int_0^t e^{A(t-\tau)}Bu(\tau)d\tau$$

从而

$$y(t) = Ce^{At}x(0) + C\int_0^t e^{A(t-\tau)}Bu(\tau)d\tau + Du$$

由于矩阵 A、B、C 和 D 均为已知，$u(t)$ 也已知，所以上式右端的最后两项为已知，因而可以从被量测值 $y(t)$ 中消去。因此，为研究能观测性的充要条件，只考虑式（11-34）和（11-35）所描述的零输入系统就可以了。

1. 定常系统状态能观测性的代数判据

式（11-34）和（11-35）所描述的线性定常系统重写后可表示为

$$\dot{x} = Ax$$

$$y = Cx$$

易知，其输出向量为

$$y(t) = Ce^{At}x(0)$$

将 e^{At} 写为 A 的有限项的形式，即

$$e^{At} = \sum_{k=0}^{n-1} \alpha_k(t)A^k$$

因而

$$y(t) = \sum_{k=0}^{n-1} \alpha_k(t) \boldsymbol{CA}^k x(0)$$

或

$$y(t) = \alpha_0(t) \boldsymbol{C} x(0) + \alpha_1(t) \boldsymbol{CA} x(0) + \cdots + \alpha_{n-1}(t) \boldsymbol{CA}^{n-1} x(0) \tag{11-36}$$

显然，如果系统是能观测的，那么在 $0 \leqslant t \leqslant t1$ 时间间隔内，给定输出 $y(t)$ 就可由式(11-36)唯一地确定出 $x(0)$。这就要求 $nm \times n$ 维能观测性矩阵

$$\boldsymbol{R} = \begin{bmatrix} \boldsymbol{C} \\ \boldsymbol{CA} \\ \vdots \\ \boldsymbol{CA}^{n-1} \end{bmatrix}$$

的秩为 n。

由上述分析，我们可将能观测的充要条件表述为：由式(11-34)和式(11-35)所描述的线性定常系统，当且仅当 $n \times nm$ 维能观测性矩阵

$$\boldsymbol{R}^T = [\, \boldsymbol{C}^T \vdots \boldsymbol{A}^T \boldsymbol{C}^T \vdots \cdots \vdots (\boldsymbol{A}^T)^{n-1} \boldsymbol{C}^T \,]$$

的秩为 n，即 $\mathrm{rank} \boldsymbol{R}^T = n$ 时，该系统才是能观测的。

【例 11-7】　试判断由式

$$\begin{bmatrix} \dot{x}_1 \\ \dot{x}_2 \end{bmatrix} = \begin{bmatrix} 1 & 1 \\ -2 & -1 \end{bmatrix} \begin{bmatrix} x_1 \\ x_2 \end{bmatrix} + \begin{bmatrix} 0 \\ 1 \end{bmatrix} u$$

$$y = \begin{bmatrix} 1 & 0 \end{bmatrix} \begin{bmatrix} x_1 \\ x_2 \end{bmatrix}$$

所描述的系统是否为能控和能观测的。

解　由于能控性矩阵

$$\boldsymbol{Q} = \begin{bmatrix} \boldsymbol{B} & \vdots & \boldsymbol{AB} \end{bmatrix} = \begin{bmatrix} 0 & 1 \\ 1 & -1 \end{bmatrix}$$

的秩为 2，即 $\mathrm{rank} \boldsymbol{Q} = 2 = n$，故该系统是状态能控的。

对于输出能控性，可由系统输出能控性矩阵的秩确定。由于

$$\boldsymbol{Q}' = \begin{bmatrix} \boldsymbol{CB} & \vdots & \boldsymbol{CAB} \end{bmatrix} = \begin{bmatrix} 0 & 1 \end{bmatrix}$$

的秩为 1，即 $\mathrm{rank} \boldsymbol{Q}' = 1 = m$，故该系统是输出能控的。

为了检验能观测性条件，我们来验算能观测性矩阵的秩。由于

$$\boldsymbol{R}^T = \begin{bmatrix} \boldsymbol{C}^T \vdots \boldsymbol{A}^T \boldsymbol{C}^T \end{bmatrix} = \begin{bmatrix} 1 & 1 \\ 0 & 1 \end{bmatrix}$$

的秩为 2，$\mathrm{rank} \boldsymbol{R}^T = 2 = n$，故此系统是能观测的。

2. 用传递函数矩阵表达的能观测性条件

类似的，能观测性条件也可用传递函数或传递函数矩阵表示。此时能观测性的充要条件是：在传递函数或传递函数矩阵中不发生相约现象。如果存在相约，则约去的模态其输出就不能观测了。

【例 11-8】　证明下列系统是不能观测的。

$$\dot{x} = \boldsymbol{A} x + \boldsymbol{B} u$$

$$y = \boldsymbol{C}x$$

式中：

$$x = \begin{bmatrix} x_1 \\ x_2 \\ x_3 \end{bmatrix}, \boldsymbol{A} = \begin{bmatrix} 0 & 1 & 0 \\ 0 & 0 & 1 \\ -6 & -11 & -6 \end{bmatrix}, \boldsymbol{B} \begin{bmatrix} 0 \\ 0 \\ 1 \end{bmatrix}, \boldsymbol{C} = \begin{bmatrix} 4 & 5 & 1 \end{bmatrix}$$

解　由于能观测性矩阵

$$\boldsymbol{R}^T = \begin{bmatrix} \boldsymbol{C}^T \vdots \boldsymbol{A}^T\boldsymbol{C}^T \vdots (\boldsymbol{A}^T)^2\boldsymbol{C}^T \end{bmatrix} = \begin{bmatrix} 4 & -6 & 6 \\ 5 & -7 & 5 \\ 1 & -1 & -1 \end{bmatrix}$$

注意到

$$\begin{vmatrix} 4 & -6 & 6 \\ 5 & -7 & 5 \\ 1 & -1 & -1 \end{vmatrix} = 0$$

即 rank$\boldsymbol{R}^T < 3 = n$，故该系统是不能观测的。

事实上，在该系统的传递函数中存在相约因子。由于 $X_1(s)$ 和 $U(s)$ 之间的传递函数为

$$\frac{X_1(s)}{U(s)} = \frac{1}{(s+1)(s+2)(s+3)}$$

又因为 $Y(s)$ 和 $X_1(s)$ 之间的传递函数为

$$\frac{Y(s)}{X_1(s)} = (s+1)(s+4)$$

故 $Y(s)$ 与 $U(s)$ 之间的传递函数为

$$\frac{Y(s)}{U(s)} = \frac{(s+1)(s+4)}{(s+1)(s+2)(s+3)}$$

显然，分子、分母多项式中的因子 $(s+1)$ 可以约去。这意味着，该系统是不能观测的，或者说一些不为零的初始状态 $x(0)$ 不能由 $y(t)$ 的量测值确定。

3. 注释

当且仅当系统是状态能控和能观测时，其传递函数才没有相约因子。这意味着，可相约的传递函数不能表征动态系统的所有信息。

4. 状态能观测性条件的标准形判据

式（11-34）和（11-35）所描述的线性定常系统重写可表示为

$$\dot{x} = \boldsymbol{A}x \tag{11-37}$$

$$y = \boldsymbol{C}x \tag{11-38}$$

设非奇异线性变换矩阵 $\boldsymbol{P}$ 可将 $\boldsymbol{A}$ 化为对角线矩阵，即

$$\boldsymbol{P}^{-1}\boldsymbol{A}\boldsymbol{P} = \boldsymbol{\Lambda}$$

式中：$\boldsymbol{\Lambda} = \text{diag}\{\lambda_1, \lambda_2, \cdots, \lambda_n\}$ 为对角线矩阵。定义

$$x = \boldsymbol{P}z$$

式（11-37）和（11-38）的对角线标准形可表示为

$$\dot{z} = \boldsymbol{P}^{-1}\boldsymbol{A}\boldsymbol{P}z = \boldsymbol{\Lambda}z$$

$$y = \boldsymbol{C}\boldsymbol{P}z$$

因此

$$y(t) = CP e^{\Lambda t} z(0)$$

或

$$y(t) = CP \begin{bmatrix} e^{\lambda_1 t} & & & 0 \\ & e^{\lambda_2 t} & & \\ & & \ddots & \\ 0 & & & e^{\lambda_n t} \end{bmatrix} z(0) = CP \begin{bmatrix} e^{\lambda_1 t} z_1(0) \\ e^{\lambda_2 t} z_2(0) \\ \vdots \\ e^{\lambda_n t} z_n(0) \end{bmatrix}$$

　　如果 $m \times n$ 维矩阵 CP 的任一列中都不含全为零的元素,那么系统是能观测的。这是因为,如果 CP 的第 i 列含全为零的元素,则在输出方程中将不出现状态变量 $z_i(0)$,因而不能由 $y(t)$ 的观测值确定。

　　上述判断方法只适用于能将系统的状态空间表达式(11-37)和(11-38)化为对角线标准形的情况。

　　如果不能将式(11-37)和(11-38)变换为对角线标准形,则可利用一个合适的线性变换矩阵 S,将其中的系统矩阵 A 变换为 Jordan 标准形。

$$S^{-1}AS = J$$

式中:J 为 Jordan 标准形矩阵。

　　定义

$$x = Sz$$

则式(11-37)和(11-38)的 Jordan 标准形可表示为

$$\dot{z} = S^{-1}ASz = Jz$$

$$y = CSz$$

因此

$$y(t) = CS e^{Jt} z(0)$$

　　系统能观测的充要条件为:(1) J 中没有两个 Jordan 块与同一特征值有关;(2)与每个 Jordan 块的第一行相对应的矩阵 CS 列中,没有一列元素全为零;(3)与相异特征值对应的矩阵 CS 列中,没有一列包含的元素全为零。

　　为了说明条件(2),在例 11-9 中,对应于每个 Jordan 块的第一行的 CS 列的元素用下划线表示。

　　【例 11-9】　下列系统是能观测的:

$$\begin{bmatrix} \dot{x}_1 \\ \dot{x}_2 \end{bmatrix} = \begin{bmatrix} -1 & 0 \\ 0 & -2 \end{bmatrix} \begin{bmatrix} x_1 \\ x_2 \end{bmatrix}, y = \begin{bmatrix} \underline{1} & \underline{3} \end{bmatrix} \begin{bmatrix} x_1 \\ x_2 \end{bmatrix}$$

$$\begin{bmatrix} \dot{x}_1 \\ \dot{x}_2 \\ \dot{x}_3 \end{bmatrix} = \begin{bmatrix} 2 & 1 & 0 \\ 0 & 2 & 1 \\ 0 & 0 & 2 \end{bmatrix} \begin{bmatrix} x_1 \\ x_2 \\ x_3 \end{bmatrix}, \begin{bmatrix} y_1 \\ y_2 \end{bmatrix} = \begin{bmatrix} \underline{3} & 0 & 0 \\ \underline{4} & 0 & 0 \end{bmatrix} \begin{bmatrix} x_1 \\ x_2 \\ x_3 \end{bmatrix}$$

$$\begin{bmatrix} \dot{x}_1 \\ \dot{x}_2 \\ \dot{x}_3 \\ \dot{x}_4 \\ \dot{x}_5 \end{bmatrix} = \begin{bmatrix} 2 & 1 & 0 & & 0 \\ 0 & 2 & 1 & & \\ 0 & 0 & 2 & & \\ & & & -3 & 1 \\ 0 & & & 0 & -3 \end{bmatrix} \begin{bmatrix} x_1 \\ x_2 \\ x_3 \\ x_4 \\ x_5 \end{bmatrix}, \begin{bmatrix} y_1 \\ y_2 \end{bmatrix} = \begin{bmatrix} \underline{1} & 1 & 1 & \underline{0} & 0 \\ \underline{0} & 1 & 1 & \underline{1} & 0 \end{bmatrix} \begin{bmatrix} x_1 \\ x_2 \\ x_3 \\ x_4 \\ x_5 \end{bmatrix}$$

显然,下列系统是不能观测的:

$$\begin{bmatrix} \dot{x}_1 \\ \dot{x}_2 \end{bmatrix} = \begin{bmatrix} -1 & 0 \\ 0 & -2 \end{bmatrix} \begin{bmatrix} x_1 \\ x_2 \end{bmatrix}, y = \begin{bmatrix} 0 & 1 \end{bmatrix} \begin{bmatrix} x_1 \\ x_2 \end{bmatrix}$$

$$\begin{bmatrix} \dot{x}_1 \\ \dot{x}_2 \\ \dot{x}_3 \end{bmatrix} = \begin{bmatrix} 2 & 1 & 0 \\ 0 & 2 & 1 \\ 0 & 0 & 2 \end{bmatrix} \begin{bmatrix} x_1 \\ x_2 \\ x_3 \end{bmatrix}, \begin{bmatrix} y_1 \\ y_2 \end{bmatrix} = \begin{bmatrix} 0 & 1 & 3 \\ 0 & 2 & 4 \end{bmatrix} \begin{bmatrix} x_1 \\ x_2 \\ x_3 \end{bmatrix}$$

$$\begin{bmatrix} \dot{x}_1 \\ \dot{x}_2 \\ \dot{x}_3 \\ \dot{x}_4 \\ \dot{x}_5 \end{bmatrix} = \begin{bmatrix} 2 & 1 & 0 & & 0 \\ 0 & 2 & 1 & & \\ 0 & 0 & 2 & & \\ & & & -3 & 1 \\ 0 & & & 0 & -3 \end{bmatrix} \begin{bmatrix} x_1 \\ x_2 \\ x_3 \\ x_4 \\ x_5 \end{bmatrix}, \begin{bmatrix} y_1 \\ y_2 \end{bmatrix} = \begin{bmatrix} 1 & 1 & 1 & 0 & 0 \\ 0 & 1 & 1 & 0 & 0 \end{bmatrix} \begin{bmatrix} x_1 \\ x_2 \\ x_3 \\ x_4 \\ x_5 \end{bmatrix}$$

5. 对偶原理

下面讨论能控性和能观测性之间的关系。为了阐明能控性和能观测性之间明显的相似性,将介绍由 R. E. Kalman 提出的对偶原理。

考虑由下述状态空间表达式描述的系统 S_1:

$$\dot{x} = \boldsymbol{A}x + \boldsymbol{B}u$$
$$y = \boldsymbol{C}x$$

式中:$x \in R^n, u \in R^r, y \in R^m, \boldsymbol{A} \in R^{n \times n}, \boldsymbol{B} \in R^{n \times r}, \boldsymbol{C} \in R^{m \times n}$。

以及由下述状态空间表达式定义的对偶系统 S_2:

$$\dot{z} = \boldsymbol{A}^T z + \boldsymbol{C}^T v$$
$$n = \boldsymbol{B}^T z$$

式中:$z \in R^n, v \in R^m, n \in R^r, \boldsymbol{A}^T \in R^{n \times n}, \boldsymbol{C}^T \in R^{n \times m}, \boldsymbol{B}^T \in R^{r \times n}$。

对偶原理是指当且仅当系统 $\boldsymbol{S}_2$ 状态能观测(状态能控)时,系统 $\boldsymbol{S}_1$ 才是状态能控(状态能观测)的。

为了验证这个原理,下面将给出系统 $\boldsymbol{S}_1$ 和 $\boldsymbol{S}_2$ 的状态能控和能观测的充要条件。

对于系统 $\boldsymbol{S}_1$,有:

(1)状态能控的充要条件是 $n \times nr$ 维能控性矩阵

$$\begin{bmatrix} \boldsymbol{B} & \vdots & \boldsymbol{AB} & \vdots & \cdots & \vdots & \boldsymbol{A}^{n-1}\boldsymbol{B} \end{bmatrix}$$

的秩为 n。

(2)状态能观测的充要条件是 $n \times nm$ 维能观测性矩阵

$$\begin{bmatrix} \boldsymbol{C}^T & \vdots & \boldsymbol{A}^T\boldsymbol{C}^T & \vdots & \cdots & \vdots & (\boldsymbol{A}^T)^{n-1}\boldsymbol{C}^T \end{bmatrix}$$

的秩为 n。

对于系统 $\boldsymbol{S}_2$,有:

(1)状态能控的充要条件是 $n \times nm$ 维能控性矩阵

$$\begin{bmatrix} \boldsymbol{C}^T & \vdots & \boldsymbol{A}^T\boldsymbol{C}^T & \vdots & \cdots & \vdots & (\boldsymbol{A}^T)^{n-1}\boldsymbol{C}^T \end{bmatrix}$$

的秩为 n。

(2)状态能观测的充要条件是 $n \times nr$ 维能观测性矩阵

$$\begin{bmatrix} \boldsymbol{B} & \vdots & \boldsymbol{AB} & \vdots & \cdots & \vdots & \boldsymbol{A}^{n-1}\boldsymbol{B} \end{bmatrix}$$

的秩为 n。

对比这些条件,可以很明显地看出对偶原理的正确性。利用此原理,一个给定系统的能观测性可用其对偶系统的状态能控性来检查和判断。

简单地说,对偶性有如下关系:

$$A \Rightarrow A^T , B \Rightarrow C^T , C \Rightarrow B^T$$

习　题

11-1　已知三阶系统的状态方程为:

$$\begin{bmatrix} \dot{x}_1 \\ \dot{x}_2 \\ \dot{x}_3 \end{bmatrix} = \begin{bmatrix} 1 & 2 & -1 \\ 0 & 1 & 0 \\ 1 & -4 & 3 \end{bmatrix} \begin{bmatrix} x_1 \\ x_2 \\ x_3 \end{bmatrix} + \begin{bmatrix} 0 \\ 0 \\ 1 \end{bmatrix} u$$

试判断该系统的能控性。

11-2　已知系统的状态方程和输出方程为

$$\begin{bmatrix} \dot{x}_1 \\ \dot{x}_2 \\ \dot{x}_3 \end{bmatrix} = \begin{bmatrix} 1 & 1 & 0 \\ 0 & 1 & 0 \\ 0 & 1 & 1 \end{bmatrix} \begin{bmatrix} x_1 \\ x_2 \\ x_3 \end{bmatrix} \qquad \begin{bmatrix} y_1 \\ y_2 \end{bmatrix} = \begin{bmatrix} 1 & 0 & 1 \\ 0 & 1 & 0 \end{bmatrix} \begin{bmatrix} x_1 \\ x_2 \\ x_3 \end{bmatrix}$$

试判断其能观测性。

11-3 考虑如下系统

$$\dot{x} = Ax + Bu$$
$$y = Cx$$

式中:

$$A = \begin{bmatrix} 0 & 1 & 0 \\ 0 & 0 & 1 \\ -6 & -11 & -6 \end{bmatrix}, B = \begin{bmatrix} 0 \\ 1 \\ 0 \end{bmatrix}, C = \begin{bmatrix} c_1 & c_2 & c_3 \end{bmatrix}$$

除了明显地选择 $c_1 = c_2 = c_3 = 0$ 外,试找出使该系统状态不能观测的一组 c_1、c_2 和 c_3。

附录 A   常用函数拉氏变换表

序号	原函数 $f(t)$	象函数 $F(s)$
1	$\delta(t)$	1
2	$1(t)$	$\dfrac{1}{s}$
3	e^{-at}	$\dfrac{1}{s+a}$
4	t^n	$\dfrac{n!}{s^{n+1}}$
5	te^{-at}	$\dfrac{1}{(s+a)^2}$
6	$t^n e^{-at}$	$\dfrac{n!}{(s+a)^{n+1}}$
7	$\sin \omega t$	$\dfrac{\omega}{s^2+\omega^2}$
8	$\cos \omega t$	$\dfrac{s}{s^2+\omega^2}$
9	$e^{-at}\sin \omega t$	$\dfrac{\omega}{(s+a)^2+\omega^2}$
10	$e^{-at}\cos \omega t$	$\dfrac{s+a}{(s+a)^2+\omega^2}$
11	$\dfrac{1}{a}(1-e^{-at})$	$\dfrac{1}{s(s+a)}$
12	$\dfrac{1}{a^2}(e^{-at}+at-1)$	$\dfrac{1}{s^2(s+a)}$
13	$\dfrac{1}{b-a}(e^{-at}-e^{-bt})$	$\dfrac{1}{(s+a)(s+b)}$

序号	原函数 $f(t)$	象函数 $F(s)$
14	$\dfrac{1}{b-a}(b\mathrm{e}^{-bt} - a\mathrm{e}^{-at})$	$\dfrac{s}{(s+a)(s+b)}$
15	$\dfrac{\omega_\mathrm{n}}{\sqrt{1-\zeta^2}}\mathrm{e}^{-\zeta\omega_\mathrm{n}t}\sin\omega_\mathrm{n}\sqrt{1-\zeta^2}\,t$	$\dfrac{\omega_\mathrm{n}^2}{s^2+2\zeta\omega_\mathrm{n}s+\omega_\mathrm{n}^2}\,(0<\zeta<1)$
16	$\dfrac{-1}{\sqrt{1-\zeta^2}}\mathrm{e}^{-\zeta\omega_\mathrm{n}t}\sin(\omega_\mathrm{n}\sqrt{1-\zeta^2}\,t-\varphi)$ $\varphi=\arctan\dfrac{\sqrt{1-\zeta^2}}{\zeta}$	$\dfrac{s}{s^2+2\zeta\omega_\mathrm{n}s+\omega_\mathrm{n}^2}\,(0<\zeta<1)$
17	$1-\dfrac{1}{\sqrt{1-\zeta^2}}\mathrm{e}^{-\zeta\omega_\mathrm{n}t}\sin(\omega_\mathrm{n}\sqrt{1-\zeta^2}\,t+\varphi)$ $\varphi=\arctan\dfrac{\sqrt{1-\zeta^2}}{\zeta}$	$\dfrac{\omega_\mathrm{n}^2}{s(s^2+2\zeta\omega_\mathrm{n}s+\omega_\mathrm{n}^2)}\,(0<\zeta<1)$
18	$\dfrac{1}{a^2+\omega^2}+\dfrac{1}{\sqrt{a^2+\omega^2}}\mathrm{e}^{-at}\sin(\omega t-\varphi)$ $\varphi=\arctan\dfrac{\omega}{-a}$	$\dfrac{1}{s[(s+a)^2+\omega^2]}$

附录 B　习题参考答案

第 2 章

2-1　(1) $\dfrac{1}{(s+a)^2}$

$\quad\quad$(2) $\dfrac{1}{a}\left(\dfrac{a}{s^2}-\dfrac{1}{s}+\dfrac{1}{s+a}\right)=\dfrac{1}{s^2(s+a)}$

2-2　(1) $\dfrac{3}{2}-2e^{-t}+\dfrac{1}{2}e^{-2t}$

$\quad\quad$(2) $e^{-2t}\cos t-e^{-2t}\sin t=e^{-2t}(\cos t-\sin t)$

2-3　$\lim\limits_{t\to 0_+}f(t)=\lim\limits_{s\to\infty}sF(s)=\lim\limits_{s\to\infty}\dfrac{ab}{s+a}=0$

$\quad\quad$$\lim\limits_{t\to\infty}f(t)=\lim\limits_{s\to 0}sF(s)=\lim\limits_{s\to 0}\dfrac{ab}{s+a}=b$

2-4　$y(t)=\dfrac{1}{3}+4e^{-2t}-\dfrac{10}{3}e^{-3t}$

2-5　$y(t)=\delta(t)+2e^{-t}-e^{-2t}$

2-6　$i_L(t)=1+2e^{-2t}-3e^{-2.5t}$ (A)

$\quad\quad$$u_L(t)=L\dfrac{\mathrm{d}i_L(t)}{\mathrm{d}t}=-4e^{-2t}+7.5e^{-2.5t}$ (V)　$(t\geqslant 0)$

第 3 章

3-1　(a) $R_1R_2C\dot{u}_\mathrm{o}(t)+(R_1+R_2)u_\mathrm{o}(t)=R_1R_2C\dot{u}_\mathrm{i}(t)+R_2u_\mathrm{i}(t)$

$\quad\quad$(b) $LC\ddot{u}_\mathrm{o}(t)+RC\dot{u}_\mathrm{o}(t)+u_\mathrm{o}(t)=RC\dot{u}_\mathrm{i}(t)$

3-2　(a) $R_1R_2C_1C_2\ddot{u}_\mathrm{o}(t)+(R_1C_1+R_2C_2+R_1C_2)\dot{u}_\mathrm{o}(t)+u_\mathrm{o}(t)$

$\quad\quad\quad=R_1R_2C_1C_2\ddot{u}_\mathrm{i}(t)+(R_1C_1+R_2C_2)\dot{u}_\mathrm{i}(t)+u_\mathrm{i}(t)$

$\quad\quad$(b) $f_1f_2\ddot{x}_\mathrm{o}(t)+(f_1k_1+f_1k_2+f_2k_1)\dot{x}_\mathrm{o}(t)+k_1k_2x_\mathrm{o}(t)$

$\quad\quad\quad=f_1f_2\ddot{x}_\mathrm{i}(t)+(f_1k_2+f_2k_1)\dot{x}_\mathrm{i}(t)+k_1k_2x_\mathrm{i}(t)$

3-3　(a) $\dfrac{U_\mathrm{o}(s)}{U_\mathrm{i}(s)}=-\dfrac{R_1}{R_0}(R_0C_0s+1)$

$\quad\quad$(b) $\dfrac{U_\mathrm{o}(s)}{U_\mathrm{i}(s)}=-\dfrac{(R_1C_1s+1)(R_0C_0s+1)}{R_0C_1s}$

$\quad\quad$(c) $\dfrac{U_\mathrm{o}(s)}{U_\mathrm{i}(s)}=-\dfrac{R_1^2Cs+4R_1}{4R_0}$

3-4　(a) $\dfrac{U_\mathrm{o}(s)}{U_\mathrm{i}(s)}=\dfrac{1}{R_1R_2C_1C_2s^2+(R_1C_1+R_2C_2)s+1}$

$\quad\quad$(b) $\dfrac{U_\mathrm{o}(s)}{U_\mathrm{i}(s)}=\dfrac{1}{R_1R_2C_1C_2s^2+(R_1C_1+R_2C_2+R_1C_2)s+1}$

3-5 $L_a J \dfrac{\mathrm{d}^3 \theta(t)}{\mathrm{d}t^2} + (L_a f + R_a J) \dfrac{\mathrm{d}^2 \theta(t)}{\mathrm{d}t} + (R_a f + C_m C_e) \dfrac{\mathrm{d}\theta(t)}{\mathrm{d}t} = C_m u_a(t)$

3-6 (a) $\dfrac{C(s)}{R(s)} = \dfrac{G_1 + G_2}{1 + G_2 G_3}$

(b) $\dfrac{C(s)}{R(s)} = \dfrac{G_1 G_2 G_3}{1 + G_1 H_1 + G_2 H_2 + G_3 H_3 + G_1 H_1 G_3 H_3}$

(c) $\dfrac{C(s)}{R(s)} = \dfrac{(G_1 + G_3) G_2}{1 + G_1 G_2 H_1}$

(d) $\dfrac{C(s)}{R(s)} = \dfrac{(G_1 + G_3) G_2}{1 + G_2 H_1 + G_1 G_2 H_2}$

3-7 (a) $\dfrac{C(s)}{R(s)} = \dfrac{G_1 G_2 G_3}{1 + G_2 H_1 + G_1 G_2 G_3 H_2}$

(b) $\dfrac{C(s)}{R(s)} = \dfrac{abcd + ed(1 - bg)}{1 - af - bg - ch - ehgf + afch}$

(c) $\dfrac{C(s)}{R(s)} = \dfrac{G_1 G_2 G_3 G_4 + G_3 G_4 G_5(1 + H_2) + G_1 G_2 G_6 + G_5 G_6(1 + H_2)}{1 + G_1 G_2 G_3 H_1 + H_2 + G_3 G_5 H_1 + G_3 G_5 H_1 H_2}$

3-8 $\dfrac{N(s)}{U_i(s)} = \dfrac{K_1 K_m}{T_1 T_m s^3 + (T_1 + T_m) s^2 + s + K_1 K_m a}$

$\dfrac{N(s)}{\Delta U(s)} = \dfrac{K_m(T_1 s + 1)}{T_1 T_m s^3 + (T_1 + T_m) s^2 + s + K_1 K_m a}$

第 4 章

4-1 0.3S;0.3

4-2 $G(s) = \dfrac{46.6}{s(0.041s + 1)}$

4-3 (1) $\sigma\% = 44.4\%$; $t_s = 1.5\mathrm{s}$ (2) $K = 4$

4-4 $K_t = 0.216$,通过比较,发现采用速度反馈后可明显改善系统的动态性能。

4-5 系统是稳定的

4-6 (1)有一对纯虚根：$s_{1,2} = \pm \mathrm{j}2$,系统不稳定。

(2)有一对纯虚根：$s_{1,2} = \pm \mathrm{j}\sqrt{5}$,系统不稳定。

(3) $s_{1,2} = \pm \mathrm{j}\sqrt{2}$, $s_{3,4} = \pm 1$, $s_5 = 1$, $s_6 = -5$,系统不稳定。

(4)系统不稳定, $s_{1,2} = \pm 2$, $s_{3,4} = \pm \mathrm{j}$, $s_{5,6} = \dfrac{-1 \pm j\sqrt{3}}{2}$ 。

4-7 $0 < K < 1.7$

4-8 $0 < K < 13$; $0.7 < K < 4.95$

4-9 $e_{ss} = \dfrac{1}{k_1 k_m}$

4-10 $e_{ss} = \infty$

4-11 $e_{ss} = 1/4$

4-12 $G(s) = \dfrac{2}{s(s^2 + 3s + 4)}$

第 5 章

5-1 略

5-2 (1)略   (2) $K = 12$

5-3

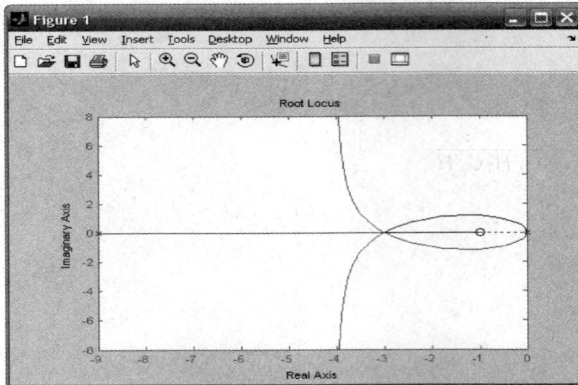

5-4

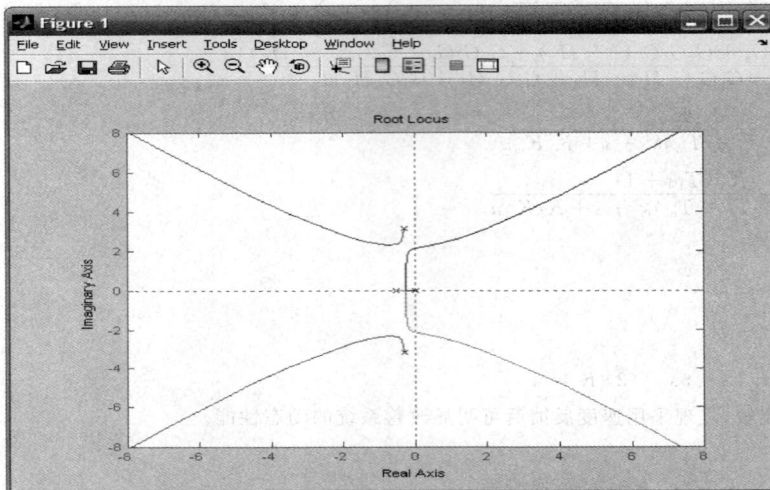

5-5 （1）

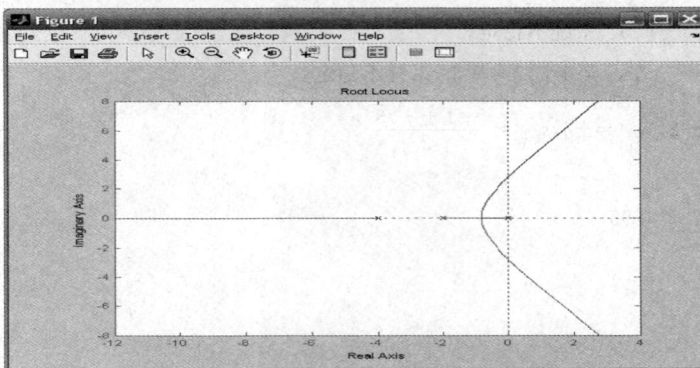

（2）$k=5.5565$

$p=-4.4953$

$-0.7523+0.8186i$

$-0.7523-0.8186i$

即为所要求的 K 值和相应的三个极点。

5-6 （1）

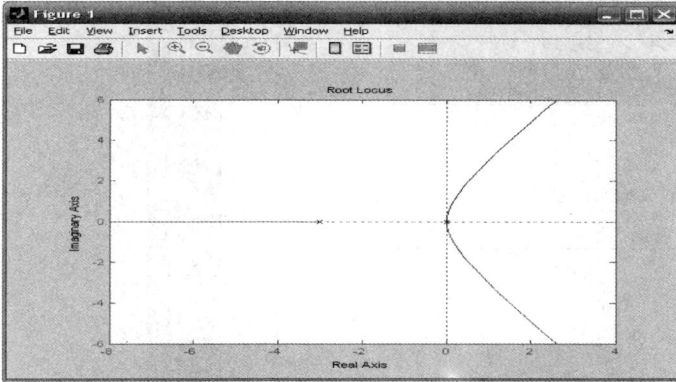

由图可见，由于 K 从 $0 \rightarrow \infty$ 变化时，总有根在 s 右半平面，因而系统是不稳定的。

（2）当增加一个零点 $z = -1$ 后，系统的根轨迹为

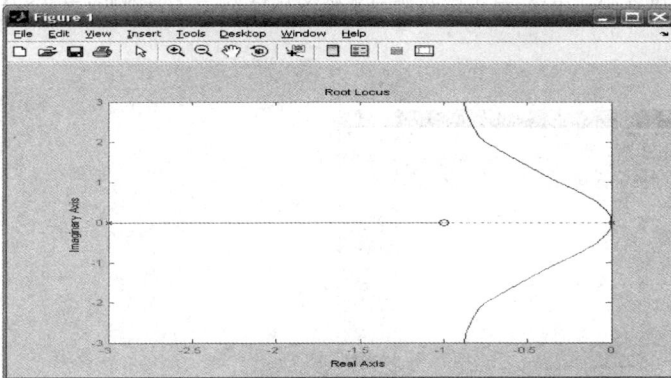

可见，系统增加一个零点 $z = -1$ 后，根轨迹全部位于 s 左半平面，当 K 从 $0 \rightarrow \infty$ 变化时系统总是稳定的。

5-7 （1）固有系统的根轨迹为

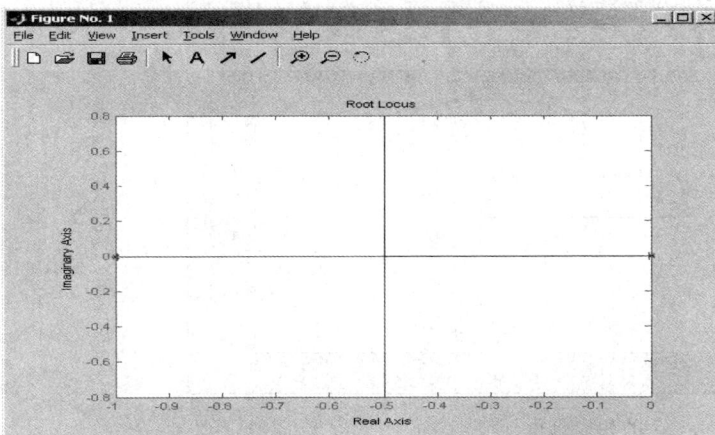

根轨迹全部位于 s 左半平面，当 K 从 $0 \rightarrow \infty$ 变化时系统总是稳定的。

（2）当固有系统增加一个 $P_3 = -3$ 的开环极点后，系统根轨迹

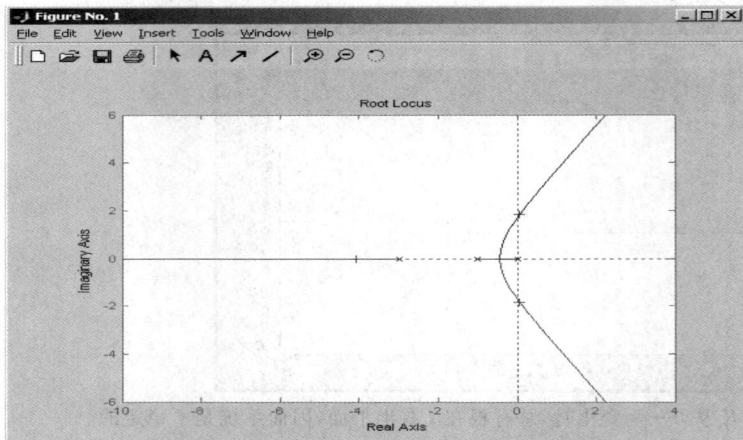

可见,系统稳定时的 K 值范围变小。由图,点击根轨迹与虚轴交点得 $K = 12$,因此,当 $0 < K < 12$ 时,系统稳定。

5-8 (1)系统的根轨迹图为

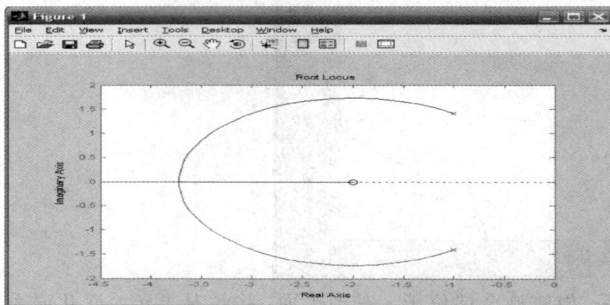

(2)当阻尼比 $\zeta = 0.707$ 时的闭环极点和相应的 K 值及静态位置误差系数 K_p。

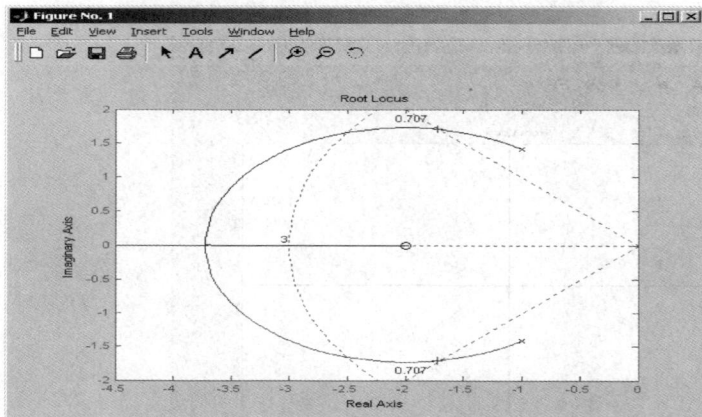

点击根轨迹上 $\xi = 0.707$ 的相应点得

$k = 1.4479$

$p = -1.7239 + 1.7099i$

$\quad\; -1.7239 - 1.7099i$

此时静态位置误差系数 $K_p = 2K/3 = 1$

5-9

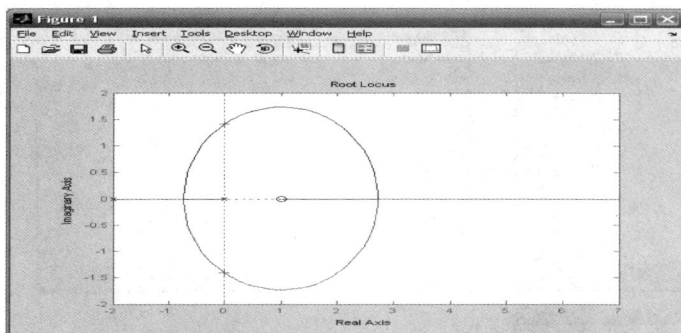

当 $K = 1.976$ 时，系统临界稳定

5-10

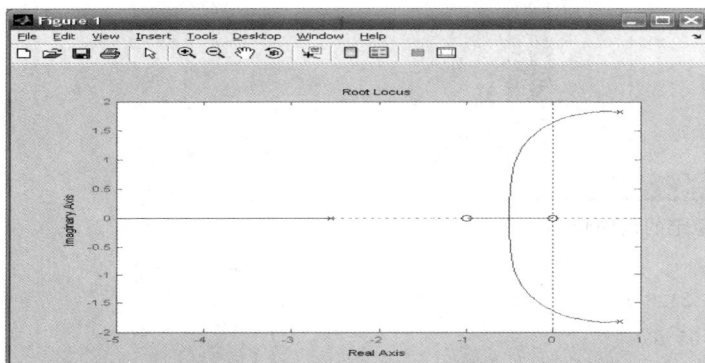

5-11 (1)

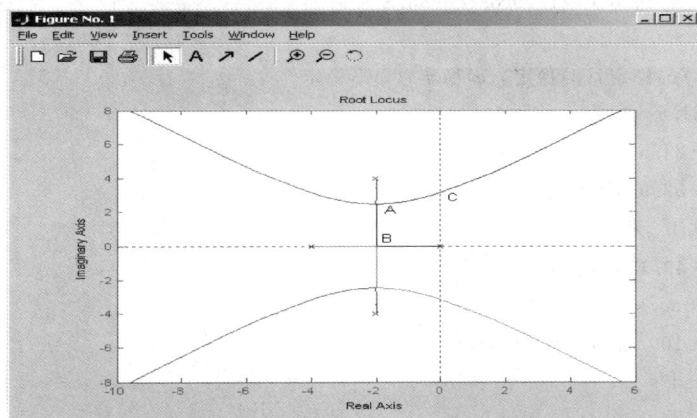

　　可见，系统在 A、B 处分别有两个复数分离点和一个实数分离点，点击根轨迹上 A、B 两点，得：
$s_{1,2} = -2 \pm \mathrm{j}2.46$（A 处）；$s_3 = -2$（B 处）。

(2) $K = 260$，即当 $0 < K < 260$ 时系统稳定

5-12　当开环极点 $-p$ 分别为 -4、-1、0 时的根规迹图如下（程序略）

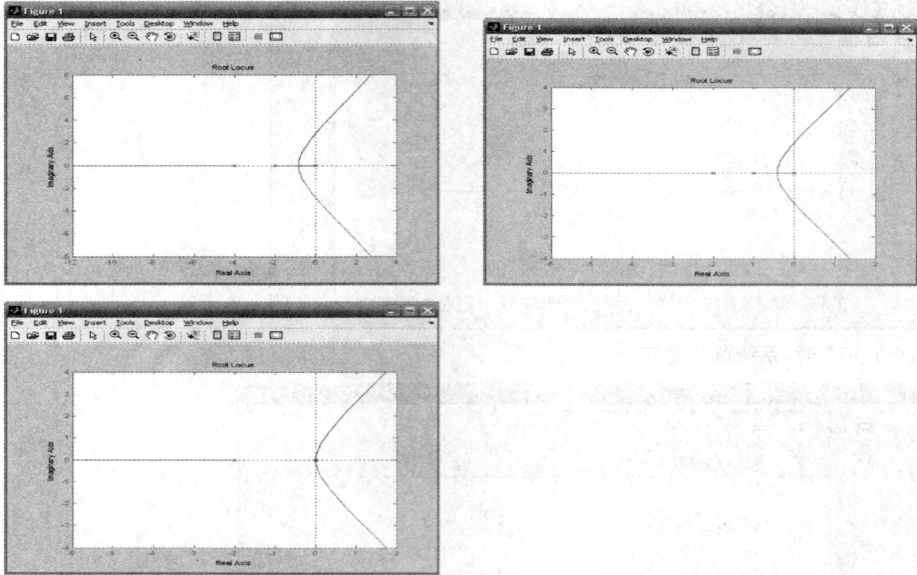

从上图可知，p 值越小，稳定的范围越小。

第 6 章

6-1 (1) $c_{ss}(t) = 0.905\sin(t + 24.8°)$

(2) $c_{ss}(t) = 1.79\cos(t - 55.8°)$

(3) $c_{ss}(t) = 0.905\sin(t + 24.8°) - 1.79\cos(t - 55.8°)$

6-2 略

6-3 (a)不稳定,(b)不稳定,(c)稳定,(d)稳定,(e)稳定,(f)不稳定

6-4 (1) $\omega_c \approx 2.2s^{-1}$, $\gamma = 21.6°$, 稳定

(2) $\omega_c \approx 5.6s^{-1}$, $\gamma = -23.5°$

(3) $\omega_c \approx 7.6s^{-1}$, $\gamma = -52.9°$, 不稳定

(4) $\omega_c \approx 5.3s^{-1}$, $\gamma = 9.1°$, 稳定

(5) $\omega_c \approx 2.9s^{-1}$, $\gamma = -49.1°$, 不稳定

6-5 (a) $\gamma = 73.9°$, $\omega_c = 20\text{rad/s}$

(b) $\gamma = 90.6° - \arctan 100/\omega_c$, $\omega_c = 100\omega_1 \text{rad/s}$

(c) $\gamma = 39.3°$, $\omega_c = 1\text{rad/s}$

(d) $\gamma = \arctan \dfrac{\omega_c}{\omega_1} - \arctan \dfrac{\omega_c}{\omega_2}$

(e) $\gamma = -26.3°$, $\omega_c = 25\text{rad/s}$

(f) $\gamma = 40.7°$, $\omega_c = 4\text{rad/s}$

6-6 (1) $G_K(s) = \dfrac{2(5s+1)}{s(10s+1)(0.25s+1)}$

(2)系统稳定

6-7 $K < 10$ 或 $25 < K < 10000$

6-8 (1) $a = 0.84$；(2) $K = 2.83$

6-9 系统不稳定,有 2 个正实部根。

6-10 略

6-11 略

6-12 略

6-13 (1)当 $T_3 < T_1 + T_2$ 时,系统不稳定;

(2)当 $T_3 > T_1 + T_2$,且 $|G_K(j\omega_g)| < 1$ 时,闭环系统稳定;

3)当 $T_3 > T_1 + T_2$,且 $|G_K(j\omega_g)| > 1$ 时,闭环系统不稳定。

6-14 $K < 10$ 或 $25 < K < 10000$

6-15 $G_4(s) = \dfrac{18}{s(0.125s+1)}$

6-16 幅值裕度 $=23\text{dB}$,相角裕度 $=75°$

6-17 当 $25 < K < 10000, 0 < K < 10$ 时,闭环系统稳定

6-18 (1)$1 < K < 14$;(2)$0.675 < K < 4.8$

第 7 章

7-1 (1)略

(2)一般采用比例积分校正

(3)略

7-2 略

7-3 $G_c(s) = \dfrac{1+0.042s}{1+0.007s}$

7-4 取 $K = 180$,串联滞后—超前校正装置的传递函数为

$$G_c(s) = \dfrac{(1.43s+1)(0.5s+1)}{(73.3s+1)(0.0097s+1)}$$

7-5 滞后校正网络的传递函数为 $G_c(s) = \dfrac{7s+1}{50s+1}$

7-6 取 $K = 1$,滞后网络传递函数为 $G_c(s) = \dfrac{1+0.5s}{1+2.5s}$

7-7 校正装置传递函数为 $G_c(s) = \dfrac{(s/5.2+1)(s/10+1)}{(s+1)(s/52+1)}$

7-8 由系统稳态要求 $e_{ss} \leqslant \dfrac{1}{20} = \dfrac{1}{K_v}$,求得 $K_v \geqslant 20$, $K \geqslant 2$

本题因对快速性无特殊要求,因此本题以满足稳态性能为主,考虑 PI 校正控制。

令 $K_D = 0$,推得典型的 PI 调节器传递函数为

$G_c(s) = K_I(1+\tau s)/s$

式中:$\tau = K_P/K_I$

因为 PI 控制器作用原理相当滞后校正,参数设计可按串联滞后缓解原则确定。

PI 控制器传递函数为 $G_c(s) = \dfrac{0.000002(1+56s)}{s}$

第 8 章

8-1 串联后等效的输入输出特性为

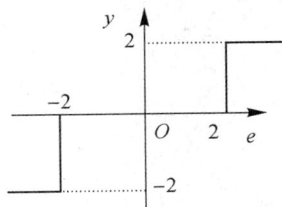

描述函数为 $N(A) = \dfrac{4b}{\pi A}\sqrt{1-\left(\dfrac{a}{A}\right)^2} = \dfrac{8}{\pi A}\sqrt{1-\left(\dfrac{2}{A}\right)^2}$

8-2　略

8-3　略

8-4　$K = 3/2$

当 $K = 3$ 时,自持振荡,其振荡频率为 $\omega = \dfrac{1}{\sqrt{2}} s^{-1}$,振幅 $A = 6.5$

8-5　(1)当 $k > 2$ 时,$G(j\omega)$ 包围 $-\dfrac{1}{N(x)}$,非线性系统不稳定;当 $\dfrac{2}{3} \leqslant k \leqslant 2$ 时,$G(j\omega)$ 与 $-\dfrac{1}{N(x)}$ 相交,非线性系统会产生周期运动(自持振荡);当 $k < \dfrac{2}{3}$ 时,$G(j\omega)$ 不包围 $-\dfrac{1}{N(x)}$,非线性系统稳定;

(2)当 $\dfrac{2}{3} \leqslant k \leqslant 2$ 时,$G(j\omega)$ 与 $-\dfrac{1}{N(x)}$ 相交,非线性系统会产生周期运动(自持振荡),且曲线由不稳定区域进入稳定区域,振荡是稳定的。

当 $K = 1$ 时,自持振荡的频率是 $\omega = 1 \mathrm{rad/s}$,振幅 $A = 2$

8-6　存在交点 A_1 和 A_2。在 A_2 处的稳定振荡幅值 3.86($\sqrt{14.93}$),频率为 $\omega = 1 \mathrm{rad/s}$;在 A_1 点幅值为 1.03($\sqrt{1.07}$)的振荡不存在。

8-7　(1)相轨迹的奇点分别为:$(0,0)$ 和 $(-2,0)$。$(0,0)$ 为稳定焦点;$(-2,0)$ 为鞍点。

(2)相轨迹的奇点分别为:$(1,0)$ 和 $(-1,0)$。$(1,0)$ 为稳定焦点;$(-1,0)$ 为鞍点。

8-8　略

相轨迹如下:

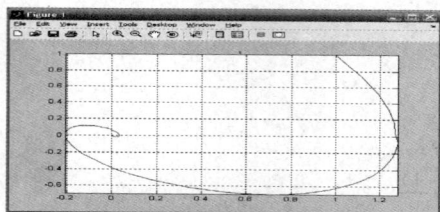

(1)

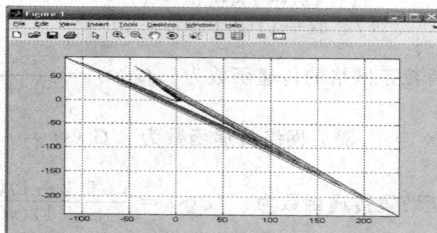

(2)

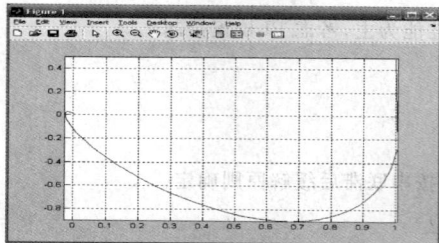

(3)

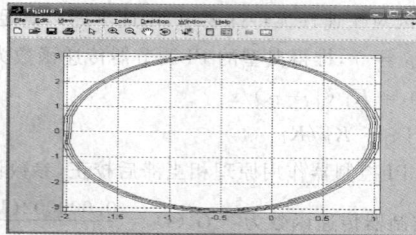

(4)

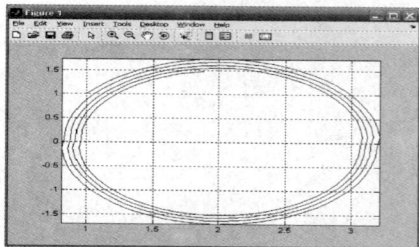

(5)

8-9　方法同例 8-6,略

8-10 方法同例 8-6,略

8-11 参考例 8-4 的分析,略。也可采用 MATLAB 仿真。

第 10 章

10-1 (1) $a^{k+3} \cdot 1(k) \leftrightarrow \dfrac{a^3 z}{z-a}$

（2） $\cos bk \leftrightarrow \dfrac{z^2 - z\cos b}{z^2 - 2z\cos b + 1}$

（3） $(k+2) \cdot 1(k) \leftrightarrow \dfrac{z}{(z-1)^2} + \dfrac{2z}{z-1} = \dfrac{2z^2 - z}{(z-1)^2}$

（4） $k^2 \leftrightarrow \left[-z\dfrac{\mathrm{d}}{\mathrm{d}z} \right]^2 \left(\dfrac{1}{1-z^{-1}} \right) = \dfrac{z^3 - z}{(z-1)^4} = \dfrac{z^2 + z}{(z-1)^3}$

（5） $ke^k \cdot 1(k) \leftrightarrow -z\dfrac{\mathrm{d}}{\mathrm{d}z} \left(\dfrac{z}{z-e} \right) = \dfrac{ez}{(z-e)^2}$

（6） $(0.6)^k \cdot 1(k-2) = 0.6^2 \cdot 0.6^{k-2} \cdot 1(k-2) \leftrightarrow \dfrac{0.36}{z(z-0.6)}$

（7） $X(z) = 5z^{-1} + 4z^{-5} - z$

10-2 略

10-3 $x(\infty) = \lim\limits_{z \to 1}(z-1)X(z) = \lim\limits_{z \to 1}(z-1)\left(\dfrac{1}{1-z^{-1}} + \dfrac{1}{1-\frac{1}{4}z^{-1}} \right) = \lim\limits_{z \to 1}\left[z + \dfrac{z(z-1)}{z-\frac{1}{4}} \right] = 1$

10-4 $y(k) = \dfrac{1}{r_1 - r_2}(r_1 r_1^k - r_2 r_2^k) = \dfrac{r_1^{k+1} - r_2^{k+1}}{r_1 - r_2}$

10-5 $x(k) = \{0, 1, 1, 2, 3, 5 \cdots\}$

10-6 $\cos \beta k \leftrightarrow \dfrac{z^2 - z\cos \beta}{z^2 - 2z\cos \beta + 1}$

$\sin \beta k \leftrightarrow \dfrac{z\sin \beta}{z^2 - 2z\cos \beta + 1}$

10-7 收敛域为 $|z| > 2$。在收敛域上进行 z 逆变换得

$x(k) = \dfrac{1}{3} \cdot (-1)^k + \dfrac{2}{3} \cdot (2)^k \quad (k \geqslant 0)$

10-8 (1) $x(k) = \{\cdots, 0, 0, 1, 0, 0\} \quad (-\infty < k \leqslant 0)$ 或 $x(k) = \delta(k+2)$

（2） $x(k) = 3\delta(k) + \delta(k-1) + \delta(k-2)$

（3） $x(k) = r^k$

（4） $x(k) = \delta(k-3) - \delta(k-4) + \delta(k-5) + \cdots + (-1)^{n+1}\delta(k-n) \quad$ 其中 $(n = 3, 4, 5, 6 \cdots)$

10-9 (1) $x(k) = \{5, -5, 5, -5\}$ 或 $x(k) = 5\delta(k) - 5\delta(k-1) + 5\delta(k-2) - 5\delta(k-3)$

（2） $x(k) = \{4, -2.4, 0.48, -0.032\}$ 或 $x(k) = 4\delta(k) - 2.4\delta(k-1) + 0.48\delta(k-2) - 0.032\delta(k-3)$

10-10 (1) $x(k) = (-1)^k + (-3)^k \quad (k \geqslant 0)$

（2） $x(k) = (1.5\sqrt{1.25} - 1.25)\left(\dfrac{-0.5 + \sqrt{1.25}}{2} \right)^k + (1.5\sqrt{1.25} + 1.25)\left(\dfrac{-0.5 - \sqrt{1.25}}{2} \right)^k$

$(k \geqslant 0)$

（3） $x(k) = \dfrac{5}{2}\left(-\dfrac{\sqrt{2}}{2} \right)^k + \dfrac{5}{2}\left(\dfrac{\sqrt{2}}{2} \right)^k$

10-11 略

10-12 $Y(z) = \dfrac{RG(z)}{1 + GH(z)}$

10-13 系统闭环脉冲传递函数为

$$\Phi(z) = \frac{G(z)}{1 + G(z)}$$

$$= \frac{k\left[(aT - 1 + e^{-aT})z + (\llbracket 1 - e^{-aT} - aTe^{-aT})\right]}{a^2 z^2 + \left[k(aT - 1 + e^{-aT}) - a^2(1 + e^{-aT})\right]z + \left[k(1 - e^{-aT} - aTe^{-aT}) + a^2 e^{-aT}\right]}$$

10-14 稳定

10-15 k 的取值范围为 $0 < k < 4.37$

因此当 $T = 0.5\text{s}$ 时欲使系统稳定，增益 k 的临界值为 4.37。

10-16 $C(z) = \Phi(z)R(z) = \dfrac{0.0048z + 0.0047}{z^2 - 0.09z - 0.9} \cdot \dfrac{z}{z - 1}$

$$= 0.0048z^{-1} + 0.0099z^{-2} + 0.0147z^{-3} +$$

$$= 0.019z^{-4} + 0.0245z^{-5} + 0.0295z^{-6} + \cdots$$

$c^*(t) = c(nT) = 0.0048\delta(t - 1) + 0.0099\delta(t - 2) + 0.0147\delta(t - 3) +$

$$= 0.019\delta(t - 4) + 0.0245\delta(t - 5) + 0.0295\delta(t - 6) + \cdots$$

10-17 $K_p = \lim\limits_{z \to 1}[1 + G(z)] = \lim\limits_{z \to 1}\left[1 + \dfrac{0.005(z + 0.9)}{(z - 1)(z - 0.905)}\right] = \infty$

$K_v = \lim\limits_{z \to 1}(z - 1)G(z) = \lim\limits_{z \to 1}(z - 1)\dfrac{0.005(z + 0.9)}{(z - 1)(z - 0.905)} = 0.1$

$e_{ss}(\infty) = \dfrac{1}{K_P} + \dfrac{T}{K_v} = 1$

10-18 $-1/3 * (3\hat{\ }n * n * a + 3\hat{\ }(1 + n) - 3 * a\hat{\ }n - 3\hat{\ }(1 + n) * n)/(9 - 6 * a + a\hat{\ }2)$

10-19 (a) Transfer function：

0.9344 z — 0.5723

z^3 — 1.37 z^2 + 0.5424 z — 0.06393

(b) Transfer function：

0.6253 z^2 — 0.08423 z — 0.179

z^3 — 1.37 z^2 + 0.5424 z — 0.06393

Sampling time：0.5

10-20 ％脉冲响应运行结果为

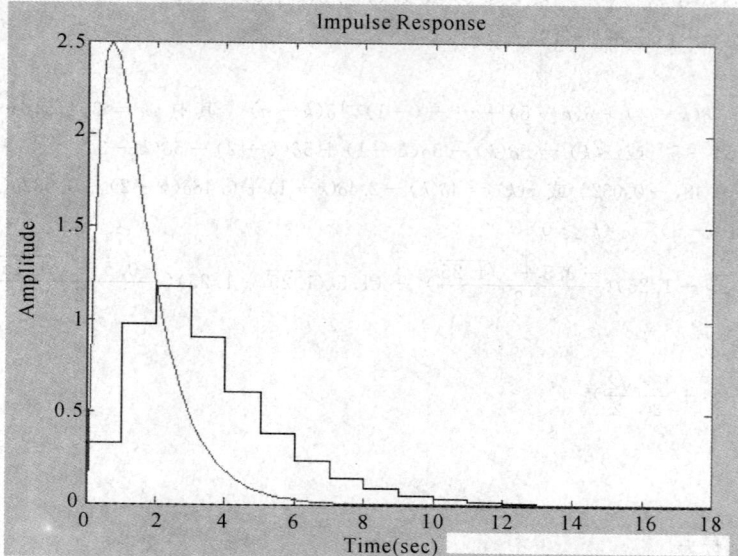

％阶跃响应运行结果为

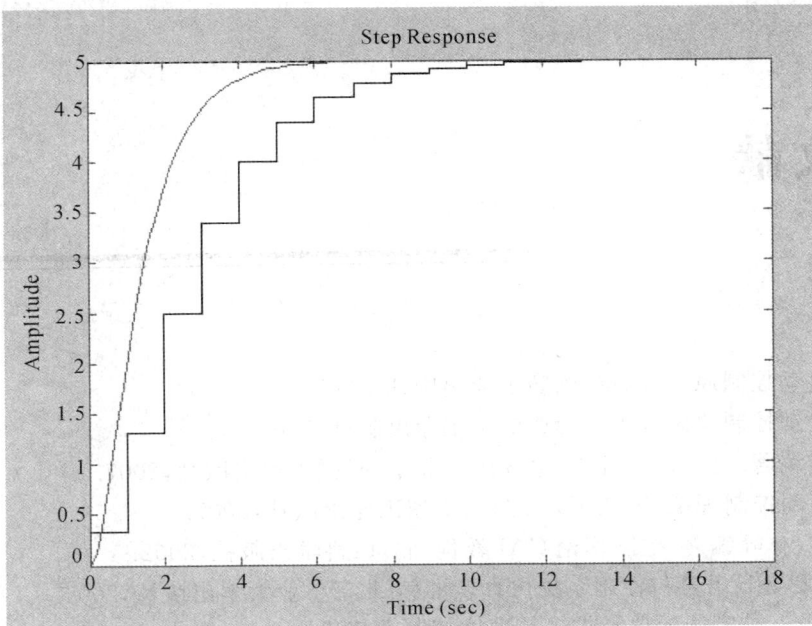

第 11 章

11-1 系统是状态不完全能控的。

11-2 系统是可观测的。

11-3 当 $\begin{cases} c_1 - c_2 + c_3 = 0 \\ c_1 - 2c_2 + 4c_3 = 0 \\ c_1 - 3c_2 + 9c_3 = 0 \end{cases}$

任一组成立时,原系统都不能观测。提示:非奇异变换不改变系统的观测性。

参考文献

1. 李友善主编. 自动控制原理. 北京:国防工业出版社,2005.

2. 陈丽兰主编. 自动控制原理教程. 北京:电子工业出版社.2006.

3. 夏德钤,翁贻方编著. 自动控制理论(第 3 版). 北京:机械工业出版社,2007.

4. 邹伯敏主编. 自动控制理论(第三版),北京:机械工业出版社,2007.

5. 颜文俊,陈素琴,林峰编著. 控制理论 CAI 教程,北京:科学出版社,2002.

6. 孙亮主编. MATLAB 语言与控制系统仿真,北京:北京工业大学出版社,2004.

7. 袁南儿,刘勤贤. 一种实用的单晶炉提拉速度控制系统(M). 电气传动. 2001(4).

8. 郑新,袁冬莉等. 用于自控教学的位置随动系统的设计与实现(M). 实验技术与管理, 2000,(17).

9. 翁思义. 自动控制理论. 北京:中国电力出版社,1999.

10. 姚伯威主编. 控制工程基础. 北京:国防工业出版社,2004.

11. 胡寿松主编. 自动控制原理(第 4 版). 北京:科学出版社,2002.

12. 薛定宇. 反馈控制系统分析与设计——MATLAB 语言应用. 北京:清华大学出版社,2000.

13. 程鹏主编. 自动控制原理. 北京:高等教育出版社,2003.

14. 黄坚主编. 自动控制原理及应用. 北京:高等教育出版社,2004.

15. Richard C Dorf 等著. 现代控制系统. 北京:高等教育出版社,2001.

16. Katsuhiko Ogata 等著,现代控制工程. 北京:电子工业出版社,2003.